塑性加工学 改訂版

小坂田宏造　森 謙一郎

編 著

養 賢 堂

旧版の序文

　塑性加工は，現在生産加工の分野において最も重要な加工法の一つである．加工技術としては 4000 年以上の歴史をもっているが，塑性力学を柱とした学問的な分野，すなわち「塑性加工学」として確立されたのはつい最近のことである．加工技術が高度になるにしたがい，このような「塑性加工学」の果たす役割は，今後ますます大きくなるであろう．

　本書は，主として，高専および大学学部の機械系学科における塑性加工学の教科書として編集されたものである．塑性加工学は，多くの経験が蓄積された個々の塑性加工技術および塑性力学のほかに，金属材料学，潤滑工学など非常に広い分野にまたがる，いわば総合的な学問である．そこで，内容のかたよりを避けるために，また各分野における基礎的かつ重要事項を見落すことがないように，それぞれの分野を専門とする多くの大学・高専教官および実務経験を有する研究者が分担して執筆にあたった．そして，重複・不統一のないよう時間をかけて調整した．

　編集に際しては，各執筆者の教育経験をもとにして，初学者にも親しみやすく，また基礎的事項の把握が無理なく行なえるように，とくに配慮した．すなわち，具体的な加工技術に関する記述を前半にまとめ，加工の力学的取扱いは後にまわした．また，理解を助けるために，図および例題をできるだけ多く取り入れた．教科書という性格上，記述は必要最小限にとどめたが，これらの基礎的事項を十分に修得しておけば，各種塑性加工の解析や新しい塑性加工技術の研究・開発など，実際の応用分野においても十分に対処できるであろう．

　本書は通年の講義用に書かれたものである．講義時間数や学生の理解度に応じて，適当に取捨選択していただきたい．

　本書を執筆するにあたり，多くの著書や論文を参考にさせていただいた．これら引用文献の著者，ならびに写真を提供していただいた方々に心から感謝の意を表したい．また，原稿作成にあたり熱心な協力を戴いた大村勝（摂南大学），

久保勝司 (工業技術院・名古屋工業技術試験所), 小畠耕二 (奈良高専), 多田吉宏 (徳島大学), 森 謙一郎 (京都工芸繊維大学), 吉川勝幸 (阿南高専) の各氏に感謝する.

　最後に, 本書の刊行に際して, 多くのご尽力をいただいた養賢堂・及川鋭雄氏および三浦信幸氏に感謝の意を表する次第である.

1983 年 2 月

大矢根 守哉

監 修 者

大矢根守哉　京都大学

編 集 委 員

| 阿部　武治　岡山大学 | 小坂田宏造　神戸大学 |
| 島　　進　京都大学 | 山口　克彦　京都工芸繊維大学 |

執 筆 者

阿部　武治　岡山大学	沖本　邦郎　工業技術院九州工業技術試験所
小坂田宏造　神戸大学	小野田義富　山梨大学
黒川　知明　京都大学	後藤　善弘　福井大学
佐藤　悌介　徳島大学	島　　進　京都大学
関口　秀夫　奈良工業高等専門学校	田端　強　大阪工業大学
真崎　才次　大阪工業大学	松下　富春　(株) 神戸製鋼所 中央研究所
山口　克彦　京都工芸繊維大学	

(昭和 58 年 3 月現在)

改訂版のまえがき

　本著は，30年前の1983年に養賢堂から出版された「大矢根守哉 編・新編 塑性加工学」の改訂版である．「新編 塑性加工学」も1971年に養賢堂から出版された「日本材料学会 編・塑性加工学」の内容を大幅に入れ替えた塑性加工の教科書であった．

　「塑性加工学」が出版された1971年頃は，鉄鋼や重工業などの産業が急成長していた時期で，鉄鋼圧延の制御技術が導入されて鉄鋼の増産に寄与していた．技術者の仕事は，導入技術を習得し，改良を加えてより高度な技術にすることであった．

　「新編 塑性加工学」が出版された1983年頃は，日本経済の安定成長期で，製造業の中心が電機や自動車産業に移っていた．塑性加工では，薄鋼板のプレス加工や精密鍛造が多用されるようになっていた．塑性加工技術者たちは，わが国の塑性加工技術を世界の最高峰に高めていった．多くの塑性加工の単行本が具体的な塑性加工技術の紹介を中心としたなかで，この本は塑性加工方法に共通の現象を学問的に扱っていたのが特色であった．

　1983年から今日（2014年）までの間に，塑性加工技術にも大きな変化があった．塑性加工では，ペアクロス圧延機，サーボプレス，温間鍛造，ダイレス板材逐次成形法など，日本発で塑性加工の新技術が開発され，使用されるようになった．また，情報処理技術が急速に進展して，塑性加工でもシミュレーション利用が一般化した．

　1990年頃に，共産主義体制が崩壊して経済のグローバル化が始まるとともに，日本の製造業にも大きな変化がもたらされた．経済的な生産や海外需要に対応するため，海外生産が増加し，それに伴い，日本国内では新製品や新技術の開発が重要となった．

　現在の日本の主力産業は依然として自動車産業であり，その国際的な競争力には塑性加工技術が重要な役割を果たしている．今後は，航空機産業，ロボット産業，バイオ関連産業の成長が期待されている．塑性加工技術者には，いままでにない新しいシステムや技術を創り出す「イノベーション」が求められる

改訂版のまえがき

であろう.

　本著は，2012年に90歳になられた大矢根守哉先生に，前著「新編 塑性加工学」の編集を担当された養賢堂・三浦信幸氏から改訂の提案がなされたことから動きが始まった．前著発刊から30年の間に，著者の多くは現役を引退されたり，亡くなったりされており，大矢根先生の弟子である小坂田・森に改訂の任が回ってきた.

　本改訂では，最近の塑性加工技術の進歩を大幅に取り入れたが，基本的構成は前著から引き継いだものである．塑性加工技術のイノベーションには加工現象の本質の理解が不可欠と考え，前著の精神を継承して塑性力学，材料学，潤滑理論などにより塑性加工を科学的に理解できるようにした．

　前著の発刊後の塑性加工分野での大きな変化の一つは，塑性加工工程のシミュレーションが，開発だけでなく，設計などでも広く使用されるようになったことである．本著では，「シミュレーション」を有効に使用できるように塑性力学に関係した記述内容に変更を加えた．

　本著では，授業で用いられることを想定して，一つの章を1回の授業で扱える10ページ前後の分量にするとともに，ここに入れられなかった内容や関連事項は付録として巻末にまとめた．さらに，演習問題の内容も本著の情報であると考え，解答を加えた．

　本著の執筆に当たり，下記の方々に資料提供および原稿のチェックなどをしていただきました．ここに厚くお礼申し上げます．

- 資料提供：小豆島 明（横浜国立大学），藤川真一郎（日産自動車），古元秀昭（三菱日立製鉄機械），山田建夫（新日鐵住金），ワンチャンチン（マレーシアUTAR），宮川佳夫（ダイジェット工業）
- 原稿チェック意見：山口克彦（京都工芸繊維大学），品川一成（香川大学），吉村英徳（香川大学），豊橋技術科学大学・森研究室スタッフ／学生

　また，本改訂版の編集については，養賢堂・三浦信幸氏に最初から最後までお世話になり，感謝の意を表します．

2014年1月

小坂田 宏造

目　　次

第1章　塑性加工と塑性変形の概要

1.1 塑性と塑性加工 ･･ 1
  1.1.1 塑性変形 ･･ 1
  1.1.2 塑性加工 ･･ 2
1.2 主な塑性加工法とその分類 ････････････････････････････････････ 2
  1.2.1 目的による分類 ･･ 2
  1.2.2 加工温度による分類 ･･ 4
1.3 塑性加工の特徴 ･･ 4
1.4 塑性変形における応力とひずみの表現 ････････････････････････････ 5
  1.4.1 応　力 ･･ 5
  1.4.2 ひずみ ･･ 6
  1.4.3 応力-ひずみ曲線 ･･･ 8
  1.4.4 圧縮における応力-ひずみ曲線 ･･････････････････････････････ 9
  1.4.5 変形方向の逆転 ･･ 9
  1.4.6 変形抵抗 ･･･ 10
  1.4.7 せん断における応力とひずみ ･････････････････････････････ 10
  演習問題 ･･･ 11

第2章　鉄鋼製造と圧延

2.1 鉄鋼の製造過程 ･･ 12
  2.1.1 製　銑 ･･･ 12
  2.1.2 製　鋼 ･･･ 12
  2.1.3 造塊-分塊圧延と連続鋳造 ････････････････････････････････ 13
2.2 圧延の概要 ･･ 14
2.3 板圧延 ･･ 15
  2.3.1 熱間板圧延 ･･･ 15
  2.3.2 冷間帯板圧延 ･･･ 17
  2.3.3 ロール間隙での速度変化とロール面圧力 ･････････････････････ 18

  2.3.4 板圧延機……………………………………………………………… 19
2.4 型圧延 …………………………………………………………………… 20
  2.4.1 孔型圧延………………………………………………………………… 21
  2.4.2 ユニバーサル圧延……………………………………………………… 21
  演習問題…………………………………………………………………… 22

第3章 押出し，引抜き

3.1 押出しと引抜きの関係 …………………………………………………… 23
  3.1.1 自由押出しと引抜きの類似性………………………………………… 23
  3.1.2 押出し圧力と引抜き応力……………………………………………… 23
  3.1.3 加工限界………………………………………………………………… 24
3.2 熱間（定常）押出し ……………………………………………………… 25
  3.2.1 押出しの方式…………………………………………………………… 25
  3.2.2 押出し圧力……………………………………………………………… 26
  3.2.3 押出しにおける材料流れと品質……………………………………… 27
  3.2.4 超電導線の押出し……………………………………………………… 28
3.3 冷間（非定常）押出し …………………………………………………… 29
3.4 引抜き …………………………………………………………………… 30
  3.4.1 引抜きの方式…………………………………………………………… 30
  3.4.2 引抜きにおける材料流れと品質……………………………………… 32
  3.4.3 引抜き用ダイスと潤滑剤……………………………………………… 33
  演習問題…………………………………………………………………… 34

第4章 鍛　　造

4.1 鍛造の概要 ……………………………………………………………… 35
  4.1.1 鍛造の歴史……………………………………………………………… 35
  4.1.2 自由鍛造と型鍛造……………………………………………………… 35
  4.1.3 鍛造温度………………………………………………………………… 36
  4.1.4 鍛造機械………………………………………………………………… 36
4.2 熱間自由鍛造 …………………………………………………………… 37
4.3 熱間型鍛造 ……………………………………………………………… 38

4.3.1　鋼の型鍛造 …………………………………… 38
　4.3.2　非鉄金属の型鍛造 ……………………………… 40
4.4　冷温間鍛造 …………………………………………… 41
　4.4.1　冷間鍛造の概要 ………………………………… 41
　4.4.2　鍛造様式と工程 ………………………………… 42
　4.4.3　複動鍛造 ………………………………………… 43
　4.4.4　温間鍛造 ………………………………………… 43
4.5　回転鍛造 ……………………………………………… 44
　4.5.1　転　造 …………………………………………… 44
　4.5.2　ロール鍛造 ……………………………………… 44
　4.5.3　クロスローリング ……………………………… 44
　4.5.4　リングローリング ……………………………… 45
　4.5.5　ロータリスエージング ………………………… 45
　4.5.6　揺動鍛造 ………………………………………… 46
　　演習問題 ……………………………………………… 46

第5章　せん断，曲げ，矯正

5.1　せん断加工 …………………………………………… 47
　5.1.1　板材のせん断 …………………………………… 47
　5.1.2　精密せん断 ……………………………………… 50
　5.1.3　棒および管のせん断 …………………………… 51
5.2　曲げ加工 ……………………………………………… 52
　5.2.1　曲げ加工の分類 ………………………………… 52
　5.2.2　板の型曲げ ……………………………………… 52
　5.2.3　板のロール成形 ………………………………… 55
　5.2.4　曲げを用いる溶接管の製造方法 ……………… 56
　5.2.5　管の曲げ加工 …………………………………… 56
5.3　矯正加工 ……………………………………………… 57
　5.3.1　引張矯正 ………………………………………… 57
　5.3.2　ローラレベリング ……………………………… 57
　　演習問題 ……………………………………………… 58

第6章 板成形

6.1 深絞り加工 ………………………………………………………… 59
　6.1.1 深絞りにおける材料の変形挙動 ………………………… 59
　6.1.2 加工限界と加工力 ………………………………………… 60
　6.1.3 再絞り加工 ………………………………………………… 63
6.2 張出し加工 ………………………………………………………… 64
6.3 しごき加工 ………………………………………………………… 64
6.4 スピニング加工 …………………………………………………… 65
6.5 難加工板材のプレス成形 ………………………………………… 66
　6.5.1 高張力鋼板 ………………………………………………… 66
　6.5.2 マグネシウム合金板 ……………………………………… 67
　6.5.3 チタン板 …………………………………………………… 68
　　演習問題 ……………………………………………………… 69

第7章 特殊塑性加工

7.1 粉末および焼結体の成形 ………………………………………… 70
7.2 液圧またはゴムを用いた成形 …………………………………… 72
7.3 高エネルギー速度加工 …………………………………………… 74
　7.3.1 爆発成形 …………………………………………………… 74
　7.3.2 放電成形 …………………………………………………… 74
　7.3.3 電磁成形 …………………………………………………… 74
7.4 塑性変形を利用した接合 ………………………………………… 75
　7.4.1 塑性変形を用いた固相接合 ……………………………… 75
　7.4.2 塑性変形を利用した機械的接合法 ……………………… 77
　　演習問題 ……………………………………………………… 78

第8章 塑性加工用材料

8.1 工業用材料 ………………………………………………………… 79
　8.1.1 工業用材料の概要 ………………………………………… 79
　8.1.2 炭素鋼 ……………………………………………………… 80
　8.1.3 合金鋼 ……………………………………………………… 82

8.1.4 非鉄金属 …………………………………………………… 83
8.2 金属の結晶構造と塑性変形 …………………………………… 84
　　8.2.1 金属の結晶 …………………………………………………… 84
　　8.2.2 転　位 …………………………………………………………… 85
8.3 塑性加工による材質変化 ……………………………………… 86
　　8.3.1 冷間加工による材質変化 …………………………………… 86
　　8.3.2 集合組織と異方性 …………………………………………… 87
　　8.3.3 残留応力 ……………………………………………………… 87
　　8.3.4 回復と再結晶 ………………………………………………… 88
　　8.3.5 熱間加工における材質変化 ………………………………… 89
　　8.3.6 加工熱処理 …………………………………………………… 89
　　　　演習問題 …………………………………………………………… 90

第9章 塑性加工における潤滑と摩擦

9.1 金属表面の構造と接触状態 …………………………………… 91
9.2 潤滑剤 …………………………………………………………… 92
　　9.2.1 液体潤滑剤 …………………………………………………… 92
　　9.2.2 固体潤滑剤 …………………………………………………… 93
　　9.2.3 潤滑剤の使用温度 …………………………………………… 94
9.3 流体潤滑機構 …………………………………………………… 94
　　9.3.1 表面の凹部への閉込め ……………………………………… 94
　　9.3.2 くさび効果 …………………………………………………… 95
　　9.3.3 絞り膜効果 …………………………………………………… 95
　　9.3.4 流体潤滑の速度効果 ………………………………………… 96
9.4 摩擦法則 ………………………………………………………… 96
　　9.4.1 クーロン摩擦 ………………………………………………… 96
　　9.4.2 塑性加工中の摩擦 …………………………………………… 97
9.5 凝着と焼付き …………………………………………………… 98
9.6 工具摩耗 ………………………………………………………… 99
9.7 塑性加工後の表面粗さ ………………………………………… 100
　　9.7.1 自由表面の粗さ ……………………………………………… 100

9.7.2　工具表面に拘束される場合の製品表面 …………………………… 101
　　演習問題 ………………………………………………………………… 102

第 10 章　塑性加工機械と工具材料

10.1　ハンマ ………………………………………………………………………… 103
10.2　液圧プレス …………………………………………………………………… 104
10.3　機械プレス …………………………………………………………………… 105
　10.3.1　各種の機械プレス ……………………………………………………… 105
　10.3.2　機械プレスの加工能力 ………………………………………………… 107
10.4　工具材料 ……………………………………………………………………… 108
　10.4.1　工具材料に要求される特性 …………………………………………… 108
　10.4.2　工具材料の特徴 ………………………………………………………… 109
10.5　工具表面改質とコーティング ……………………………………………… 112
　10.5.1　窒化処理 ………………………………………………………………… 112
　10.5.2　物理蒸着法 ……………………………………………………………… 112
　10.5.3　化学蒸着法 ……………………………………………………………… 113
　　演習問題 ………………………………………………………………………… 113

第 11 章　変形抵抗

11.1　変形抵抗曲線 ………………………………………………………………… 115
11.2　変形抵抗に影響する因子 …………………………………………………… 116
　11.2.1　ひずみの影響 …………………………………………………………… 116
　11.2.2　温度の影響 ……………………………………………………………… 117
　11.2.3　変形速度の影響 ………………………………………………………… 118
　11.2.4　温度補償ひずみ速度 …………………………………………………… 120
　11.2.5　圧力の影響 ……………………………………………………………… 121
　11.2.6　熱間における変形抵抗 ………………………………………………… 121
11.3　変形抵抗曲線のモデル化と数式表示 ……………………………………… 122
11.4　変形抵抗の測定 ……………………………………………………………… 123
　11.4.1　引張試験 ………………………………………………………………… 123
　11.4.2　圧縮試験 ………………………………………………………………… 123

11.4.3 硬さ試験 ··· 124
　　　演習問題 ··· 125

第 12 章　材料の加工限界

12.1 くびれ ··· 126
　12.1.1 くびれの例 ·· 126
　12.1.2 くびれの発生条件 ·· 127
　12.1.3 くびれと材料特性 ·· 130
12.2 座　屈 ··· 131
　12.2.1 座屈の例 ··· 131
　12.2.2 座屈の発生条件 ··· 132
12.3 延性破壊 ·· 133
　12.3.1 延性破壊の例 ··· 133
　12.3.2 金属材質と延性 ··· 134
　12.3.3 加工温度 ··· 135
　12.3.4 応力状態 ··· 135
　12.3.5 延性破壊の機構 ··· 136
　　　演習問題 ··· 137

第 13 章　応力とひずみ

13.1 応　力 ··· 138
　13.1.1 二次元応力 ·· 138
　13.1.2 応力の一般表示 ··· 141
　13.1.3 静水圧応力と偏差応力 ·· 143
　13.1.4 力の釣合いの式 ··· 143
13.2 ひずみ ··· 144
　13.2.1 ひずみの定義 ··· 144
　13.2.2 ひずみ増分とひずみ速度 ·· 147
　13.2.3 体積ひずみ ·· 147
13.3 弾性変形における応力とひずみの関係 ··· 148
　13.3.1 弾性における応力とひずみの関係 ·· 148

第 14 章　塑性力学

14.1 降伏条件 ·· 152
   14.1.1 金属の降伏 ·· 152
   14.1.2 多軸応力状態における降伏 ·· 153
   14.1.3 トレスカの降伏条件 ·· 154
   14.1.4 ミーゼスの降伏条件 ·· 154
   14.1.5 降伏条件の比較 ·· 156
14.2 応力とひずみ増分の関係 ·· 157
14.3 相当ひずみ増分 ·· 159
14.4 相当ひずみ ·· 161
14.5 塑性変形仕事 ·· 162
   演習問題 ·· 164

第 15 章　スラブ法

15.1 平面ひずみ圧縮 ·· 166
   15.1.1 平面ひずみ変形における降伏条件 ································ 166
   15.1.2 ブロックの圧縮の解析 ·· 167
15.2 円柱の軸対称圧縮 ·· 169
   15.2.1 軸対称変形の応力とひずみ ·· 169
   15.2.2 円柱圧縮のスラブ法解析 ·· 170
15.3 板材の圧延 ·· 172
   15.3.1 ロール間における板の速度および中立点 ························ 172
   15.3.2 カルマンの圧延方程式 ·· 173
   演習問題 ·· 176

第 16 章　上 界 法

16.1 エネルギー法 ·· 178
16.2 上界法の概要 ·· 180

（先頭）
   13.3.2 弾性ひずみエネルギー ·· 150
   演習問題 ·· 150

- 16.2.1 上界法の概念 ··· 180
- 16.2.2 速度不連続面の取扱い ······································ 181
- 16.2.3 変形域の取扱い ·· 183
- 16.2.4 表面外力と摩擦力の扱い ··································· 184
- 16.3 速度場の最適化 ·· 185
- 演習問題 ·· 187

第17章 有限要素法

- 17.1 有限要素法の概要 ·· 188
  - 17.1.1 要素分割 ·· 188
  - 17.1.2 塑性変形解析の有限要素法の概要 ······················· 189
  - 17.1.3 計算速度と計算精度 ······································ 190
  - 17.1.4 塑性加工のFEMシミュレーション ······················ 190
  - 17.1.5 FEMシミュレーションの注意事項 ······················ 191
- 17.2 平面ひずみ弾性有限要素法 ··································· 192
  - 17.2.1 三角形要素 ·· 192
  - 17.2.2 弾性変形における応力とひずみの関係 ················· 194
  - 17.2.3 節点力と応力の関係 ······································ 194
  - 17.2.4 節点力の釣合い ·· 195
  - 演習問題 ·· 197

- 付録1 製造システムにおける塑性加工 ···························· 198
- 付録2 塑性加工の工程例 ·· 199
- 付録3 塑性加工の実務 ··· 200
- 付録4 継目なし管の生産 ·· 201
- 付録5 コンフォーム押出し ··· 202
- 付録6 精密鍛造方法 ·· 203
- 付録7 冷温間鍛造工具 ··· 204
- 付録8 管の特殊曲げ加工 ·· 204
- 付録9 板材の成形性試験 ·· 205
- 付録10 ダイレス逐次板成形 ·· 206

付録 11　炭素鋼の熱処理 ………………………………………………… 207
付録 12　摩擦の測定方法 ………………………………………………… 208
付録 13　サーボプレス …………………………………………………… 210
付録 14　端面拘束圧縮試験……………………………………………… 211
付録 15　延性破壊条件式 ………………………………………………… 212
付録 16　応力の釣合い式 ………………………………………………… 213
付録 17　応力の不変量 …………………………………………………… 214
付録 18　弾性ひずみエネルギー ………………………………………… 215
付録 19　トレスカの降伏条件 …………………………………………… 216
付録 20　ミーゼスの降伏条件…………………………………………… 217
付録 21　塑性変形における応力とひずみ増分の関係 ………………… 219
付録 22　滑り線場法 ……………………………………………………… 221
付録 23　塑性変形による発熱 …………………………………………… 222
付録 24　弾塑性有限要素法 ……………………………………………… 223
付録 25　動的陽解法 ……………………………………………………… 223
付録 26　有限要素法による上解法の最適化 …………………………… 224
付録 27　剛塑性有限要素法 ……………………………………………… 226

演習問題の解答………………………………………………………………… 228
索　　引 ……………………………………………………………………… 247
付　　表 ……………………………………………………………………… 255

第1章 塑性加工と塑性変形の概要

電気製品，自動車，時計，ビールの缶といった身のまわりの製品ばかりではなく，鉄道車両，レール，航空機，原子炉容器など，ほとんどの金属製品が塑性加工の過程を経て製造されている．本章では，塑性加工の概要と，その科学的理解の基礎となる塑性変形における応力とひずみについて説明する．

1.1 塑性と塑性加工

1.1.1 塑性変形

ゴムに力を加えて変形させた後に力を除くと元の形に戻るのに対し，粘土を変形させて力を除いても元の形に戻らない．ゴムにおけるように力に応じて変形が可逆的に生じる性質を **弾性**，粘土におけるように永久変形を生じる性質を **塑性** という．

金属のまっすぐな棒に引張力（ひっぱりりょく）を加えると，力と伸びの関係は，図 1.1 の OABC のようになる．加える力が一定値 F_A 以下であれば，力を除くとこの棒は弾性的に元に戻る．引張力は B で最大になったあと低下し，C で破断する．F_A 以上の F_D を作用させ

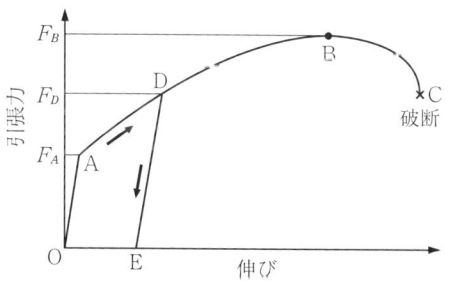

図 1.1 金属棒の引張りにおける引張力と伸びの関係

た状態から力を減少させると，伸びは DE に沿って減少し，力が 0 に戻っても永久変形 OE が残る．この永久変形が **塑性変形** である．鉄，銅，アルミニウムなどの金属では破壊するまでに大きな塑性変形を生じることができ，**延性** がある．他方，ガラスや陶器などでは全く塑性変形をしないか，わずかな塑性変形をするだけで破壊し，**ぜい(脆)性** を示す．

日常生活においては，針金を曲げたり，缶を開けたり，自動車の車体が衝突によりくぼんだりするときに塑性変形の例が見られる．ヒマラヤ山脈のようなしゅう(摺)曲山脈は，岩石が長年かけて塑性変形をすることによって形成されたものである．機械や構造物では，部材のどの部分にも塑性変形を生じないように設計が行われるが，実際にはわずかな塑性変形は避けることができない．

1.1.2 塑性加工

金属などの材料を塑性変形させることによって所定の形状に加工する方法を**塑性加工**といい，多くの種類の塑性加工法を用いて材料が成形されている．歴史的には，人類が金属を発見して以来(B.C.5000～6000年といわれている)塑性加工が行われていたものと考えられている．刀剣の鍛造などで知られているように，産業革命以前には人力や家畜の力などの原始的な動力によって少量で小型の塑性加工製品が製造されていた．産業革命以後，蒸気や電力などの大きな動力による加工機械が製作され，多様な製品が塑性加工により製造されるようになった．とくに，20世紀後半になって自動車などの大量生産が行われるようになると，塑性加工によって製造される製品が急増した．

金属製品の製造には，塑性加工のほかに切削，鋳造，溶接など各種の加工法が用いられている．これらは，塑性加工と競合関係にあることも多いが，通常は加工法を組み合わせて製品をつくり上げる(付録1参照)．塑性加工では1工程で加工が終了することは少なく，多くの工程を経て製品がつくられている(付録2参照)．塑性加工の工程や工具を設計するのは長年の経験が必要なことが多いが，最近では情報処理技術の支援が不可欠になっている(付録3参照)．

1.2 主な塑性加工法とその分類

1.2.1 目的による分類

図1.2に示すように，塑性加工の主目的は，素材製造，塊状(かいじょう＝かたまり)部品や板部品の製造において「成形」することであるが，このほかに「分離」，「接合」，「整形」なども目的とする．圧延，押出し，引抜きは板，棒，線などの素材の製造に多く用いられる．自由鍛造，型鍛造，転造などは塊状部品の製造に，また深絞り，張出し，曲げなどは板や管の部品の成形に用い

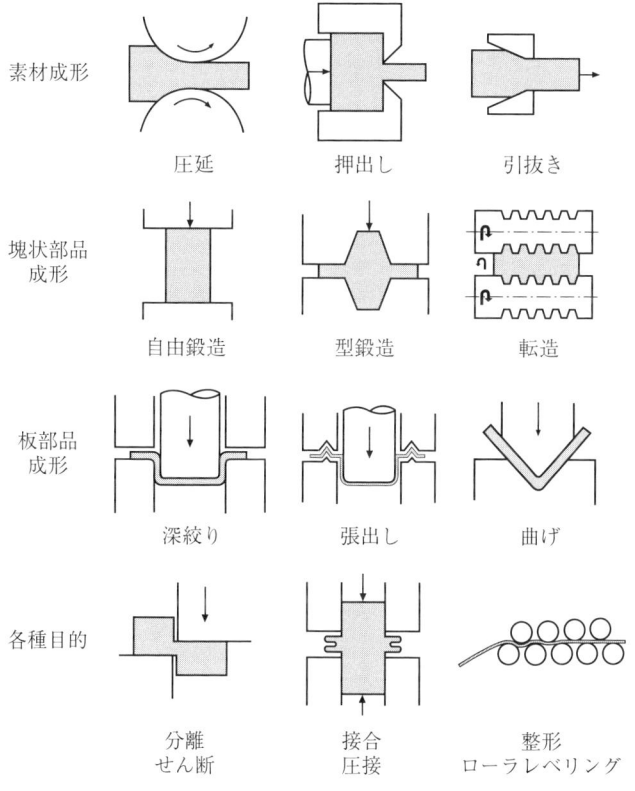

図1.2　目的による塑性加工の分類

られる．せん断は一種の切削加工であるが，塑性加工の工程として用いられる．また，圧接などの接合は溶接の分野に近いが，塑性加工機械を用いて加工されるので，塑性加工に含めることが多い．ローラレベリングなどの整形加工では形状変化は小さい．

　塑性加工では，材料の性質に変化を与えることも重要である．たとえば，高温の圧延や鍛造では，鋳造組織を破壊し，鋳巣のような空隙を押しつぶして材質の改善をはかる **鍛錬** の効果がある．電磁鋼板や深絞り鋼板の圧延では，磁気的異方性や強度の異方性を生じさせるように，また高張力鋼板の圧延では強度を上げるために圧延温度などを設定し，材質制御がなされている．塑性加工と熱処理を適当に組み合わせる方法を **加工熱処理** という．

1.2.2 加工温度による分類

室温で金属を加工すると硬くなって強度が増すが,この現象を**加工硬化**と呼ぶ.加工硬化した金属をある温度以上に加熱すると,図1.3のように新しい結晶粒ができ,加工前とほぼ同じ強度に戻る**再結晶**を生じる.

再結晶をする温度で塑性加工を行うと,加工中に再結晶が進行するため,加工後の材料には加工硬化が残らない.再結晶を生じる温度での加工を**熱間加工**,再結晶しない温度での加工を**冷間加工**という.金属の融点を絶対温度($K = ℃ + 273$)で T_m とすると,再結晶温度は約 $0.5\,T_m$ である.融点が約1600℃の鉄鋼材料の再結晶温度は600〜700℃,融点が約660℃のアルミニウムでは約200℃であり,鉛は室温で再結晶する.鋼では約600℃以下における加工をすべて冷間加工と呼ぶべきであるが,通常は室温での加工を冷間加工,850℃程度以下に素材を加熱した加工を**温間加工**と呼んでいる.

熱間加工においては製品の精度や表面状態はよくないが,加工力が低いことが利点である.また,加工中に再結晶するので結晶粒の微細化などの材質改善にも熱間加工は適している.これに対し,冷間加工では加工力は高いが,一般に製品の精度や表面状態がよく,また加工硬化を利用して製品を強化できる.

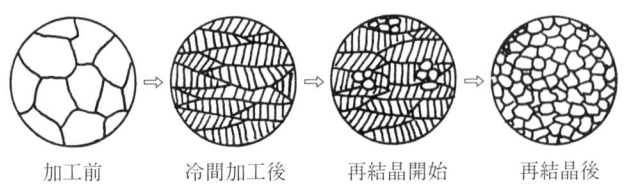

加工前 　 冷間加工後 　 再結晶開始 　 再結晶後

図1.3 再結晶過程

1.3 塑性加工の特徴

塑性加工は材料を変形させることにより加工する方法であるので,切削加工に比べて次のような長所がある.

(1) 材料損失が少ない —— 塑性変形では材料の体積は一定に保たれており,最終的に捨てる部分を少なくするように工夫すれば材料損失を少なくすることができる.たとえば,切削では歩留り(ぶどまり=最終製品になる材料の割合)が50%程度であることが多いが,冷間鍛造では80〜85%に達する.

(2) 生産速度が速い——小物部品の塑性加工ではサイクル時間が 1/10 秒～数秒であることが多い．また，圧延などの連続加工の多くは最終速度が 100 km/h に達することも珍しくない．

(3) 材質の改善ができる——材料を塑性変形させると結晶粒の大きさの変化，介在物の微細化，空隙の押しつぶしなどの材質変化を生じさせることができる．塑性加工と熱処理を組み合わせることにより，異方性をもたせた材料や強度と延性を向上させた材料などの製造が可能である．

これらの長所に対して，短所としては次のようなものがある．

(1) 製品精度や形状に制限がある——塑性加工では大きな加工力が必要であるが，このために工具や機械にたわみが生じて製品精度が低下しやすい．また，製品自体においても加工中の弾性変形が加工後に回復することによって寸法・形状に変化が生じる．細い穴や鋭い角，複雑な形状部には金属が流れ込みにくく，他の加工法を用いるほうが容易な場合もある．

(2) 設備費が高価である——一般に，工具や機械は大型で，高い強度と剛性が要求され，少量生産では生産コストが高くなる．製品数量が数千個程度以下の場合には，塑性加工よりも切削加工にする方が有利になることも多い．

1.4 塑性変形における応力とひずみの表現

1.4.1 応　　力

図 1.4(a) のように断面積 A の試験片に引張力 F を加えたとき，**応力** σ は図 (b) のように仮想的に切断した面に加わる単位面積当たりの垂直力として，

$$\sigma = \frac{F}{A} \qquad (1.1)$$

で定義される．塑性変形が進行すると断面積が変化するため，各時点における面積の値を用いて求める上式の応力を **真応力** ともいう．図 1.1 の最大荷重 F_B を最初の断面積で割った引張強さ σ_B は，力と面積の定義時点が異なる **公**

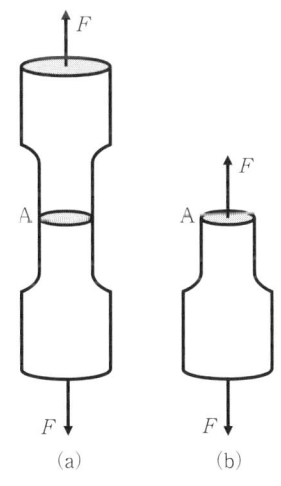

図 1.4　引張試験

称応力である．

応力は力/面積で定義されるので，工学単位では kgf/mm²，SI 単位では MN/m² ＝ N/mm² ＝ MPa で表す．1 kgf/mm² ＝ 9.8 MPa であるので，kgf/mm² で表されている応力値を 9.8 倍すると MPa に変換できる．

1.4.2 ひずみ

引張試験において長さ l の棒が微小量 Δl 伸びるとき，**ひずみ** ε は

$$\varepsilon = \frac{\Delta l}{l} \tag{1.2}$$

と定義する．右辺の分母，分子ともに長さの単位であるので，ひずみは無次元量で，単位をつけない．

引張試験で試験片を伸ばすと，図 1.5(a) のように応力はひずみ増加とともに直線的に増加したあと，緩やかな傾きになっていく．OA は応力 σ とひずみ ε とが比例する**フックの法則**が成り立つ弾性変形であり，縦弾性係数（ヤング率）E を用いて次式で表される．

$$\sigma = E\varepsilon \tag{1.3}$$

式 (1.2) のひずみの定義では Δl を微小量と想定したが，この式を塑性加工のような大変形に適用すると矛盾を生じる場合があり，大きな変形に用いる場合には**公称ひずみ**という．長さ l_0 の棒が大きく変形して最終的な長さが l_n になったとき，公称ひずみ ε_N は次式のようになる．

$$\varepsilon_N = \frac{l_n - l_0}{l_0} \tag{1.4}$$

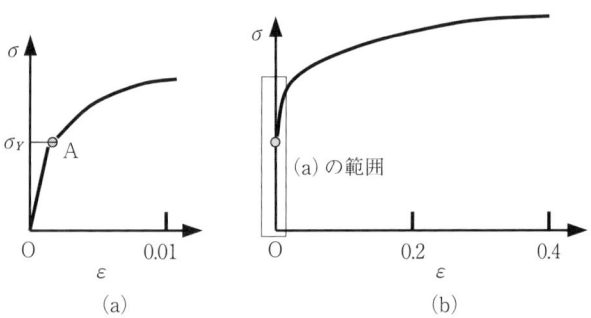

図 1.5 引張試験の応力 σ とひずみ ε の関係

1.4 塑性変形における応力とひずみの表現

図1.6のように変形が段階的に生じると仮定し，各変形段階での最初の長さを式(1.2)の分母として微小ひずみを求め，それらの値を加え合わせた次のひずみを考える．

$$\varepsilon = \frac{l_1 - l_0}{l_0} + \frac{l_2 - l_1}{l_1} + \frac{l_3 - l_2}{l_2}$$
$$+ \cdots \frac{l_n - l_{n-1}}{l_{n-1}} \cong \int_{l_0}^{l_n} \frac{dl}{l}$$
$$= \ln \frac{l_n}{l_0} \qquad (1.5)$$

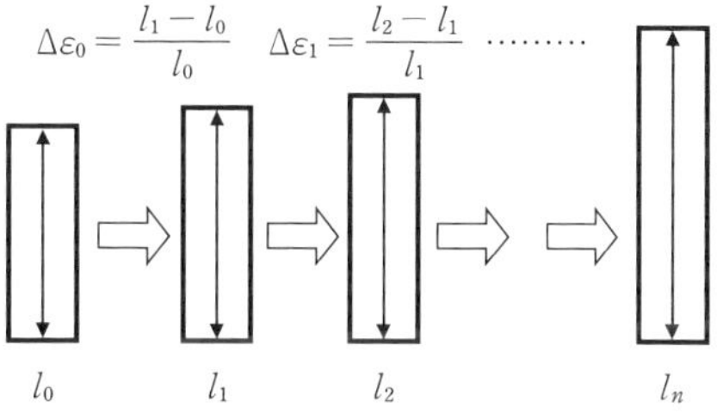

$\Delta\varepsilon_0 = \dfrac{l_1 - l_0}{l_0}$ $\Delta\varepsilon_1 = \dfrac{l_2 - l_1}{l_1}$ ………

図1.6 対数ひずみ

このひずみを**対数ひずみ**という．

通常の金属の塑性変形では体積が変化しないと仮定できる．長さ l_0，直径が d_0 の棒が長さ l_n，直径が d_n に，断面積が A_0 から A_n になるとき，$l_0 A_0 = l_n A_n$ であるので，対数ひずみは次のようにも表される．

$$\varepsilon = \ln \frac{l_n}{l_0} = \ln \frac{A_0}{A_n} = 2\ln \frac{d_0}{d_n} \qquad (1.6)$$

式(1.4)を用いると

$$\varepsilon = \ln \frac{l_n}{l_0} = \ln(1 + \varepsilon_N) \qquad (1.7)$$

が得られる．

表1.1は，公称ひずみと対数ひずみの対照表である．ひずみの符号が＋の部分が伸びひずみ，－の部分が圧縮ひずみである．公称ひずみは，引張りでは∞まで，圧縮では－1までの範囲であるが，対数ひずみは＋∞～－∞の範囲である．公称ひずみが 0.1 (10%伸び) では対数ひずみは約5% 小さい 0.0953 であるが，長さが元の2倍（公称ひずみ 1.0）になるときには，対数ひずみは 0.69 と両者の差が広がる．

2倍の長さに伸ばした物体を圧縮して元の長さに戻すとき，公称ひずみは 1.0 と －0.5 で，両者

表1.1 公称ひずみ ε_N と対数ひずみ ε の対照表

ε_N	ε
1000	6.908
100	4.615
10	2.398
1	0.6931
0.1	0.0953
0.01	0.00995
0.001	0.00100
0	0
−0.001	−0.00100
−0.01	−0.0101
−0.1	−0.1054
−0.5	−0.6931
−0.999	−6.908
−1.0	−∞

を加え合わせても意味がない．対数ひずみでは 0.69 と −0.69 になって，両者を加え合わすと 0 になり長さ変化がないことを表す．

塑性加工では大変形を生じるので対数ひずみが使用される．図 1.5(b) の四角の部分が図 (a) の表示領域であるが，塑性加工で生じる 1.0 のオーダーのひずみに比べ，0.001 のオーダーの弾性ひずみは非常に小さいことがわかる．

1.4.3 応力-ひずみ曲線

引張試験において応力とひずみを測定し，応力を縦軸に，ひずみを横軸にとって表した **図 1.7** を **応力-ひずみ曲線** という．

図 1.7(a) は，低炭素鋼を室温で試験した場合の応力-ひずみ曲線の模式図である．低炭素鋼では $A_0 A_1 A_2$ のような応力低下が現れ，この現象を **降伏** といい，A_0 を上降伏点，A_1 を下降伏点，$A_1 A_2$ のひずみを **降伏ひずみ** と呼ぶ．

一度塑性変形を受けた低炭素鋼の応力-ひずみ曲線では，図 1.7(b) のように折れ曲がるだけで応力低下を伴う降伏現象は生じないが，弾性の直線から離れ始める点 A を **降伏点** とし，塑性変形開始の応力を **降伏応力** という．

点 B において力を除くと，応力とひずみは OA に平行な BC に沿って弾性的に変化し，力を 0 にすると **塑性ひずみ** OC が残る．点 B におけるひずみ OD は，塑性ひずみ OC (ε_p) と弾性ひずみ CD (ε_e) とから成り立っている．

塑性変形後に除荷した点 C にある材料に再び力を加えると，CB に沿って応力-ひずみが変化したのち，点 B で降伏して元の応力-ひずみ曲線 AE に乗る．すなわち，C まで塑性ひずみを受けた材料の降伏点は B である．

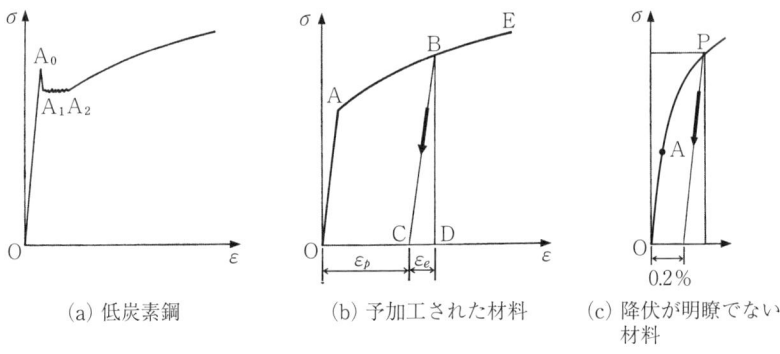

(a) 低炭素鋼　　(b) 予加工された材料　　(c) 降伏が明瞭でない材料

図 1.7　各種材料の引張試験での応力-ひずみ曲線

アルミニウム，銅，18-8ステンレス鋼などでは，図1.7(c)のように弾性変形から塑性変形への移行は明瞭ではない．弾性の直線から離れ始める比例限界（点 A）の応力を精密に測定するのは困難である．そこで，図のように塑性ひずみが 0.2%（0.002）になる点 P の応力を **耐力** として，降伏応力の代わりに用いる．最初の変形で降伏点が明瞭でない図1.7(c)のような金属でも，一度塑性変形を受けると，図1.7(b)のように折れ曲がりが明瞭に見られるようになる．

1.4.4 圧縮における応力-ひずみ曲線

図1.8のように，円柱状素材を平坦な平面工具を用いて摩擦0で圧縮するとき，圧力 p は変形中の圧縮荷重 P をその時点の試験片断面積 A で割った

$$p = \frac{P}{A} \quad (1.8)$$

である．応力の定義では圧縮応力は負であるので，このときの応力 σ は圧力 p と同じ大きさで反対の符号をもつ．

$$\sigma = -p \quad (1.9)$$

表1.1で示した対数ひずみも圧縮では負の値になる．このため，図1.9の点線のように，圧縮の応力-ひずみ曲線は引張りの応力-ひずみ曲線の点対称になる．

引張応力と圧縮応力は面に垂直に加わる応力で，符号が異なるだけであるので，まとめて **垂直応力** という．引張ひずみと圧縮ひずみについても，同様に **垂直ひずみ** と呼ぶ．

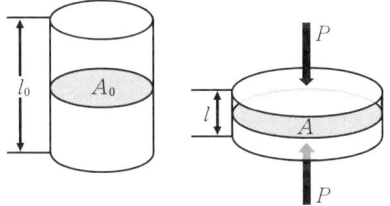

図1.8 単純圧縮試験

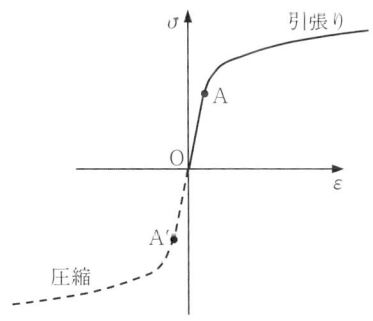

図1.9 引張りおよび圧縮の応力-ひずみ曲線

1.4.5 変形方向の逆転

図1.10において，引張変形の途中の点 B から除荷して点 C なった材料を圧

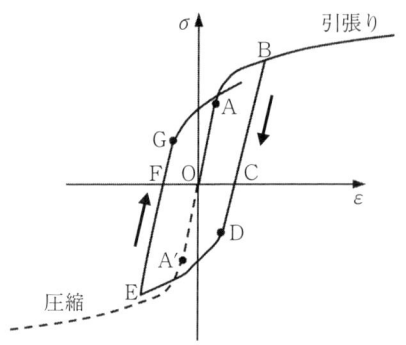

図1.10 引張除荷後に圧縮した場合の応力-ひずみ曲線

縮した場合には，点Dで塑性変形が始まる．通常，点Dの応力は圧縮降伏点A'の値に比べて低い．このように変形方向の逆転による降伏応力が低下する現象は**バウシンガー効果**と呼ばれている．

変形方向を逆転して圧縮塑性変形を続け，点Eで除荷し，再度変形方向を逆転して引っ張る場合にはEFGの経路をたどり，再び低い応力のGで降伏する．引張りと圧縮の塑性変形を交互に繰り返すと，一定の閉曲線（ヒステリシスループ）を描くようになる．

1.4.6 変形抵抗

引張りおよび無摩擦圧縮における応力の絶対値を塑性変形中の材料強度の尺度として用い，**変形抵抗**という．加工力や加工圧力は変形抵抗に比例する．たとえば，加工圧力 p は変形抵抗を $\bar{\sigma}$ とすると，

$$p = C\bar{\sigma} \tag{1.10}$$

で表される．ここで，C は**拘束係数**といい，塑性変形に対する拘束の大小を表す．拘束係数が大きいことは加工圧力が高いことを意味する．

図1.8の無摩擦圧縮の場合は $C=1$ であるが，摩擦の増加とともに C は大きくなる．多くの塑性加工では $C=2\sim4$ であり，材料の逃げ場がないような密閉鍛造では C は8程度にもなる．

1.4.7 せん断における応力とひずみ

せん断加工では，図1.11のようなずれの変形を生じ，このような変形をせん断変形と呼ぶ．図のように高さ l，幅 w 奥行き d の材料が，面に平行な力 F により距離 x だけずれたとき，**せん断応力** τ と**せん断ひずみ** γ は

$$\tau = \frac{F}{dw} \tag{1.11}$$

$$\gamma = \frac{x}{l} \quad (1.12)$$

で定義される．せん断試験をすると τ と γ の関係が求まり，せん断応力-せん断ひずみ曲線を描くことができる．せん断変形抵抗 k は，引張試験における変形抵抗 $\bar{\sigma}$ の約 1/2 の値であり，塑性力学（ミーゼスの降伏条件）では，せん断変形抵抗を次のようにする．

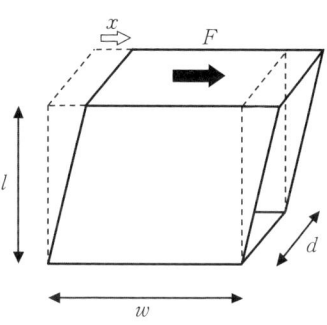

図 1.11　せん断の応力とひずみ

$$k = \frac{\bar{\sigma}}{\sqrt{3}} = 0.577\bar{\sigma} \quad (1.13)$$

演習問題

1. 塑性加工の分類を行うとき，鉄鋼材料と非鉄金属材料に分けることがある．両者の生産量はどの程度か工業統計により調査せよ．
2. 自動車エンジンの主要部品であるクランクシャフトについて調べ，その製造方法として鍛造と鋳造を比較せよ．
3. 塑性加工に用いられる CAD/CAM/CAE/CAT などの情報技術の一つ選んで現状を調査せよ．
4. 高さ 50 mm，直径 30 mm の円柱素材を 20 mm まで均一圧縮した．体積変化が 0 であると仮定して高さ方向と半径方向の対数ひずみを求めよ．
5. 変形抵抗がひずみによらず 500 MPa 一定の材料の円柱試験片（直径 20 mm 高さ 30 mm）を 1/2 の高さまで圧縮したときの圧縮荷重を求めよ．ただし，最終状態での拘束係数を 3.0 とする．
6. 塑性加工においてバウシンガー効果を積極的に利用する方法を調査せよ．

第2章 鉄鋼製造と圧延

　金属メーカーでは金属鉱石から金属を抽出し，精錬により不純物を除いて工業的に使用される材質にした溶融金属を連続鋳造などでビレットなどの塊にする．それを圧延により長く延ばした板，棒，形材，線材が，機械部品の素材として市場に供給される．本章では鉄鋼の製造過程と圧延について説明する．

2.1 鉄鋼の製造過程

2.1.1 製　　銑

　鉄鉱石は Fe_2O_3（赤鉄鉱）や Fe_3O_4（磁鉄鉱）などの酸化鉄を含んでいる．こ

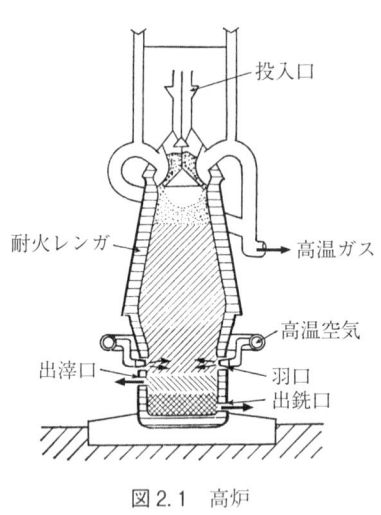

図 2.1　高炉

の鉄鉱石をコークスで還元して銑鉄をつくる過程を **製銑** という．製銑には，図 2.1 に示すような **高炉** が用いられている．高炉の高さは約 30 m あり，内部は耐火レンガで，外側は水冷された鋼板で覆われている．鉄 1 ton をつくるためには，鉄鉱石約 1.7 ton のほか，コークス（還元剤）約 0.5 ton，石灰石（溶剤）0.15 ton を高炉の上から層状に投入し，羽口から約 1000℃ に熱せられた高圧空気を約 2.5 ton 送る．高炉内部では最高温度が 1800℃ 程度になり，この熱とコークスの炭素とで

還元された **銑鉄** が高炉下部に沈み，出銑口から流れ出る．

2.1.2 製　　鋼

　高炉でつくられた銑鉄は炭素を約 4% 含むほか，硫黄，ケイ素など不純物を多く含むので，転炉，平炉，電気炉などで成分を調整して **鋼**（はがね）がつく

られる．この工程を**製鋼**という．図2.2に**上吹き転炉**(LD転炉)の原理図を示す．これは，純酸素を高速で炉中の溶銑に吹き付けるもの(吹錬)で，溶銑中の炭素や硫黄は酸化してガスとなり，脱炭・脱硫が進む．溶鋼中の炭素が目標の濃度になるまで吹錬が続けられる．

この酸化反応によって発熱するので，外部からのエネルギー供給が不必要であり，生産性も高いこととあいまって，製鋼には転炉が広く用いられている．

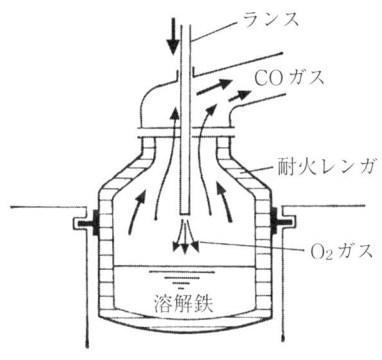

図2.2 上吹き転炉

2.1.3 造塊-分塊圧延と連続鋳造

精錬された鋼は適当な大きさの塊として凝固され，その後の圧延素材として表2.1のような鋼片にされる．鋼片製造には，造塊-分塊法と連続鋳造法の二つの方法がある．

造塊-分塊法は鋼片製造の伝統的な方法である．**造塊**では，インゴットケースと呼ばれる巨大な鋳型に溶鋼を流し込んで，徐々に冷却していったん凝固させた後，型抜きしてインゴットを製造する．インゴットを均熱炉で加熱して内外の温度差を小さくしたうえで**分塊圧延**により鋼片に仕上げられる．

鋼片製造のもう一つの方法は，図2.3に示すような装置による**連続鋳造法**である．湯口から注がれた溶鋼は冷却凝固し，所定の断面形状に成形されて一方の出口から連続的に出てくる．これを適当な長さに切断して鋼片とする．歩留りやエネルギーの点から造塊-分塊法より連続鋳

表2.1 各種鋼片

名称	形状	用途
スラブ		板材
ブルーム		形鋼
ビレット		線材・棒鋼
丸ビレット		管材
ビームブランク		大型形鋼

造のほうが有利である．日本では，この方法が1980年以後急速に増加し，90%程度の割合になっている．

2.2 圧延の概要

連続鋳造などで製造された大型のビレットやブルームなどの鋼片は**圧延**により長く延ばされる．圧延は，図2.4(a)のように回転する上下ロールの間に材料を挟み，厚さを減らしながら長さ方向に延ばす方法である．圧延を繰り返すことにより，元の長さの数百倍〜数千倍に延ばされる．

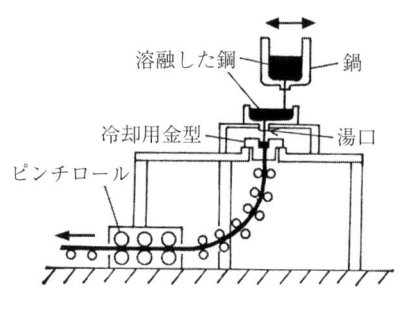

図2.3 連続鋳造装置

圧延には，単純な円筒形の平ロールを使用する**平圧延**と，円周方向に溝を設けた孔型（あながた）ロールを用いる**型圧延**とがある．平圧延により板材が，型圧延により棒，線，各種形鋼が製造される．平圧延では，圧下力を下げるために小径の**ワークロール**を用い，ワークロールのたわみを防ぐために大径の**バックアップロール**で支えている．

熱間圧延は，材料の再結晶温度以上で行われる．熱間加工では，加工硬化が生じず延性が大きいので，低い圧延圧力で大きな加工度をとることができる．鋼の場合，微細な整粒組織を得るために800〜850℃のA_3変態点以上で仕上げる必要があり，加熱炉から出される温度は1200℃程度に選ばれる．圧延中の素材に生じる酸化膜を除き，ロールを冷却するために大量の冷却水をかけている．

最近，より低い温度(730〜800℃)で熱間圧延を行うことにより，製品の強

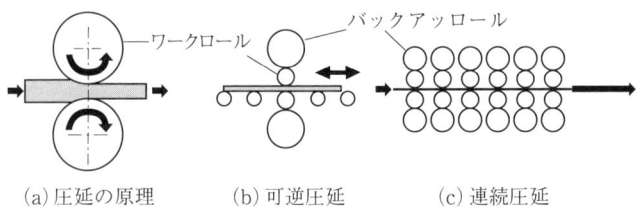

(a)圧延の原理　　(b)可逆圧延　　(c)連続圧延

図2.4 圧延の原理と方式

度，じん性や加工性が優れた組織を得る**制御圧延**が多くなっている．制御圧延では，圧延温度，圧下量，圧延速度，冷却条件などを制御している．

冷間圧延は室温で行われる圧延であり，圧延後の製品の表面状態および精度が良いが，圧延圧力は高い．冷間圧延は主に薄板の製造に用いられる．

圧延方法としては，図2.4(b)のように1台の圧延機を用いて素材を往復しながら圧下していく**可逆（リバース）圧延**と，図2.4(c)のように5〜6台の圧延機を並べて連続的に圧延する**連続（タンデム）圧延**がある．可逆圧延では，加工速度は低いが，設備投資や設置面積が小さいため，厚板の熱間圧延や特殊材料の冷間圧延で用いられている．連続圧延は高速化が可能であり，大量生産が求められる薄板や棒・線材の圧延に用いられる．自動車用鋼板などでは板厚の均一性が重要であり，連続圧延では各種の板厚制御方法が適用されている．

2.3 板圧延

2.3.1 熱間板圧延

板の熱間圧延には，可逆圧延により製造される厚さ4.5mm程度以上の厚板と，連続圧延で製造される**熱間圧延帯鋼**（ホットストリップ）がある．厚板は，幅が4m以上もある製品が多い　ホットストリップは，板厚1.2〜12.7mm，板幅600〜1600mm程度のものが多い．板の熱間圧延で板が薄くなるとロールへの熱伝達や冷却水により板の冷却が大きくなるため，1回の加熱で圧延できる加工度には限界がある．

（1）厚板圧延

鋼の厚板の用途は造船用，石油輸送管用，人型溝造物用など強度，じん性を要求されるものが多い．板厚が4.5mm以上の広幅の鋼板は，可逆圧延機を1基ないし2基設置し，これを数パス往復することによって製造される．厚板圧延においては，幅2m程度のスラブから4m以上の広幅の板をつくり出すが，このような広幅の板は一方向の圧延だけでは製造が不可能であるので，板を90°あるいは45°回転して幅出し圧延が行われる．厚板は，コイルに巻き取らず板状のまま冷却され，必要に応じて切断され切り板状で出荷される．

厚板圧延の技術的な問題は，ロール幅が広いことに起因している．縦弾性係

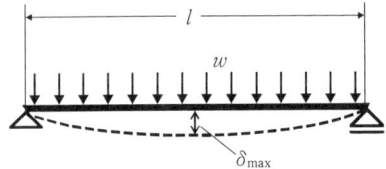

図2.5 等分布荷重を受ける両端支持はり

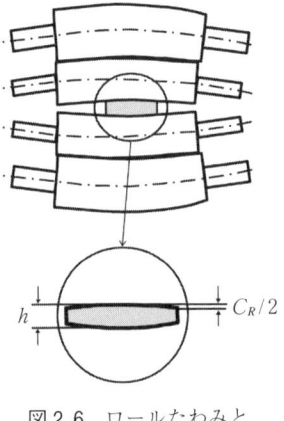

図2.6 ロールたわみと板クラウン

数 E, 直径 d, 幅 l のロールに単位長さ当たり w の均一分布荷重が加わっている場合,図2.5の両端支持はりとみなすと,最大たわみ $\delta_{\max}$ はロール幅の4乗に比例する.

$$\delta_{\max} = \frac{5wl^4}{384EI} \quad (I:\text{断面二次係数})$$

(2.1)

たわんだロールによって圧延された板は,図2.6に示すように中央部がやや厚い中高の形状となる.これを**板クラウン**という.板クラウン比率 C_R/h（図2.6参照）がパスごとに異なると,形状不良が生じる.板の両端の伸びが中央に比べて大きいときは**耳波**を生じ,逆の場合には**中伸び**が発生する（図2.7）.このような形状不良を抑制するため,後述する（図2.13）ロールベンダを用いてロールたわみの制御が行われている.

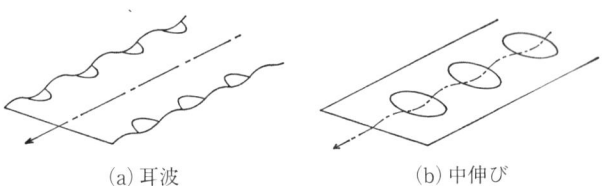

(a) 耳波　　　　　(b) 中伸び

図2.7 圧延板の形状不良

（2）帯板圧延

帯鋼（長い薄板）の圧延を**帯板圧延**という.帯板の熱間圧延工程の例を図2.8に示す.これは,連続鋳造で製造された厚さ200 mm程度のスラブを,2基の**粗圧延機**（あらあつえんき）と7基のタンデム**仕上げ圧延機**によって連続圧延するものである.熱間連続圧延で製造された帯板を**ホットストリップ**と

2.3 板圧延

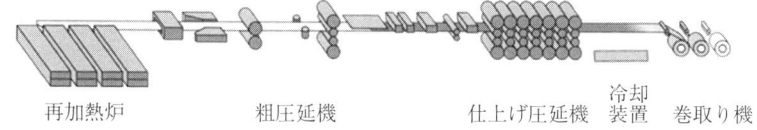

再加熱炉　　粗圧延機　　　　仕上げ圧延機　冷却装置　巻取り機

図2.8　熱間帯板圧延の工程例

いう．仕上げ圧延後は熱延コイルとして巻き取られるが，巻取り後の結晶粒の粗大化を防ぐために，スプレーゾーンの冷却装置で水を噴射して冷却し，巻取り温度を500〜700℃に抑えている．最近の仕上げ圧延の速度は約60 km/hに達している．

帯板の熱間圧延は，通常，図2.8のように連続鋳造した後に切断，冷却したスラブ（厚さ200 mm程度）を再加熱して行う．帯板の小規模生産には，連続鋳造で製造された薄スラブ（70 mm程度）を連続的に（切断再加熱することなく）圧延する小型化した設備（ミニミル）も使用されるようになっている．

仕上げ圧延機各スタンドのロール間隙やロール回転数は，コンピュータによって計算され自動設定される．仕上げ圧延機にはロードセル（荷重計），X線厚さ計，温度検出装置などが設置されており，これらによって計測されたデータにより板厚変動を小さくするよう自動制御される．

連続帯板圧延は加工中には高能率であるが，スラブ1個分の圧延が終わると加工が中断されるため，全体としての能率を落としている．そこで，図2.9のように先行材の後端が連続圧延に入る直前に次の板材の先端と接合し，圧延速度を落とすことなく加工ができる技術が開発されて使用されている．

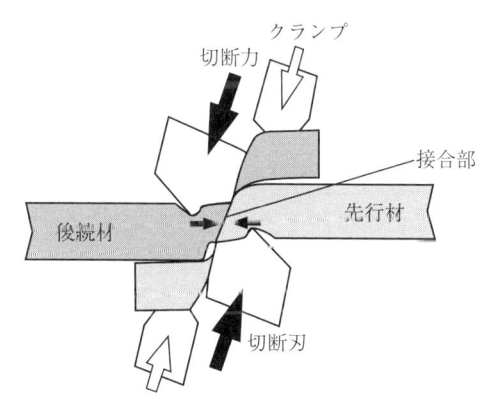

図2.9　熱間連続圧延における板材接合方法

2.3.2　冷間帯板圧延

冷間板圧延は，熱間圧延で製造された帯鋼を室温でさらに圧延し，板厚

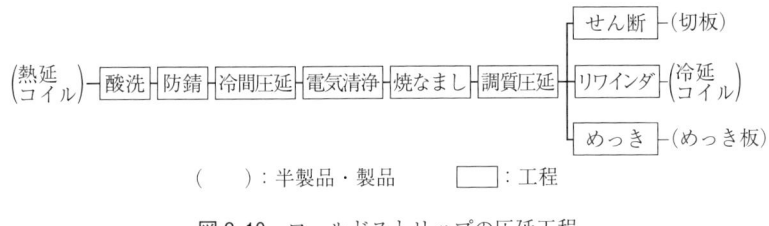

図 2.10 コールドストリップの圧延工程

0.15〜2.2 mm の帯鋼（**コールドストリップ**）にする技術である．コールドストリップの用途は，自動車用外板，スチール家具，家庭電気製品，ブリキや亜鉛めっき鋼板など非常に多岐にわたっている．材質的には加工性の良い低炭素・軟質のものが多いが，電気機器のコアに用いられるケイ素鋼板やステンレス鋼板，ブリキ用鋼板など硬質のものもある．

図 2.10 に，コールドストリップの圧延工程を示す．熱延コイルに酸洗，防錆処理を施したのち，5〜6 スタンドのタンデム圧延機で連続圧延を行う．出口速度は 150 km/h に達している．冷間圧延の技術上の特徴は，材料の高い変形抵抗に対処するため，各スタンドにおけるロール回転速度を調整して材料に張力を加えながら圧延を行うことである．また，板の表面性状に影響する潤滑剤の選択や板厚精度や平坦度の制御も冷間圧延の重要な課題である．

長さ方向の板厚の変動に対処するため，油圧サーボ機構をもった高応答速度の油圧 AGC（Automatic Gauge Control：自動板厚制御）が用いられるようになり，板厚のばらつきは 1% 以内におさまっている．コールドストリップは板幅と板厚の比が大きいので形状不良が生じやすく，厚板の場合以上に平坦度の制御が重要である．

2.3.3 ロール間隙での速度変化とロール面圧力

図 2.11 は，板材の圧延を模式的に示したものである．板厚が次第に薄くなるため，板材の速度はロール出口側に向かって増加し，ロール周速 v_r と板材速度とが等しくなる**中立点**が存在する．中立点より入口側ではロール速度が材料速度より早いため板材を引き込むような摩擦力が，出口側では反対の摩擦力が作用する．このため，板材表面に働く摩擦力の方向は，図 2.11 の下ロールに図示するようになる．ロール出口での板材速度 v_1 はロール周速より速く，

その程度は**先進率** $(v_1-v_r)/v_r$ により表される．

連続圧延では，ロール出口側(前方)および入口側(後方)から張力を加えることにより圧延速度やロール圧力の制御を行う．**図 2.12**に，張力を付加したときのロール圧力分布 p の計算結果を示す(15.3 節参照)．図中の k はせん断変形抵抗であり，$2k$ は引張変形抵抗 $\bar{\sigma}$ の 1.15 倍の値である．

前後方張力が加わらないときには，ロール入口と出口の圧力は $2k$ であり，中立点 A で圧力

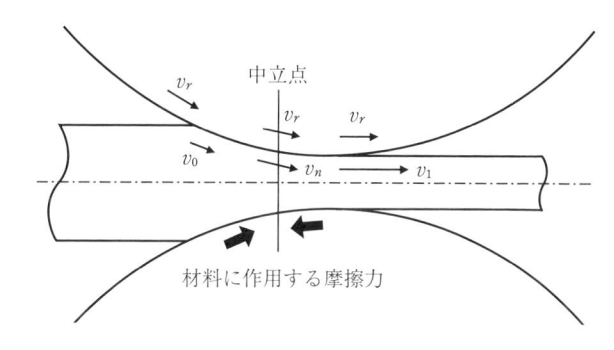

図 2.11 板圧延における速度と摩擦

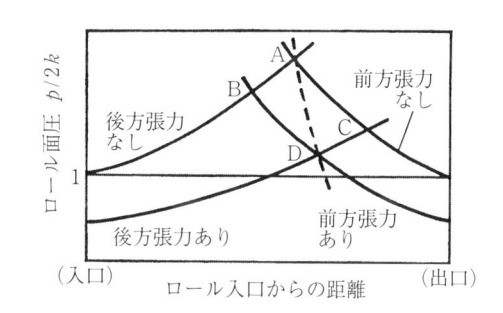

図 2.12 張力付加圧延時の圧力分布

が最も高くなる．**前方張力**を加えると，出口側のロール面圧は張力と同じ程度低下し，中立点は入口側 B に移動する．中立点が入口側に移動することは出口速度 v_1 が速くなることを意味する．**後方張力**を加えると，入口側の圧力が低下し，中立点は出口側の C に移動し，出口速度 v_1 は低下する．前方張力と後方張力を加えると，中立点は D に移動し，ロール圧下力が大幅に低下する．

2.3.4 板圧延機

図 2.6 に示したようにロールたわみによって板材の中央が厚くなる板クラウンを生じるが，これを打ち消すために各種の板厚制御法が開発された．**図 2.13**(a)のワークロールベンダは，ロールたわみを打ち消すようなモーメントをワークロールに加える方法である．最近では，外部からモーメントを加えて制御するのではなく，ロールを移動してロール間隙の分布を制御する方法が主

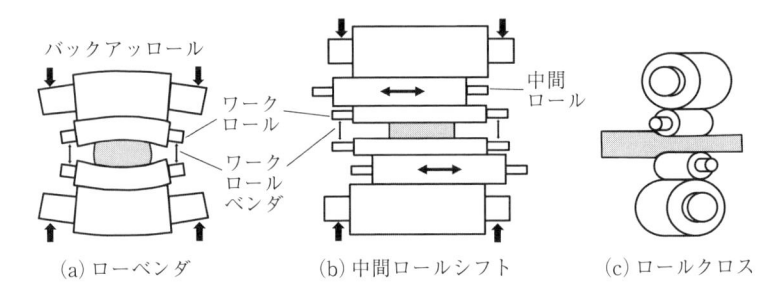

(a) ローベンダ　　(b) 中間ロールシフト　　(c) ロールクロス

図 2.13　板厚分布の制御方法

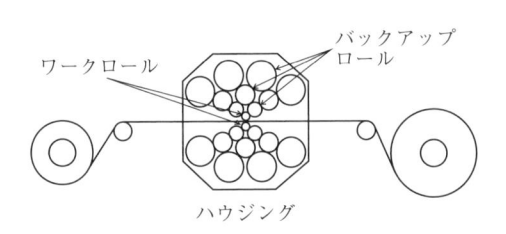

図 2.14　ゼンジミア圧延機

流になっている．これには，図(b)のように中間ロールを出し入れしてワークロールを曲げる中間ロールシフト方式や，図(c)のようにワークロールとバックアップロールを一緒にして平行からずらして上下ロールを交差させることによりロール間隙分布を変化させるペアクロス方式などがある．

　多数の圧延機を用いる連続圧延設備は，大きな設備投資が必要であるので炭素鋼板など大量生産される金属板以外には，使用できない．図 2.14 の **ゼンジミア圧延機** は小径のワークロールを多くのバックアップロールと剛性の高いハウジング（枠）で支える構造で，一度に大きな変形が可能であり，ステンレス鋼板やアルミ箔の製造に使用されている．ワークロールの直径が小さいほど大きな圧下が可能になるが，ロール径が減少するとワークロールの曲げ剛性が低下するため，多くのロールで小径ロールをバックアップしている．

2.4　型圧延

　棒，線，アングル，レールなどは上下ロールにつけた溝（孔型）で断面形状を変える孔型圧延により，H 型鋼はユニバーサル圧延機で製造される．ここでは孔型圧延とユニバーサル圧延について説明する．各種の圧延方法を組み合わせてつくられる鋼管の圧延については付録 4 にまとめてある．

2.4.1 孔型圧延

鉄鋼の場合，断面形状が単純な円形の線材や棒鋼から，複雑な形状のレールやアングルなどの形鋼までの長尺の製品を条鋼と総称している．条鋼は，孔型ロールといわれる種々の形状の溝をもったロール系列を用い，パス毎に溝を変えながら圧延し，最終形状に仕上げる**孔型圧延**により製造されている．

線材の圧延では1回の加熱で1辺が115 mmのビレットから25パス程度で直径5.5 mmの丸線が製造されている．この場合の延伸比(線の長さ/ビレット長さ)は500以上である．孔型形状としては，粗圧延では四角形と楕円を交互に繰り返すボックスオーバル法などが，仕上げ圧延ではラウンドオーバル法などが使用されている(図2.15)．

アングルなど各種の断面形状に対しては，おのおのの断面形状に即して独特の孔型系列が採用されている．図2.16に，アングル圧延用の孔型例を示す．この場合にはW形状にした後でL型にしている．付録2には，レール製造の工程例が示してある．

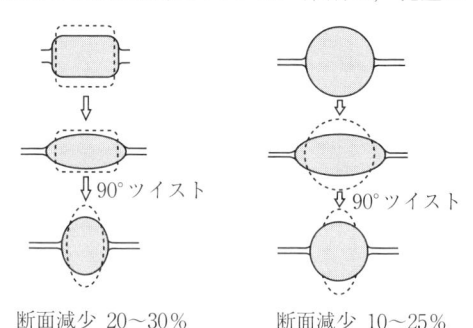

図2.15 線・棒の圧延のパススケジュール
(a) ボックスオーバル　断面減少 20～30%
(b) ラウンドオーバル　断面減少 10～25%

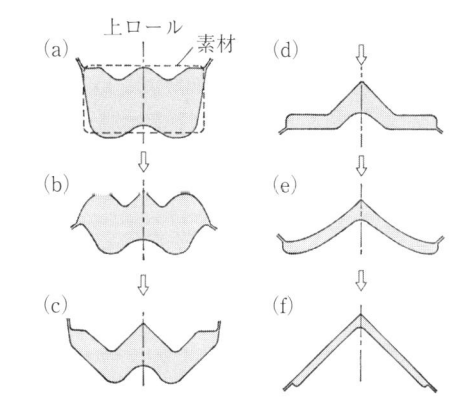

図2.16 アングルの型圧延における孔型

2.4.2 ユニバーサル圧延

建築用資材によく用いられる大寸法のH型鋼は，図2.17に示すような**ユニバーサル圧延機**で仕上げ圧延される．これは，水平ロールと垂直ロールからなる4ロールの圧延機を用い，ロール間隙をパス毎に小さくしながら何パス

も往復させて最終形状に仕上げるものである．平ロールを使う点では，孔型ロールを用いる条鋼圧延よりもむしろ板圧延に似ている．

H 型鋼の製造以外のユニバーサル圧延機の用途としては，土木・建築用の鋼矢板や異形棒鋼の製造，一般構造用の山型鋼・溝型鋼の製造，機械構造用の棒鋼の製造などがある．

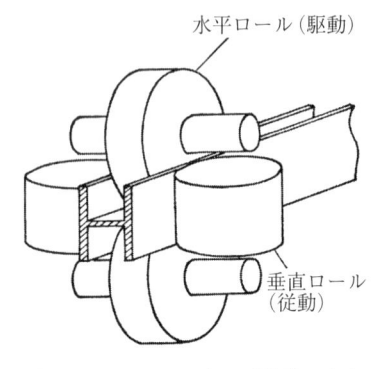

図 2.17 ユニバーサル圧延機によるH 型鋼の圧延

演習問題

1. 素材の形態としては，スラブ，ブルーム，ビレットなどの塊状物のほかに粉末もある．金属粉末の製造方法を調べよ．
2. 熱間圧延と冷間圧延を比較して，その特徴をまとめよ．
3. 直径 400 mm，幅 2000 mm のロールの全長に幅 1 mm 当たり 1000 kgf (9800 kN = 9.8 MN) の力が加わるとして，ロールのたわみ量を推定せよ．ただし，ロールは縦弾性係数が 206 GPa = 206000 MPa の鋼製とする．
4. 図 2.11 に示したようにロール入口と出口の中間に中立点が存在し，ロール出口における板の速度はロール周速より速い．圧下率 30% で圧延する場合に，先進率の範囲を求めよ．ただし，ロール入口におけるロールと板材の接触角は小さく，板材の入口での表面速度 v_0 は板材の流入速度と同じであるとする．
5. 圧延により丸棒材を製造する場合，図 2.15 に示したように圧延中の断面形状は円とは限らないが，その理由を考えよ．

第3章 押出し，引抜き

押出しと引抜きは，ダイスの穴を通して棒や線の断面積を減少させ，引き伸ばす加工方法である．押出しではアルミサッシなどの形材や鋼管などが，引抜きでは銅線やスチールコードが製造される．短い素材の非定常押出しは冷間鍛造の加工方法としてカップ状製品や段付き棒の加工に用いられる．本章では，押出しと引抜きの概要を説明する．

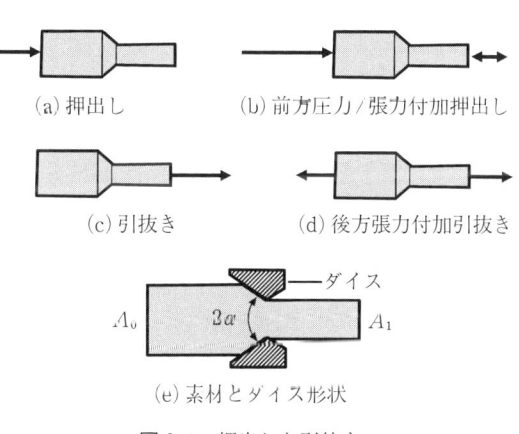

3.1 押出しと引抜きの関係

3.1.1 自由押出しと引抜きの類似性

押出しと**引抜き**は，図3.1のように長細い素材を狭い出口のダイスを通して断面積を減少させる加工法で，定常変形が可能である．押出しは，図(a)のように素材を後ろから押してダイス中に押し込むが，このように素材を拘束しない押出しを**自由押出し**という．図(b)のような背圧付加は割れを防ぎ，張力付加は押出し圧力を低減する．

(a) 押出し
(b) 前方圧力/張力付加押出し
(c) 引抜き
(d) 後方張力付加引抜き
(e) 素材とダイス形状

図3.1 押出しと引抜き

引抜きは，図(c)のように前方から引っ張って材料を引き込む加工法で，ダイス面の圧力を下げて，ダイス摩耗を低減するため，図(d)のように後方から張力を付加する場合もある．

3.1.2 押出し圧力と引抜き応力

図3.1(e)のように，断面積A_0の素材がダイスを通過して断面積A_1に変

化するとき，**断面減少率** は

$$r = \frac{A_0 - A_1}{A_0} \tag{3.1}$$

で定義される．押出し圧力 p や引抜き圧力 σ は，断面減少率 r の増大とともに高くなり，ダイス角 2α〔図3.1(e)参照〕やダイス面上の摩擦によっても影響される．

ダイス入り口速度を v_0，出口速度を v_1 とすると，体積一定の条件 $A_0 v_0 = A_1 v_1$ から，v_1 は次のようになる．

$$v_1 = \frac{A_0}{A_1} v_0 = \frac{v_0}{1-r} \tag{3.2}$$

単位時間に加工される体積は $V = A_0 v_0 = A_1 v_1$ である．図(a)の押出し力を pA_0，図(c)の引抜き力を σA_1 とすると，単位時間の仕事量（力×移動距離）はおのおの $pA_0 v_0 = pV$，$\sigma A_1 v_1 = \sigma V$ となる．同じ形状変化では仕事量も同じであると考えると，押出し圧力 p と引抜き応力 σ は同じになる（$p = \sigma$）．

3.1.3 加工限界

図3.1(a)の自由押出しにおいて押出し圧力が降伏応力より高くなると，図3.2(a)のようにダイス入口で素材が塑性変形をして膨れてしまい，定常的な押出しができなくなる．この場合には，次節のように素材をコンテナに入れて拘束する必要がある．また，引抜きではダイス出口での応力がその部分の材料強度より高くなると，図(b)のように破断を生じる．

加工硬化をする材料の自由押出しでは，変形の進行によりダイス内の材料強度（変形抵抗）が未変形部の降伏応力

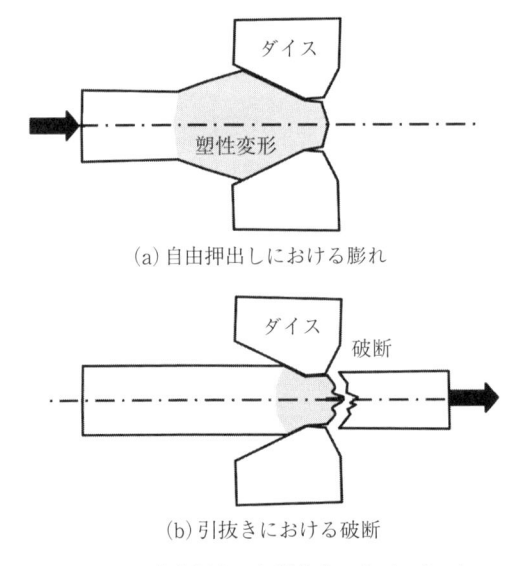

図3.2 自由押出しと引抜きにおける加工

(a) 自由押出しにおける膨れ

(b) 引抜きにおける破断

より高くなるため,膨れを生じやすくなる.冷間自由押出しでは,あらかじめ加工硬化させて降伏応力を高めた素材を用いると,加工限界の断面減少率は高くなる.一方,引抜きでは加工硬化によってダイス出口での材料強度が高なり,加工硬化がない場合より加工限界が高くなる.

3.2 熱間(定常)押出し

通常の押出しは,コンテナの中に加熱したビレットを入れて膨らみを拘束し,その一端をダイスに押し当て,他端に押出し力を加えてダイスを通し成形する**熱間押出し**である.この方法が工業的に利用され始めたのは古く,産業革命初期の1797年にイギリスで鉛管押出しプレスの特許が与えられている.

棒や線などの長い製品の押出しは,通常,熱間で行われ,変形初期と末期以外は同じ材料の流れが定常的に継続する.工業的には,ステンレス鋼,銅,アルミニウム合金,チタニウム合金などの比較的生産量の少ない金属を線・棒,管,異形材に成形するときに熱間押出しが採用されている.

鉛など変形抵抗が低い材料は,熱間押出しと同じ方法で冷間押出しされる.特殊な冷間連続押出し法として,アルミニウム線などに適用されるコンフォーム押出し(付録5参照)がある.

3.2.1 押出しの方式

(1) 中実材の押出し

押出しを負荷形態によって分類すると,図3.3に示すような**直接押出し**(前方押出し),**間接押出し**(後方押出し),および**静水圧押出し**がある.加圧方向と製品の進行方向が同一であるのが直接押出しで,逆方向であるものが間接押出しである.静水圧押出しでは,ビレットがコンテナに直接触れることなく圧力媒体を介して押し出される.

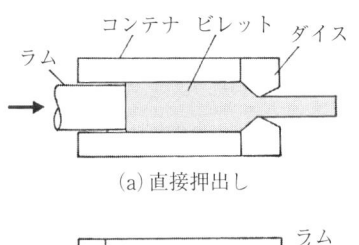

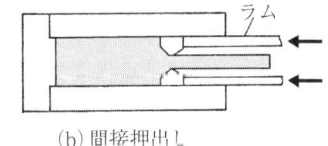

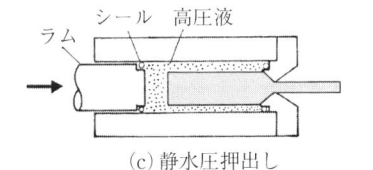

(a) 直接押出し

(b) 間接押出し

(c) 静水圧押出し

図3.3 押出しの方式

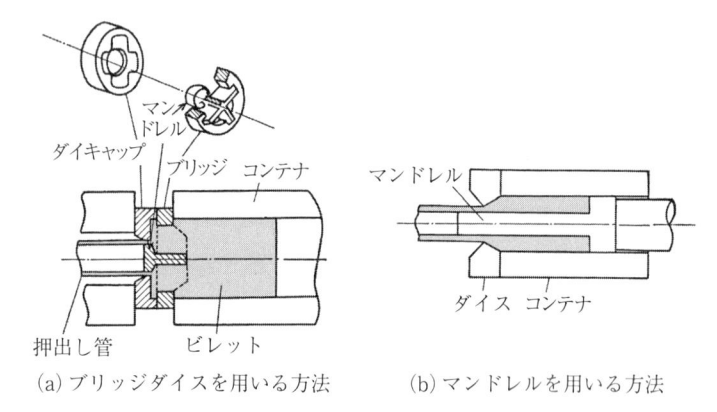

(a) ブリッジダイスを用いる方法　(b) マンドレルを用いる方法

図3.4　中空管の押出し法

（2）中空材の押出し

中空材を押し出すときの穴形状拘束用のマンドレル支持方法としては，図3.4(a)と(b)の方法がある．図(a)はブリッジダイスでマンドレルを支え，ブリッジで中実素材の流れを分けて管の形にした後でダイキャップ内で接合する方法で，アルミニウム合金で採用されている．図(b)は穴あき素材にマンドレルを通す方法であり，変形抵抗の高い鋼管の押出しで用いられる．

3.2.2　押出し圧力

押出し圧力 p はダイス角 2α，摩擦係数 μ によって影響を受ける．変形抵抗 $\bar{\sigma}$ が一定の場合，スラブ法（第15章）による押出し圧力の計算式は，コンテナとの摩擦がないときには次式で表される．

$$p = \bar{\sigma}\left\{(1+\mu\cot\alpha)\ln\frac{A_0}{A_1} + \frac{4\alpha}{3\sqrt{3}}\right\} \tag{3.3}$$

ダイス半角 α が小さくなるとともにダイス面上の摩擦面積が増えて $\mu\cos\alpha$ が大きくなり，圧力が急上昇する．一方，材料流れ方向変化による圧力変化を表す第2項は α に比例して大きくなるため，押出し圧力は $\alpha = 10°\sim30°$ で最小になる．

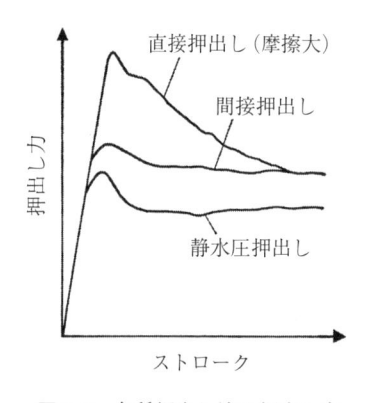

図3.5　各種押出し法の押出し力

図3.5に1ストロークにおける押出し圧力の変化を示す．直接押出しではビレットとコンテナとの接触部全域で摩擦抵抗が存在するため，ビレット未変形部の長さの変化とともに押出し力が大きく変化する．間接押出しでは，ビレットとコンテナ間の滑りはダイス出口近傍に限られ，押出し力はストロークによりあまり変化しない．静水圧押出しでは，コンテナとビレット間の摩擦がなくダイス面の潤滑も良いので，押出し力は最も低い．

3.2.3 押出しにおける材料流れと品質

（1）摩擦と材料流れ

図3.6に，直接押出しにおける材料流れの分類を示す．図(a)は，材料とコンテナの間の摩擦が小さい状態で押し出す場合で，鉛の押出しなどはこの状態に近い．図(b)は，摩擦があって均質な物質を押し出す場合に見られ，銅やアルミニウム合金の押出しに対応する．図(c)は，摩擦があって不均質な物質を押し出す場合であり，($\alpha+\beta$)黄銅などに対応する．銅合金やアルミニウム合金は無潤滑で押し出されるが，この場合，ダイス開口部近辺に材料がほとんど流動しない**デッドメタル**領域が生じる．

鋼の熱間押出しでは，ガラスを潤滑剤とした**ユジーン・セジュルネ法**が用いられる．これは，ダイスとビレットの間にSiO_2，B_2O_3，NaO，CaOなどを成分とするガラス粉末を固めた円盤を置き，ビレットの高熱でガラス粉末を溶融状態にして潤滑作用をもたせるものである．無潤滑での摩擦係数は0.2〜0.4であるが，ガラス潤滑では0.02程度で非常に小さく，良好な潤滑押出しができる．しかし，ガラス潤滑剤が製品に付着すると，それを取り去るためにショットピーニングなどを行うことが必要になる．

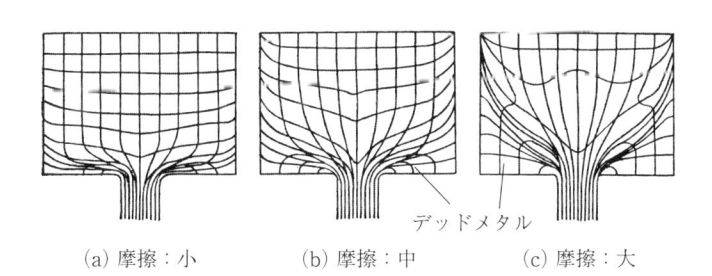

(a) 摩擦：小　　(b) 摩擦：中　　(c) 摩擦：大

図3.6　直接押出しにおける材料流れ

(a) 無潤滑押出し　　　　(b) 静水圧押出し

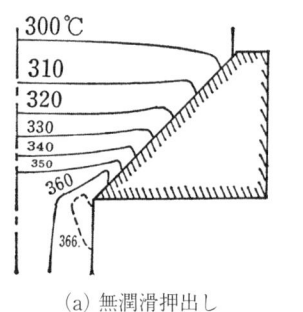

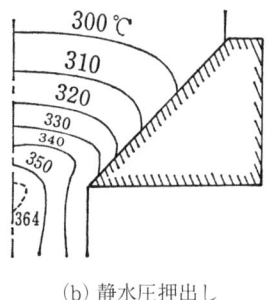

図3.7　押出しの変形域の温度分布(計算値)

(2) 押出し温度

加熱されたビレットの熱はダイス，コンテナを通じて逃げるが，塑性変形および摩擦による発熱は材料の局部的な温度上昇の原因となる．図3.7に，変形域での温度分布の計算例を示す．無潤滑では摩擦熱のため外周で最も高温になるが，静水圧押出しでは摩擦発熱が小さいため中心部が高温になる．アルミニウム合金の場合，この温度上昇は製品表面での結晶粒の粗大化および割れの原因となる．

3.2.4　超電導線の押出し

金属系超電導線は，図3.8のように多数の超電導フィラメント(Nb_3Alなど)を無酸素銅の中に埋め込んだ複合線材である．図3.8の線は，直径0.81 mm，フィラメント径50 μm，本数90本で，長さは10 km以上もある．超電導材を埋め込んだビレットの押出しにより複合した棒材を作成後，引抜きを繰り返して製造される．フィラメント径の長手方向への変動を避けるため，押出しにはコンテナとの摩擦がなく，変形状態が一定に保たれる静水圧押出しが使用される．

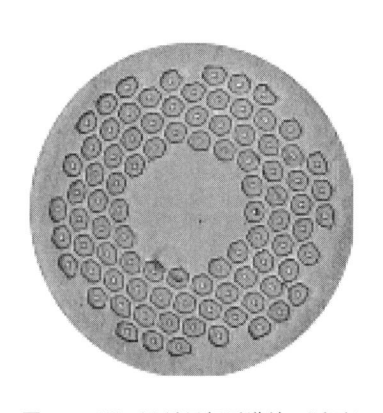

図3.8　Nb_3Al長尺超電導線の断面*

＊　日本塑性加工学会 編：塑性加工便覧，コロナ社．

3.3 冷間(非定常)押出し

素材長さが短く変形が非定常の押出しは，段付き製品やカップ状製品の加工法として冷間鍛造や温間鍛造で用いられる．図 3.9 に，冷間鍛造で用いられる押出し方法を示す．図(a)の **前方押出し** および図(b)の **後方押出し** は，定常状態では前節の直接押出し，間接押出しと同じである．前方押出しでは段付き車軸などが，後方押出しでは歯磨きチューブなどの容器が製造される．

図 3.10 に，前方および後方押出しにおける荷重変化を示す．変形初期の非定常状態は，未変形の材料がダイスの中で塑性変形を受けて出口から出るようになるまで続く．前方押出しでは，定常状態においてコンテナとの接触長さが減少するに従い摩擦による押出し力が減少する．最後の非定常状態は，塑性変形域が上下工具に接触するようになって変形状態が変化することにより生じる．

図 3.9(c)の **側方押出し** は，図 3.11 のような側方に枝をもつ部品(自動車の等速ジョイント部品)などの加工に採用されており，**閉塞鍛造** と呼ばれることがある(4.4.3項参照)．

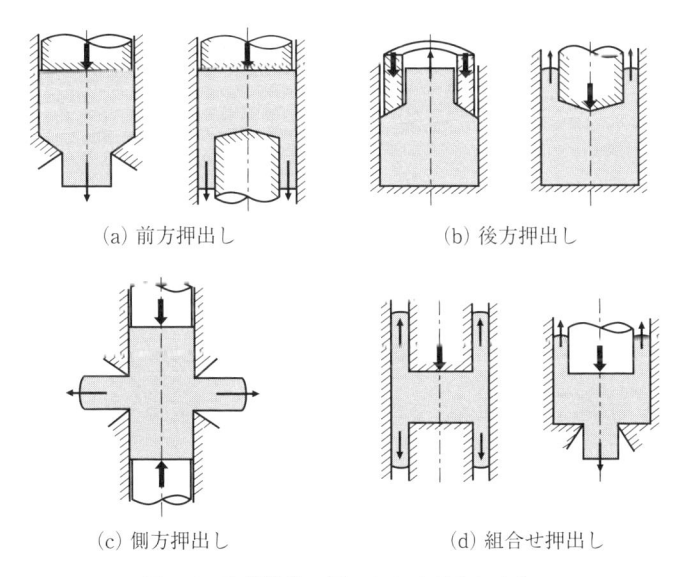

(a) 前方押出し　　(b) 後方押出し

(c) 側方押出し　　(d) 組合せ押出し

図 3.9　冷間鍛造で用いられる押出し方法

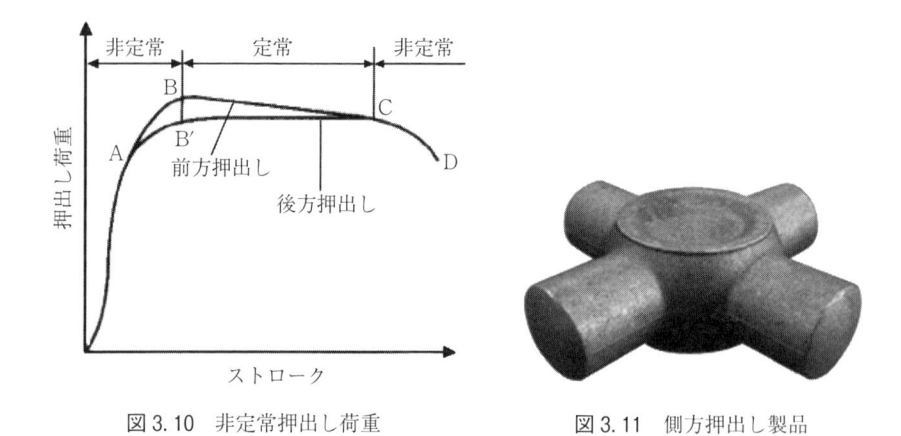

図 3.10　非定常押出し荷重　　　　図 3.11　側方押出し製品

　図 3.9 (d) の組合せ押出しは上下両側に押し出すもので，1 工程で 2 方向への押出しをする．素材の長さが長いと上下方向の流れの変形域は別々に存在するが，上下工具が接近して上下変形域が接するようになると押出し圧力は低下する．

3.4　引抜き

　引抜きは歴史的にも古くから活用されてきた塑性加工法の一つで，古代においては金糸や銀糸の製造に用いられた．また 15 世紀初めのドイツ・ニュルンベルグ市の記録には，ブランコに乗って針金を引き抜く職人の姿が示されている．

　現在では，電線，針金，エアコン用の銅管，ゴルフシャフトの素管になる鋼管などが引抜きによって製造されている．最も広く使われている軟鋼線は，圧延で製造された直径 5.5 mm 程度の線材から，また，ばねなどに用いられる高強度のピアノ線は，パテンティング (付録 11 参照) で熱処理された高炭素鋼線から引抜きを繰り返して細線にされる．電子機器の配線などに用いられる銅や金の極細線は，直径 10 μm 以下まで引抜きで加工される．

3.4.1　引抜きの方式

　引抜きには，図 3.12 に示すようないくつかの方法がある．図 (a) の中実棒の引抜きと同じように管を引き抜く図 (b) の方法は「空引き」といい，外径減

少のため使用される．管内径を与えられた寸法にするには，図(c)に示すマンドレルや図(d)のプラグで内径を拘束する．プラグを固定しない図(d)の「浮きプラグ引き」は長い中空線材にも適用でき，プラグを支持棒により固定する「玉引き」は比較的短い管の内面品質を向上させることができる．

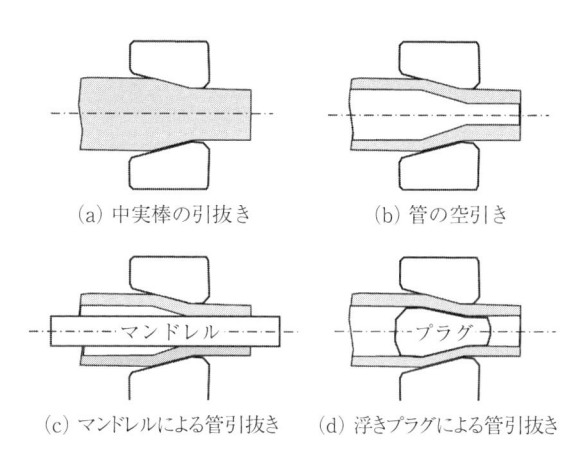

(a) 中実棒の引抜き

(b) 管の空引き

(c) マンドレルによる管引抜き

(d) 浮きプラグによる管引抜き

図 3.12　引抜きの方式

引抜き用の機械は，図 3.13 に示すように，まっすぐに引っ張る**ドローベンチ**(抽伸機)と，釜またはキャプスタンと呼ばれる巻取り装置を回転させることによって引抜きを

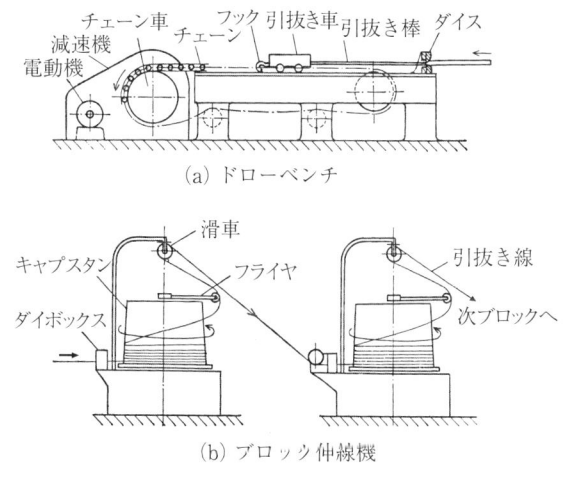

(a) ドローベンチ

(b) ブロック伸線機

図 3.13　ドローベンチとブロック伸線機

行う**ブロック伸線機**とに大別される．ドローベンチは，直径の太い棒，管，異形材の引抜きに用いられ，チェーンによって駆動される引抜き車に材料の先端を固定して台上を移動させ引抜きを行うもので，台の長さにより製品の長さが制限される．また，引抜き速度もせいぜい数十 m/min である．

ブロック伸線機は，線や管の連続引抜きに用いられる．ブロック伸線機は，

さらに巻取りブロック1基だけの単頭伸線機と，それが多段に接続された連続伸線機がある．ブロック抽伸機の引抜き速度は，ドローベンチに比べると格段に速く，鉄鋼線で約60 km/h，細い銅線では180 km/hにも達する．

3.4.2 引抜きにおける材料流れと品質

引抜き力は断面減少率とともに増加するが，引抜き応力が製品の引張強さを越えると破断してしまうから，1パスで引抜きできる断面減少率には限界が存在する．したがって，大きい断面減少率を得るためには，引抜きを繰り返して行うことが必要になる．

（1）ダイス角と断面減少率

ダイス角〔図3.1(e)の2α〕は引抜き力や材料流れに影響するので，断面減少率や潤滑状態などの加工条件に応じて適当な値を選ぶことが重要である．ダイス内での材料流れは，図3.14の縦線のわん曲からわかるように，一般に中心部のほうが表層部よりも先進する．先進の量は，ダイス角およびダイスと材料間の摩擦が小さいほど，また断面減少率が大きい場合ほど少なくなる．ダイス角が大きい場合には，表層部ほど不均一変形を生じるから，中心部より表層部の方が硬い製品が得られる．

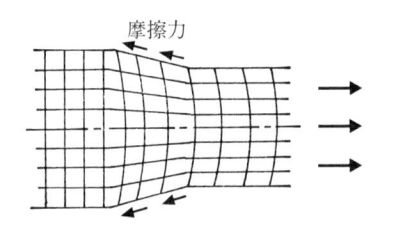

図3.14 引抜きにおける材料流れ

ダイス角が小さくなると，摩擦面積が増大して摩擦による引抜き力の増加を生じる．逆にダイス角を大きくすると，不均一変形による引抜き力の増大を生じる．図3.15は，摩擦係数を0.1と仮定して計算した無次元化引抜き応力（引抜き応力と変形抵抗の比）$\sigma/\bar{\sigma}$とダイス半角の関係である．引抜き力を最小にするダイス角が存在することがわかる．実際に使用されているダイス半角αは，鋼線の場合で6°～7°，アルミニウム，銅線では7°～8°また管引抜きでは12°～15°程度である．

このほか，引抜きにおける材料欠陥として，引抜き材の中心部に生じる割れ（図3.16）が問題になる．この割れは，**シェブロン割れ**と呼ばれ，小さい断面減少率で多パスの引抜きを行うと生じるものである（12.3節参照）．潤滑を良くし，ダイス角を小さくし，1回の断面減少率を大きくして引抜き回数を少な

くすれば，このような欠陥の発生を避けることができる．

（2）温度上昇

引抜きは，一般に冷間で行われるが，引抜きによる温度上昇も品質管理上重要である．温度上昇の原因は塑性変形による発熱とダイスと材料の滑りによる摩擦熱であるが，摩擦熱による温度上昇は引抜き速度とともに高くなる（図3.17）．

ダイスと素材の界面での局部的温度上昇は数百℃に達することもあり，潤滑膜の破断，焼付きの発生，ダイス摩耗の増大をもたらし，引抜き速度を制限する重要な因子となる．このほか，温度上昇が大きくなりすぎると，炭素鋼線ではひずみ時効（8.1.2項参照）によってじん性が低下し，銅線やアルミニウム線では強度低下のため強加工できない場合も生じる．

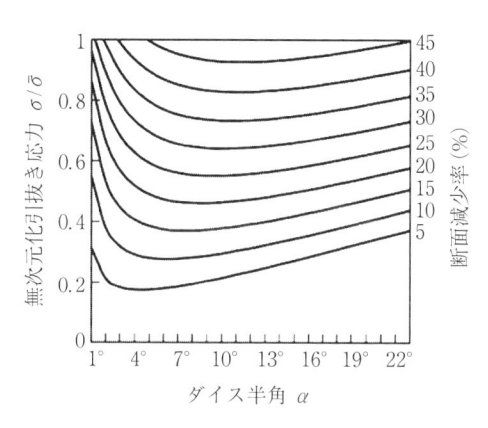

図3.15 引抜き応力とダイス半角の関係 ($\mu=0.1$)

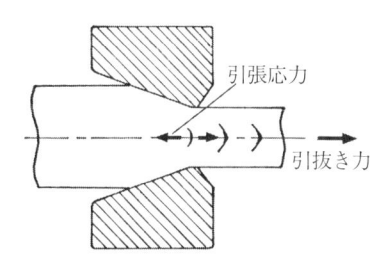

図3.16 シェブロン割れ

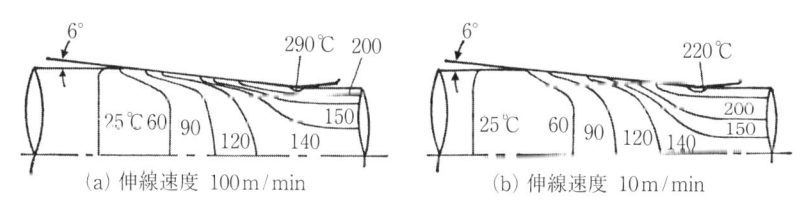

(a) 伸線速度 100m/min

(b) 伸線速度 10m/min

図3.17 伸線における温度分布（計算）

3.4.3 引抜き用ダイス材料と潤滑剤
（1）ダイス材料

引抜き用のダイスとしては，古くは鋼製のものが多く用いられたが，最近で

は，高温における耐摩耗性に優れた超硬合金(10.4.2項参照)やダイヤモンド製のダイスが用いられるようになった．これによって引抜き速度の増大が可能になった．

（2）潤　　滑

引抜き用潤滑剤は，ダイス寿命，引抜き力，引抜き速度限界に大きな影響を及ぼすが，種類，使用法はその対象によってさまざまである．鋼線の乾式引抜きでは，引抜き前の線材にあらかじめ石灰石けん皮膜，リン酸塩皮膜などの皮膜処理を施し，引抜きに際しては粉末状の金属石けんを潤滑剤として用いるのが一般的である．金属石けんは，高級脂肪酸のCa, Ba, Naなどの金属塩である．

鋼の細線や銅線，アルミニウム線などは湿式で引き抜かれる．この場合の潤滑剤は，脂肪と金属石けんの混合物，鉱物油などであり，線が細くなると粘度の低い油や水中に油を分散させたもの(エマルション)が使用される．

演習問題

1. 棒材は，圧延と押出しにより製造することができる．押出しはどのような場合に利用すると有利であるか，考察せよ．
2. 窓枠に用いられるアルミサッシの押出しによる製造方法を調査せよ．
3. 接着剤の容器などに用いられるアルミチューブの製造方法である衝撃押出し，インパクト成形と呼ばれる加工方法について調査せよ．
4. 押出しにおいて，ダイス面圧を低くするためにはどのような方法を用いればよいか．
5. 線材の引抜きを行う場合に，入口側からの張力(逆張力)を加える場合があるが，この場合に引抜き力とダイス面圧はどのように変化であろうか．
6. 一定の断面減少率の場合，引抜き力はダイス角度によって変化するが，その理由を示せ．

第4章　鍛　　造

ボルトやナット，歯車，自動車エンジンのクランクシャフトといった部品は，棒材を切断して得た塊状の素材から鍛造により成形される．また，船舶のクランクシャフトや発電機のロータのような大型の製品は，鋳造された鋼塊から鍛造で材質調整・成形される．加工温度により熱間，温間，冷間鍛造がある．本章では，これらの鍛造方法の概要とともに，素材または工具を回転して成形する回転鍛造についても説明する．

4.1　鍛造の概要

4.1.1　鍛造の歴史

紀元前4000年以前に，エジプトなどで天然の金，銀，銅などを打撃成形して装飾品などを作成したのが鍛造の始まりといわれている．紀元前2000年頃に小アジア（いまのトルコの東部）で鉄の生産が始まり鍛造も行われていたが，この技術は中国を経て弥生時代後期（1世紀頃）に日本にも伝わった．

現在の鍛造技術は，産業革命中の19世紀前半に英国で発達した蒸気ハンマに起源があり，1940年頃には1万ton水圧プレスにより戦艦大和の主砲が鍛造された．1960年代以後，冷間鍛造など欧米の技術が導入され，自動車生産の増大とともに生産量が増大した．

4.1.2　自由鍛造と型鍛造

鍛造とは，工具，金型などを用いて固体材料の一部または全体を圧縮または打撃することによって**成形**および**鍛錬**を行うことである．鍛造を大きく分けると，単純形状の工具で繰り返し打撃する**自由鍛造**と，製品の形状に合わせた穴型をもつ金型に材料を押し込む**型鍛造**とがある（図4.1）．

自由鍛造は，重量が数百tonもある大型製品の成形や，図4.1(a)のように円柱の直径を縮めるといった生産に用いられる．図(b)の型鍛造は，生産能率の良い加工方法として大量生産に用いられる．

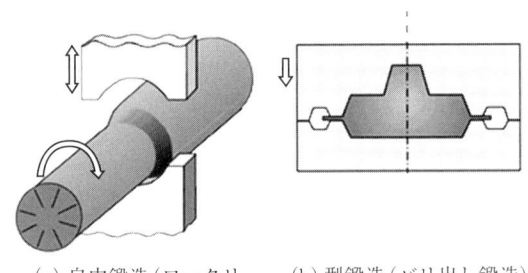

(a) 自由鍛造（ロータリスエージング）　　(b) 型鍛造（バリ出し鍛造）

図4.1　自由鍛造と型鍛造

4.1.3　鍛造温度

鍛造は，加工温度によって熱間鍛造，温間鍛造，冷間鍛造に分類される．表4.1に示すように，鋼の**熱間鍛造**は素材を1000～1250℃に加熱して行われ，大型品の加工に用いられるが，空気中では酸化膜がつくだけでなく，素材表面は脱炭により材質が劣化する．

冷間鍛造では室温で加工し，製品精度は高いが，高い加工圧力になり，加工中に材料が割れやすいことが問題になる．**温間鍛造**は，熱間と冷間の中間の600～850℃で行われ，特徴も熱間鍛造と冷間鍛造の中間である．

表4.1　鍛造温度による鋼の鍛造方法の分類

鍛造方法	鍛造温度(℃)	寸法精度(mm)	脱炭層厚さ(mm)	特徴
熱間鍛造	1000～1250	±0.3～1.0	0.5～0.3	加工圧力が低い大型品の加工
温間鍛造	600～850	±0.1～0.5	0.1以下	熱間と冷間の中間
冷間鍛造	常温	±0.01～0.3	0	加工圧力高い小物の加工

4.1.4　鍛造機械

鍛造機械を大別すると，ハンマ〔図4.2(a)〕とプレス〔図(b)〕がある（10.1節～10.3節参照）．**ハンマ鍛造**は，自由度が高いため一品生産や少量生産の熱間鍛造に適しているが，機械の操作に熟練を要し，生産性が低く，大きな騒音振動が発生する．このため，最近の均一大量生産では，自動化が可能で，生産能率が高く，製品精度の高い**プレス鍛造**が主流になっている．

(a) ハンマ (b) 縦型プレス

図 4.2 熱間鍛造機械

4.2 熱間自由鍛造

　自由鍛造は，単純な形状の工具で加工するため変形の自由度が大きく，熱間では，主に大型製品の少量生産に用いられる．熱間自由鍛造には，図 4.3 に示すような**据込み**，**鍛伸**，**穴広げ** などの加工の様式があり，船舶用の大型クランクシャフト，発電機のロータ，原子炉用の圧力容器などの製造に利用されている．製品重量は，10 kg 程度のものから 500 ton に達するものまである．小型製品の鍛造にはハンマや機械プレスが，大型品の鍛造には 50〜140 MN (5000〜14000 ton) の大型液圧プレスが用いられている (図 10.4 参照)．

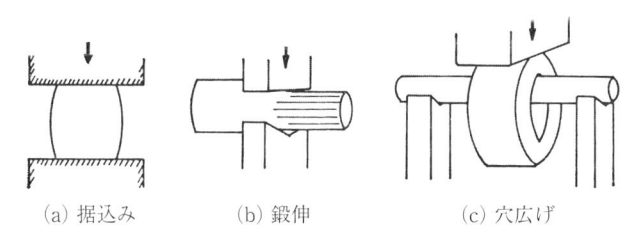

(a) 据込み (b) 鍛伸 (c) 穴広げ

図 4.3 熱間自由鍛造の加工様式

4.3 熱間型鍛造

4.3.1 鋼の型鍛造
(1) 概　要

鋼の熱間型鍛造では，素材を 1000～1250℃ に加熱してプレスやハンマで金型に押し込める．熱間鍛造製品には，強度と信頼性が求められる部品が多い．図 4.4 は，熱間鍛造された自動車用のクランクシャフトである．熱間鍛造品は自動車部品のほか，農機具，建設機械部品などが使われている．

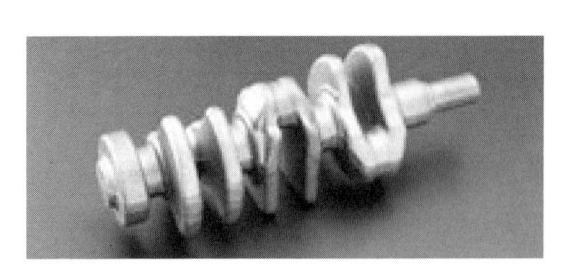

図 4.4　熱間鍛造クランクシャフト

(2) 加工方法と工程

熱間型鍛造には，図 4.5 に示す鍛造方法が使われている．図 (a) は型による拘束が比較的小さく自由鍛造に近い **開放型**，図 (b) は材料が薄い **バリ** となって逃げるようにした **半密閉型**，図 (c) は材料の逃げる場所の全くない **密閉型** である．図 (a) の場合は加工力は小さくすむが，歩留り（材料の利用率）が悪く，図 (c) の場合は加工力は高くなるが，歩留りは良い．

最もよく使われる **半密閉型鍛造**（バリ出し鍛造）では，加工最終段階でバリが圧縮され，材料流動が拘束される．これによって金型内部の圧力が高まり，型の細部の未充てん部へ材料が押し込まれる．

図 4.6 に，熱間型鍛造の工程の例を示す．丸棒や角棒を切断して製作した

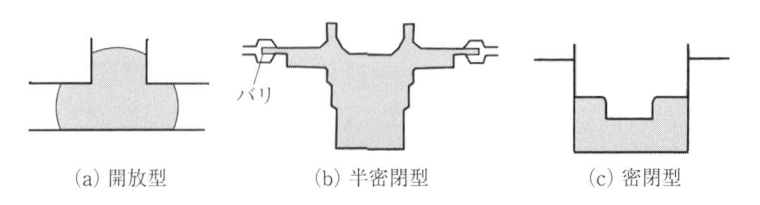

(a) 開放型　　(b) 半密閉型　　(c) 密閉型

図 4.5　熱間鍛造の加工方法

4.3 熱間型鍛造

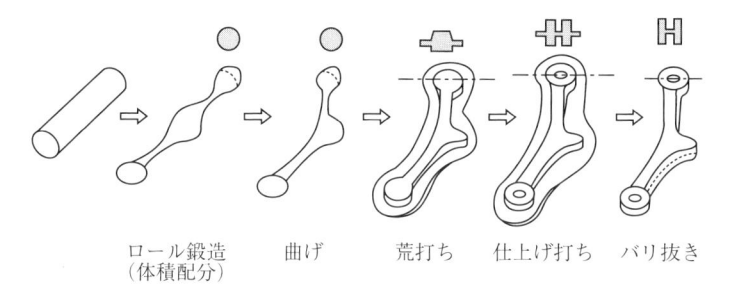

図 4.6 熱間鍛造工程例

ロール鍛造（体積配分）　曲げ　荒打ち　仕上げ打ち　バリ抜き

素材は，ロール鍛造により体積配分され，曲げなどにより型穴に近い形状にされたのち，**荒打ち**により大まかな形状が与えられる．さらに，**仕上げ打ち**により細部の形状が整えられたのち，バリを打ち抜いて製品にする．

（3）工具拘束と加工荷重

1.4.6項で説明したように，加工圧力 p は変形抵抗 $\bar{\sigma}$ に比例し，式(1.10)で与えられた．素材と工具接触部の投影面積を A とすると，鍛造荷重 P は次のように表される．

$$P = pA = CA\bar{\sigma} \quad (4.1)$$

図 4.7 に，熱間型鍛造で用いられる半密閉型鍛造における鍛造荷重の変化を示す．荷重変化を式(4.1)の C, A, $\bar{\sigma}$ の変化の観点から見ると，最初の段階では加工硬化により $\bar{\sigma}$ が増加し A も増加する．型充満の段階では A の変化は小さいが C が増加し，最終段階では C が急増する．

据込み

充満

最終段階

荷重-ストローク

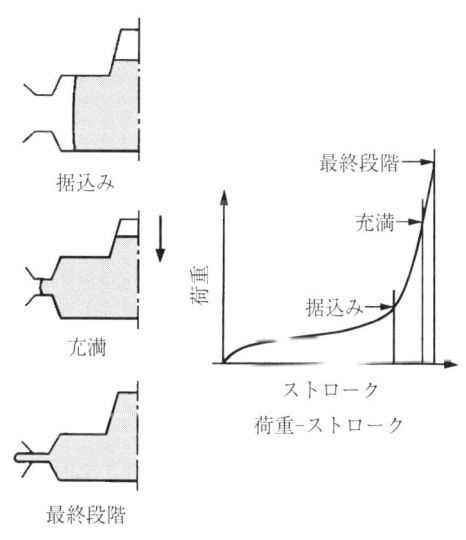

図 4.7 型鍛造における荷重変化

（4）潤　　滑

プレスによる熱間型鍛造では，水または油分散のコロイド状黒鉛潤滑剤が潤滑および離型（金型からの取出し）に使用されてきたが，黒鉛が加工作業環境を黒くするため，1990 年頃から高分子系の非黒鉛潤滑剤である**白色潤滑剤**が使用されるようになった．白色潤滑剤は潤滑膜が薄い場合や湿った状態では高摩擦であるが，図 4.8 に示すように，厚い乾燥潤滑膜にすると，良い潤滑特性を示すようになる．

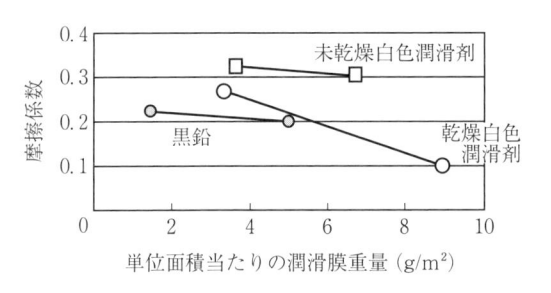

図 4.8　熱間鍛造用白色潤滑剤の摩擦特性

4.3.2　非鉄金属の型鍛造

アルミニウム合金は，鉄鋼に次いで多く鍛造されている金属材料であり，軽量化が求められる自動車や航空機部品に多く使用されている．加熱温度 260～510℃で鉄鋼と同じようにバリ出し鍛造が行われるが，鋳造された素材を使用できるため，図 4.9 のようにバリを直接リサイクルすることも行われている*．

チタン合金やニッケル合金の小型製品は冷間鍛造も可能であるが，航空機に使用される大型の高強度鍛造品（図 8.5 参照）は 300～500 MN（30000～50000 ton）の超大型鍛造プレスを用いて熱間型鍛造で成形される．

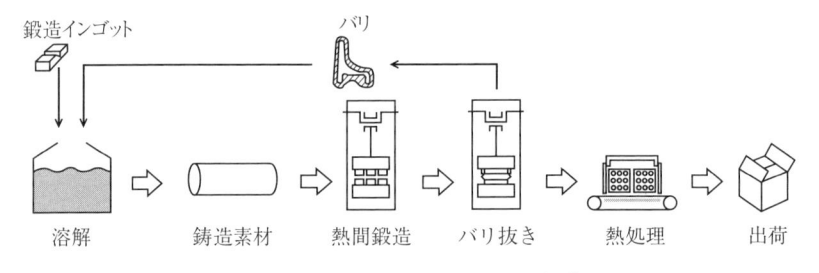

図 4.9　鋳造素材を用いるアルミニウムの鍛造システム

＊　福田篤実，稲垣佳也：神戸製鋼技報，57, 2 (2007-8) p.61

チタン合金やニッケル合金の熱間鍛造では，加工温度が高すぎると製品材質が悪くなり，低すぎると加工圧力が過大になる．素材温度を適正に保つため，素材と同じ温度(チタン合金850℃，ニッケル合金1000℃以上)に金型を加熱して極低速で加圧する**恒温鍛造**が行われる．恒温鍛造では素材の結晶粒を微細化して超塑性を発現させ，低速での鍛造圧力を非常に低くしている(11.2.3項参照)．チタン合金の鍛造ではニッケル合金金型を用い，ニッケル合金の鍛造はモリブデン合金金型の酸化を防ぐため真空中で行われる．

4.4 冷温間鍛造

4.4.1 冷間鍛造の概要

鉄鋼材料の冷間鍛造は，工具表面への焼付きのため不可能であったが，1940年頃に素材表面に**リン酸塩皮膜**を生成させ金属石けんを反応させる潤滑処理で解決され，軟鋼製薬きょう(砲弾の部品)の生産に用いられた．この潤滑法は，1950年頃から自動車部品の大量生産に使用されるようになり広まった．しかし，皮膜処理の残滓(ざんし＝残りかす，スラッジ)が環境規制に抵触するため，2000年頃からリン酸塩皮膜を使用しない各種の潤滑法が日本で開発され使用が広がっている．

冷間鍛造では高い加工圧力になるため，これに耐えるような工具構造(付録7参照)が用いられる．工具材料としては，冷間工具鋼や，より高強度の高速度鋼や超硬合金が使用されるようになり，工具摩耗を防ぐため工具表面にTiCなどの硬質皮膜を付けるようになった(10.4節参照)．

鉄鋼材料の冷間鍛造は，変形抵抗が低く割れにくい低炭素鋼から始まり，中高炭素鋼や各種合金鋼の加工にも利用範囲が広がった．最近では，図4.10のよう

図4.10 鋼の冷間精密鍛造製品

な歯車など精密異形品が増えている．

変形抵抗を下げるとともに材料割れの発生を防ぐために，温間鍛造が増加した．また，工程を短くするために，閉塞鍛造，分流鍛造，背圧鍛造，板鍛造などの複動駆動の鍛造方法が開発された（付録6参照）．

4.4.2 鍛造様式と工程

冷温間鍛造では，図4.11のように各種の形式の加工が利用されている．据込みやヘッディングはボルトの頭の成形などに用いられている．開放型や半密閉型は一部で用いられるが，熱間鍛造のように中心的な存在ではない．密閉型のコイニングやエンボス加工は冷間ではよく用いられる．押出し形式の前方押出し，後方押出し，複合押出しなどは冷間鍛造の中心的な加工法である（3.3節参照）．

図4.12は，冷間鍛造工程例である．工程間に中間焼なましや再潤滑を行うこともある．このように多工程にするのは，一

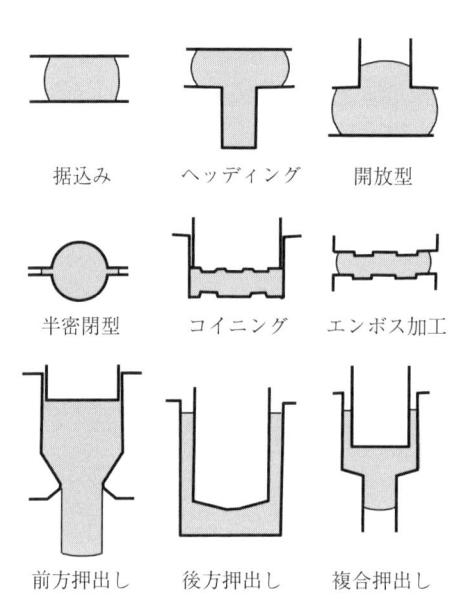

図4.11　冷間鍛造で使われる鍛造方法

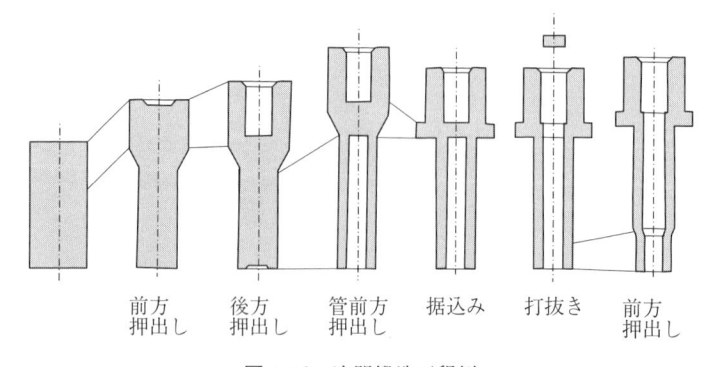

図4.12　冷間鍛造工程例

度に大きな加工度を与えると加工力が過大になり，また複雑な形状を与えることができないためである．

4.4.3 複動鍛造

工程を多くすると加工設備が高価になるため，工程の短縮の努力がなされている．複数の駆動軸を用いて鍛造圧力を下げ，少数工程で複雑な形状品を鍛造する**複動鍛造法**などの精密鍛造法が開発されるようになった(付録6参照)．**閉塞鍛造**では，図4.13のように上下金型の間の型空間に置かれた素材を上下のパンチで圧縮し，**側方押出し**(図3.9参照)により金型に充満させる．素材とパンチとの接触面積が一定であるため，加工力の急増はない．この方法では金型の締付けも必要であるために，多軸プレスなどを用いる．

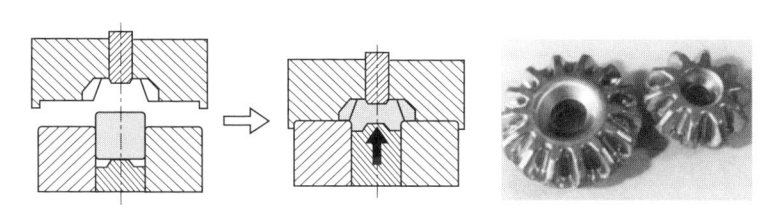

図4.13 閉塞鍛造の原理と製品(かさ歯車)

4.4.4 温間鍛造

中・高炭素鋼や合金鋼などの変形抵抗の高い材料の加工は冷間鍛造では困難であり，**温間鍛造**が適用されるようになった．温間鍛造では，変形抵抗を下げ，割れを防ぐとともに，中・高炭素鋼の冷間鍛造では不可欠の球状化焼なましを省くことができる．

図4.14に示す等速ジョイントアウターレースは，当初，熱間鍛造で製造されていたが，脱炭層，寸法のばらつきにより切削後加工で問題があったた

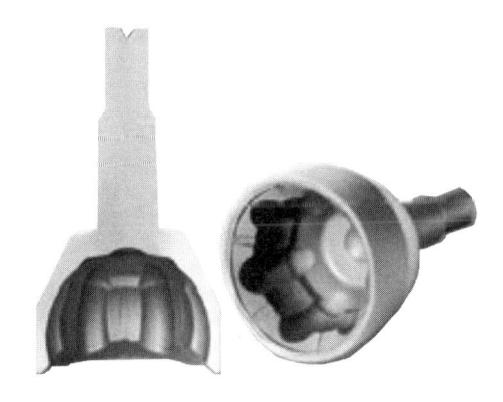

図4.14 温間鍛造と冷間鍛造の組合せで作製された等速ジョイント部品

め，冷間鍛造で量産する技術が確立された．さらに，工程の途中での中間焼なましや潤滑処理などを省くため，温間鍛造が行われるようになった．温間鍛造後に内部の溝部を冷間鍛造で仕上げている．

4.5 回転鍛造

素材あるいは工具を回転させるような塊状物の鍛造法を総称して**回転鍛造**と呼ぶ．これには，素材を回転させて周囲から工具で順次成形する方法，工具の方を回転させる圧延形式の方法，素材と工具の両方を回転させる方法など，多岐にわたる加工方法が含まれる．これらの回転鍛造は，いずれも素材の全域を同時に加工するのではなく，部分的な加工を連続して行うことが特徴である．このため，加工力は一般に低く，加工機械も小型である．

4.5.1 転造

ボルトなどのねじは，図4.15に示すように平型または丸型ダイスをもつ転造盤に棒状素材を挿入し，その両側からダイスを押し付け，棒材を回転させて**転造**で成形する．加工速度の高い転造盤では，1分間に数百個のねじの加工が可能である．ねじのほかに，ドリルの溝，歯車，鋼球，スプラインなども転造

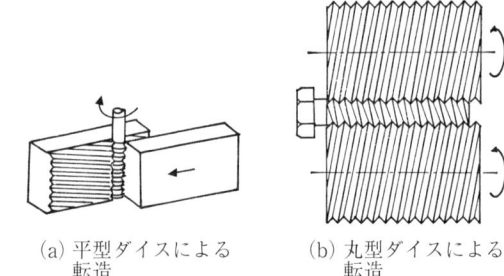

(a) 平型ダイスによる転造　　(b) 丸型ダイスによる転造

図4.15 転造

によって加工することができる．

4.5.2 ロール鍛造

図4.16は，一対のロールに穴型を彫り，素材をロールにかみ込ませて穴の形に成形する**ロール鍛造**であり，熱間鍛造用の素材の体積配分のための予備成形などに用いられている．

4.5.3 クロスローリング

丸棒を回転させながら直径を減少させるように圧延する方法を総称して**ク**

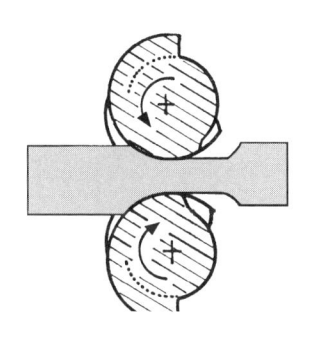

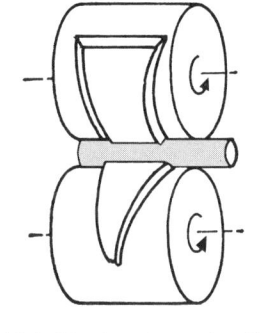

図4.16　ロール鍛造　　　図4.17　クロスローリング

ロスローリングという．図4.17は，クロスローリングの一種（トランスバースウエッジローリング）で，中央部が細くなった棒状製品の加工に用いられる．

4.5.4　リングローリング

ベアリングレースのような中空の回転体を内外のロールで圧延し，穴を広げたり肉厚を薄くしたりする方法（図4.18）を**リングローリング**という．鉄道車輪の車輪外周部も，これと似た方法で加工されている．

4.5.5　ロータリスエージング

断面が円形の素材を2または3，4方向から同時に打撃しながら素材を回転させて直径を縮小させる方法を**ロータリスエージング**といい，棒や管を細くしたり，テーパ状の管を製造したりするために用いられる（図4.19）．

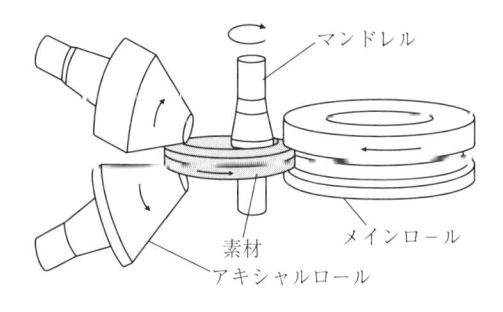

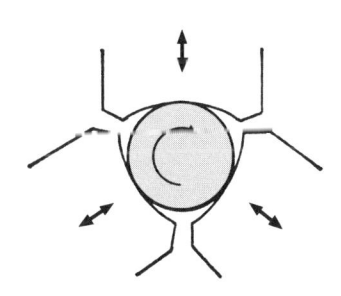

図4.18　リングローリング　　　図4.19　ロータリスエージング

4.5.6 揺動鍛造

鈍い頂角 (176°〜178°) をもつ円すい状の工具を傾けて素材に押し付け，接触場所が回転するように工具の軸を揺動させながら鍛造する方法 (図 4.20) を **揺動鍛造** といい，薄い部品の鍛造に適している．

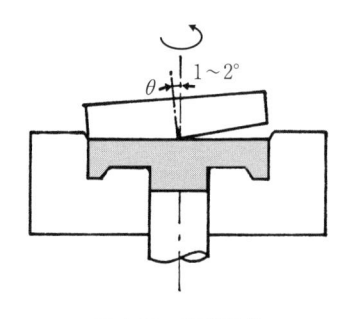

図 4.20 揺動鍛造

演習問題

1. 直径 30 cm，高さ 40 cm の円柱状の鉄鋼素材を 10 cm の高さまで自由鍛造で据え込むとき，どの程度のプレス能力があればよいか，変形抵抗 $\sigma = 500$ MPa とし，工具と素材の摩擦係数を $\mu = 0.3$ とする．ただし，拘束係数は

$$C = \left(1 + \mu \frac{d}{3h}\right) \quad (d, h : 各時点の直径と高さ)$$

で表されるものとする．
2. ボルトの製造方法を調査せよ．
3. 半密閉鍛造におけるバリの役割を説明せよ．
4. 切削製品と比較し鍛造品の利点として鍛流線あることが挙げられる．鍛流線の原因と，それが利点となる原因について調査せよ．
5. 図 4.19 のようなロータリスエージングでは，3 方向または 4 方向から加圧されることが多い．2 方向から加圧するときの問題点を調べよ．

第5章　せん断，曲げ，矯正

　圧延で製造された板，棒，管などは，板成形や鍛造などで個別の製品として加工するための準備としてせん断，曲げ，矯正などの加工が行われる．せん断は，長い素材を短く切り取ったり，打ち抜いたりする切断方法である．曲げには，型による曲げのほか，ロールによる連続的な曲げもある．矯正は，コイル状に巻き取られた素材を真直にする加工方法である．本章では，せん断，曲げ，矯正の概要を説明する．

5.1　せん断加工

　素材のある断面に局部的に大きなせん断変形を与えて，所要の形状・寸法に切断分離する加工を**せん断加工**という．せん断加工は，板材のほか棒，線，管の切断や素材製造の段階で用いられており，塑性加工の中でもきわめて頻繁に利用されている加工法の一つである．この加工法では，いかにして良好な切り口面を得るかが重要な点であり，この問題を解決するために各種の精密せん断法が提案されている．

5.1.1　板材のせん断

（1）せん断加工の分類

　板材のせん断加工は，その目的や切断部の形状によって，**図5.1**のように分類される．図(a)，(b)は，スリッタ（円刃せん断機）あるいはスケアシヤー（直刃せん断機）などの切断機を用いて，広幅のコイル材や定尺板を適当な幅の帯板に切断する加工である．図(c)～(g)は，帯板をプレス機械にかけて種々の形にせん断するものである．図(c)の**打抜き**では抜いたものが製品となるが，図(d)の**穴抜き**では，逆に残りの部分が製品になる．また図(h)の**ふち切り**はトリミングともいい，深絞り容器の耳や型鍛造品のバリなどを切り落とす作業である．

（2）せん断方法

プレスせん断における工具配列を**図 5.2**に示す．通常の打抜きや穴抜きでは，図(a)のようにパンチ底面とダイス面とが平行なものを用いることが多い．加工力や騒音の低減のため，図(b)のようにパンチあるいはダイスのどちらか一方に**シヤー角**を付けることもある．

パンチの寸法は，ダイスのそれよりもわずかに小さく仕上げられている．このパンチとダイスのすき間を**クリアランス**という．クリアランスは，せん断力や切り口面の良否に直接影響を及ぼすから，せん断加工ではきわめて重要な因子の一つである．クリアランスの値は，せん

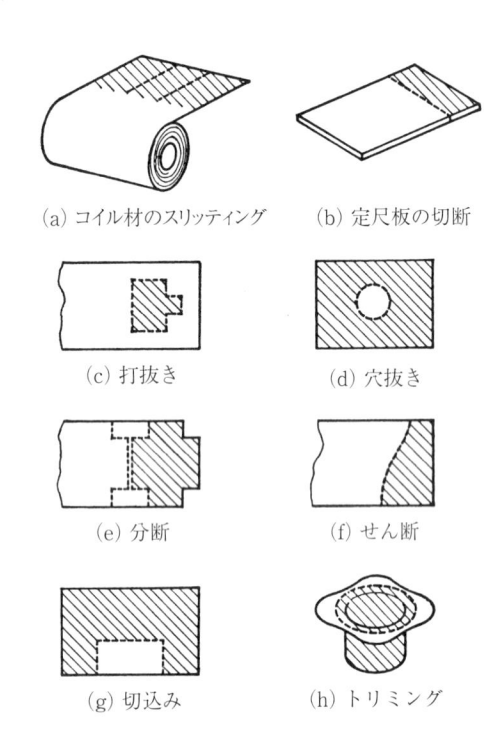

(a) コイル材のスリッティング　　(b) 定尺板の切断
(c) 打抜き　　(d) 穴抜き
(e) 分断　　(f) せん断
(g) 切込み　　(h) トリミング

▨：製品　　- - - - - -：せん断線

図5.1　せん断加工の分類

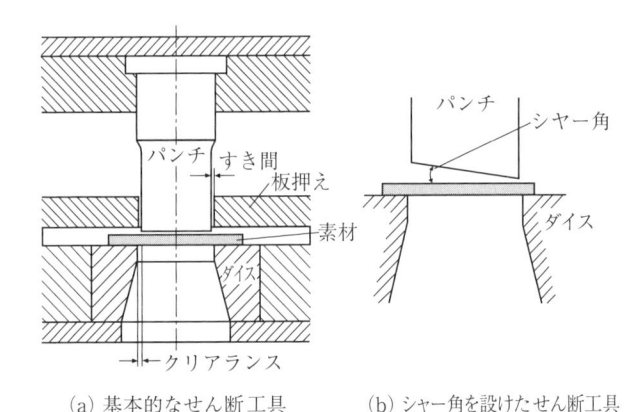

(a) 基本的なせん断工具　　(b) シヤー角を設けたせん断工具

図5.2　せん断工具の形状

断される板の材質や板厚によって異なるが，おおよそ板厚の5～10%程度とすることが多い．

（3）せん断過程とせん断力

パンチが板材に接触してから切断が完了するまでの過程，およびその際のせん断力（パンチ力）の変化を模式的に示すと，図5.3のようになる．パンチが板に食い込んでいくにつれて，パンチ力が増加し，点Bで最大になったあと急速に低下する．点Cでせん断が終わると，パンチ力が瞬時に0となるブレークスルーを生じる．このとき，加工機械の弾性変形が急激に戻るため，打撃音（打抜き音）や振動を発生する．

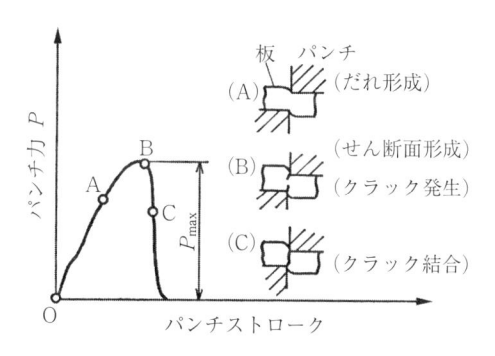

図5.3 板材のせん断におけるパンチ力－ストローク線図と材料の変形状態

最大せん断力 P_{max} のおよその値は次式で計算される．

$$P_{max} = l t k_s \tag{5.1}$$

ここで，l はせん断輪郭の長さ，t は板厚である．また，k_s はせん断抵抗であり，加工硬化のない材料では，引張りにおける変形抵抗の約1/2である（1.4.7項参照）．しかし，実際のせん断加工では，材料の加工硬化があることのほか，パンチおよびダイスの側面と材料との間に摩擦が存在することなどのため，k_s の値は引張強さの0.7～0.8倍程度になることが多い．

（4）せん断切り口面の形状

せん断製品の切り口面は，図5.4に示すように，**だれ，せん断面，破断面，かえり**の四つの部分からなっているのが一般的である．図5.3中のO～Aでだれが成長し，A～B間でせん断変形が進行してパンチの側面に接触する部分が平坦化され，せん断面が形成される．点Bでパンチとダイスの角部付近からクラックが発生し，クラックの成長に伴って破断面が広がり，点Cで両方のクラックが結合してせん断が終了する．かえりは，クラックが刃先部からわずかにずれたところを通るために生じるものである．

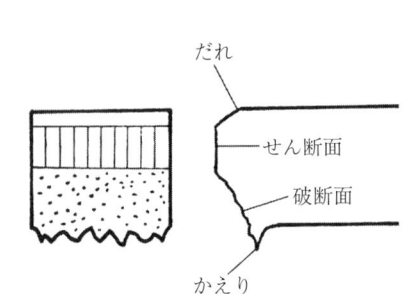

図 5.4 せん断切り口面の一般的な形状

このような切り口面の形状は，クリアランスの大小によって変化する．クリアランスが大きくなるとともにせん断面が減少し，だれ，破断面，かえりが増大する．かえりは刃先の摩耗などでクリアランスが過大な場合に顕著となる．一方，クリアランスが過小である場合は上下から発生したクラックが結合せず，クラック間の領域がせん断（二次せん断）されて切断面にクラックが残ったり，工具刃先が摩耗しやすくなったりする．

5.1.2 精密せん断

せん断製品の切り口面としては，だれ，破断面，かえりがなく，全面がせん断面であることが望ましい．このような理想に近い切り口面を得るために各種の**精密せん断法**が実用化されている[*1]．

図 5.5 の**精密打抜き法**は，ファインブランキングともいい，パンチの外側に配した突起付きの板押えとダイスとで板を加圧したのち，逆押えで背圧をかけながらせん断するものである．突起を押し込むと材料が横方向に流動するが，材料の流動を止めると圧力を発生する．せん断変形部の圧縮応力が高くなると，クラックの発生が抑えられ，ほとんど全面がせん断面となる．圧力によるクラック防止については 12.3 節を参照されたい．

この方法により，厚板から歯型部品などがつくられている．

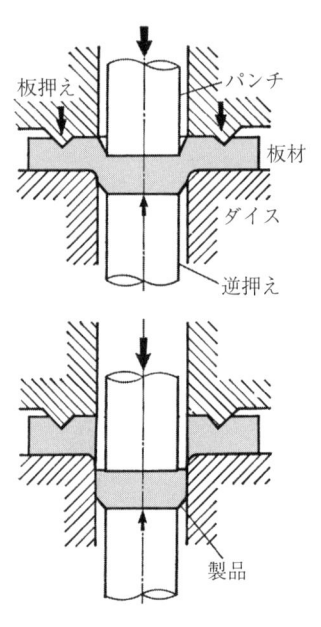

図 5.5 精密打抜き

---

*1 塑性加工学会 編：塑性加工便覧 (2006) p. 601.

5.1.3 棒および管のせん断

丸棒切断には，図5.6(a)に示す半丸工具や図(b)の丸穴工具が用いられる．せん断された棒材には，図5.7のような切り口面のゆがみ，かさぶた，耳，傾きなどの欠陥が発生する．これは，円形断面の両端と中央部とでは切断長さが大きく異なり，場所によってクリアランスが適当でないことが大きな原因である．

炭素鋼棒材の切断では，切断速度を10 m/s程度に上げると切り口面性状が改善される．高速変形では，温度上昇による軟化のため塑性変形部の加工硬化がなくなり(図11.7参照)，せん断変形が一つの面に集中しやすくなって平面に近い面が得られると考えられている．

管の切断では「つぶれ」が発生しやすいため，図5.8に示すような**心金**の利用が不可欠である．単一心金

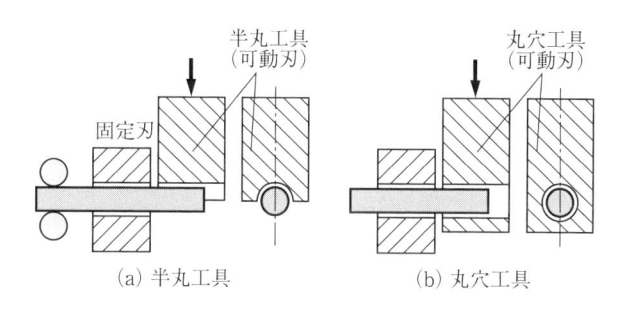

図5.6 丸棒材せん断方法

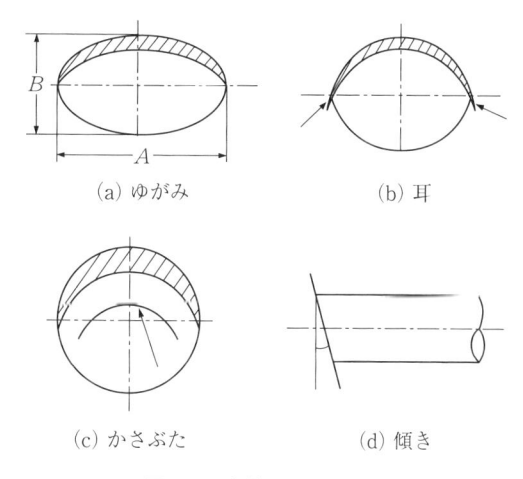

図5.7 丸棒せん断の欠陥

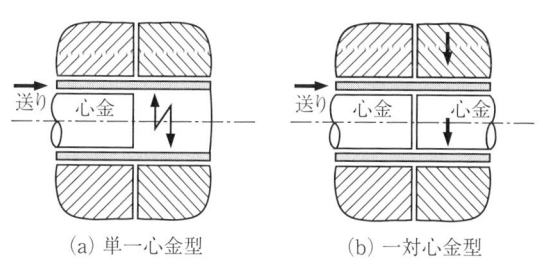

図5.8 管の切断に用いる心金型

型の場合は心金のないほうにつぶれが生じやすい．一対心金の場合は，いずれの切り口面も変形を小さくできる．

5.2 曲げ加工

曲げ加工は，板，棒，管などの素材に曲げ変形を与えて所要の曲げ角度，曲げ半径の製品を得る加工法である．この加工は，簡単そうに見えるが，曲げ半径が小さい場合や，厳しい寸法精度が要求される場合には，割れ，そり，スプリングバックなど，さまざまな問題に直面することが多い．

5.2.1 曲げ加工の分類

図 5.9 に，曲げ加工の基本形式を示す．図(a)の型曲げは，上下一対の型をプレスに取り付けて曲げを行うものであり，板の曲げ加工では最も多く用いられている．図(b)の折り曲げは，回転可能な工具で材料を折り曲げて固定工具になじませる方法であり，管や形材の曲げに多く用いられている．図(c)のロール曲げは，ロールを用いて円管を製作するために使用される．

(a) 型曲げ　　(b) 折り曲げ　　(c) ロール曲げ

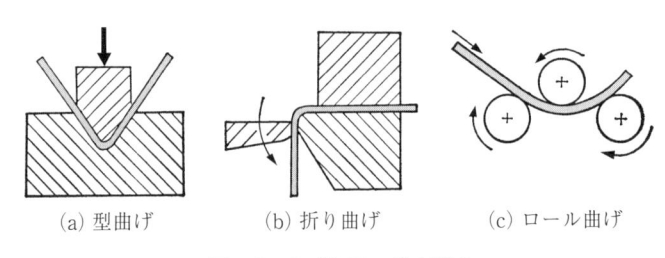

図 5.9　曲げ加工の基本形式

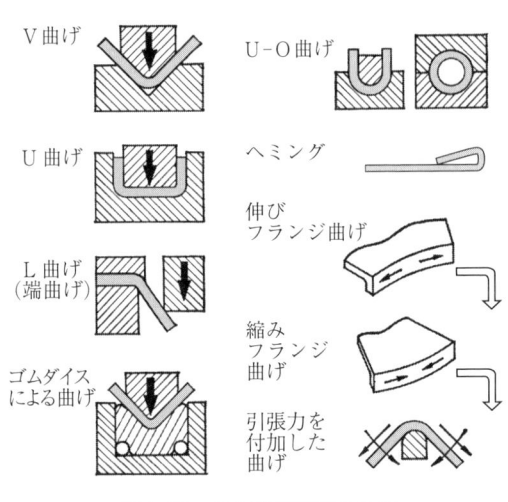

V曲げ　U-O曲げ　U曲げ　ヘミング　伸びフランジ曲げ　L曲げ（端曲げ）　縮みフランジ曲げ　ゴムダイスによる曲げ　引張力を付加した曲げ

図 5.10　主な型曲げ加工の例

5.2.2　板の型曲げ

（1）曲げ加工方法

図 5.10 は，主な型曲げ

加工の方法である．曲げ製品の断面形状によって，V，U，L，U-O 曲げ，ヘミングなどがある．ヘミングは 180°折り曲げる加工法であり，端部の強度を上げたり，他の板を挟んで結合（図 7.14 参照）したりする方法である．曲げ線が直線であるか曲線であるかによって，単純曲げと **伸びフランジ** あるいは **縮みフランジ成形** とに分けられる．

（2）曲げ部の応力とひずみ状態

曲げ部分を円弧として，半径方向を r，円周方向を θ，奥行き方向を z として，単純理論による曲げ部の円周方向のひずみ ε_θ と応力 σ_θ を図 5.11 に示す．材料力学における はりの曲げ問題と同じように，伸び縮みのない中立面からの距離に比例して ε_θ が変化すると仮定し，中立面から y（曲げ外側を ＋）の位置では，

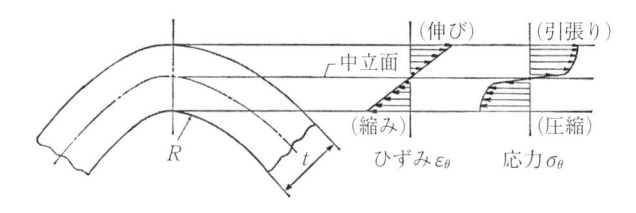

図 5.11 曲げにおけるひずみと応力

$$\varepsilon_\theta = \frac{y}{R} \tag{5.2}$$

とする．σ_θ は ε_θ に応じた（応力-ひずみ曲線で得られる）値になり，曲げ外側で ＋，内側で － になっているとする．

曲げの外側において材料が円周方向に伸びると，体積一定の拘束のために半径（板厚）方向に縮み（ε_r が －），中立面より外側では

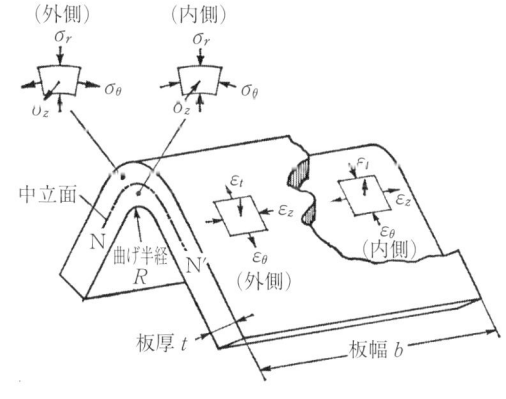

図 5.12 板の曲げにおける板幅方向の応力とひずみ

板厚が薄くなる．逆に曲げの内側では，外側とは反対に板厚は厚くなる．

このときの奥行き（板幅）方向の応力 σ_z とひずみ ε_z について，図 5.12 を用いて説明する．曲げの外側において材料が円周方向に伸びると奥行き（板幅）方向には縮もうとするが，板幅が広いと奥行き方向に縮まない（$\varepsilon_z = 0$）ように奥行き方向の応力 σ_z は引張りになる．曲げの内側では奥行き方向の応力 σ_z は圧縮になる．

(3) 曲げ欠陥

板幅が小さい場合には，奥行き方向の伸び・縮み変形を拘束できず，曲げ外側で縮み，内側で伸びを生じて，図 5.13(a) に示すように，板幅方向にも曲がりが生じるようになる．この曲がりは板端部で生じやすく，**反り**（そり）と呼ばれている．

図 5.11 に示したように，曲げによって生じる応力およびひずみは板の表面で最も大きくなる．曲げ外表面では引張応力状態であるので，ひずみが限界値を超えると，図 5.13(b) に示すような割れを生じる．割れなしに曲げることができる最小の内半径（パンチの先端半径）R_{min} を **最小曲げ半径** という．

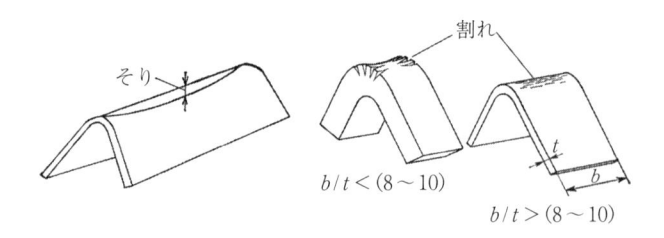

図 5.13　曲げにおける加工欠陥

(4) スプリングバック

所定の角度 θ_1 まで曲げたのち除荷し，製品を型から取り外すと，曲げ角が戻って θ_2 になる（図 5.14）．この現象は，**スプリングバック** と呼ばれており，材料の弾性回復に起因するものである．スプリングバックは加工精度

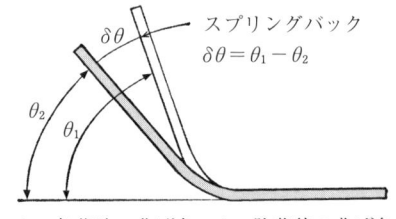

θ_1：負荷時の曲げ角，θ_2：除荷後の曲げ角

図 5.14　スプリングバック

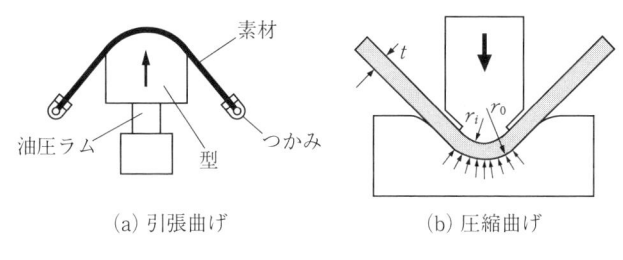

図 5.15　スプリングバック減少方法

(a) 引張曲げ　　(b) 圧縮曲げ

に直接影響を及ぼすため，曲げ加工では，とくに重要である．製品の寸法精度を確保するために，あらかじめスプリングバックの角度を見込んで型の角度や曲げ半径を補正する方法がとられている．

スプリングバックを小さくするには，加圧時の応力分布をできるだけ均一にする必要がある．このため，図 5.15(a) のように板の長さ方向に引張力加えたり，図 (b) のようにパンチとダイスで板厚方向に強圧下したりする方法がとられている．このような方法を用いると，板厚内で応力が均一化され，スプリングバックが小さくなるとともに，曲げ角のばらつきも小さくなる．

5.2.3　板のロール成形

ロール成形法(ロールフォーミング)は，一列に配列された数組の成形ロールで順次曲げを進め，所要の断面形状の製品を得る加工法である．この加工法では成形が連続的に行われるので，長尺物の加工に対してはプレスによる型曲げよりも生産性が高い．図 5.16 は，ロール成形の過程を模式的に示したものである．材料が各ロール孔型形状に曲げられ，最終ロールによって目的の断面形状に成形される．

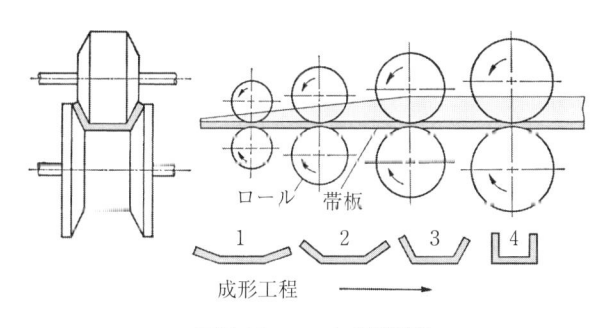

図 5.16　ロール成形過程

5.2.4 曲げを用いる溶接管の製造方法

金属のパイプには，板を曲げて丸く成形し溶接してつくる**溶接管**と，丸鋼に穴をあけて製造する**継目なし管**(付録4参照)とに大別される．直径660 mm程度までの溶接管には，ロールフォーミングにより連続的につくられる円筒の継目を抵抗溶接で接合して得られる**電縫管**が多い．

大径管としては，図5.17(a)のように長さ方向に角度のあるロール曲げを連続的に行い，ら旋状にアーク溶接して製造する**スパイラル管**や，厚板のプレス曲げを組み合わした作成する**UO管**などがある．

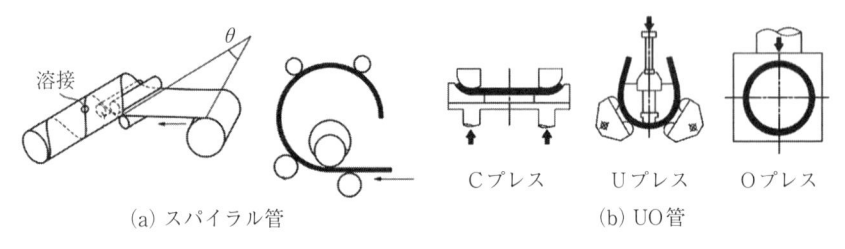

(a) スパイラル管　　　　(b) UO管

図5.17　大径溶接管の製造方法

5.2.5 管の曲げ加工

管は中空であるため，曲げの進行に伴って断面形状が扁平化したり，曲げ内側にしわが発生したりする．また，曲げの外側では肉厚が薄くなり内側では厚くなるため，肉厚が不均一になる．このような欠陥をできるだけ小さく抑えるために，案内溝を付けた型を用いて管の変形を外側から拘束したり，管の内部に心金や砂，鉛などを詰めたりする方法がとられている．図5.18に，**心金**の例を示す．図(a)は剛体の心金，図(b)は個々のボールがつながっている自在心金である．

管の曲げ方式として最も一般的に用いられている方法は，図5.19に示すよ

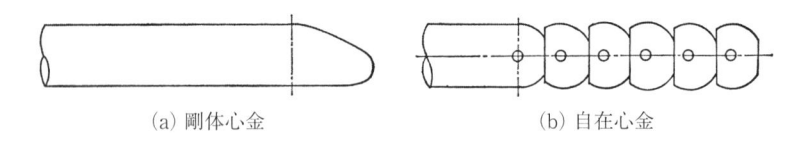

(a) 剛体心金　　　　(b) 自在心金

図5.18　管曲げ用の心金

うな**引き曲げ**である．素管の一端をダイスと締付け型でクランプし，加工部を圧力型でダイスに押し付け，ダイスを回転させて曲げを行う．この方法では，素管に軸方向の引張力が加わることになるので，しわが生じにくく精度もよい．

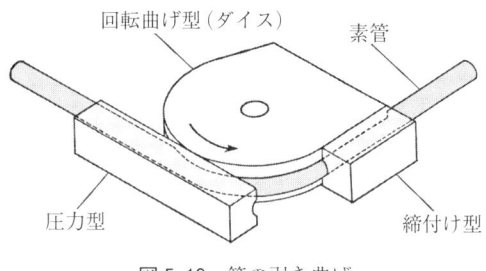

図 5.19 管の引き曲げ

新しい曲げ加工法として高周波加熱曲げや CNC 押通し曲げなどがある（付録 8 参照）．

5.3 矯正加工

5.3.1 引張矯正

曲がった材料を長さ方向に引っ張ると，平均引張応力が降伏応力に達する前に塑性変形が始まって曲がりが戻される．これを**矯正**という．全体が塑性状態になると応力は均一になり，除荷後には残留応力がなくなる．形鋼の場合には引っ張りながらねじりを与えてねじれの矯正も行う．図 5.20 に示す**ストレッチャ**は，この原理を用いた方法である．この方法は，圧延で生じた中伸びなどの形状不良も矯正できるが，適用できる素材の長さは限定される．

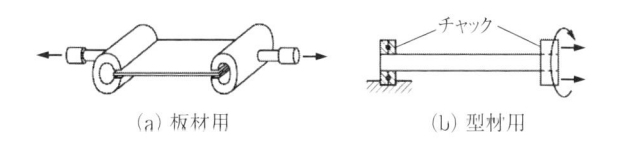

(a) 板材用　　(b) 型材用

図 5.20 引張矯正用ストレッチャ

5.3.2 ローラレベリング

図 5.21 の**ローラレベリング**は，千鳥状に配列したロール間で曲げ方向を反転しながら曲げを与えてそりを矯正すると同時に残留応力の低減を行う．この方法は，長い素材を連続的に矯正でき最も一般的に用いられている．

図 5.22 に，ローラレベリングによる矯正原理を示す．まず一様曲率で曲げ

(a) 板材用　　　　　　　　(b) 型材用

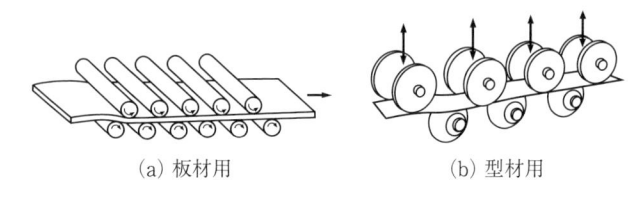

図 5.21　ローラレベリング設備

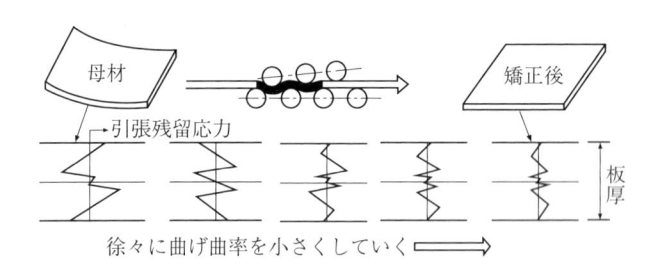

図 5.22　ローラレベリングの原理（益居）*2

たあと，曲げ方向を逆転しながら曲率（1／半径）を徐々に小さくしていくと残留応力の小さい平坦な板となることを示している．この方法は1.4.5項で説明した変形方向の逆転により降伏応力が低下する現象（バウシンガー効果）を利用したものであるといえる．

演 習 問 題

1. 板厚0.8 mm の軟鋼帯板（引張強さ350 MPa）から直径100 mrn の円板を打ち抜く場合の荷重を求めよ．
2. せん断製品では，かえりが問題になる．かえりを出さずにせん断する方法について調査せよ．
3. クランクプレスによる打抜きでは，せん断時に大きな音が発生する．この音の発生理由，および音の大きさに影響を及ぼす因子は何か調べよ．
4. 最小曲げ半径を小さくするためには，どのような工夫をすればよいか．
5. 均等曲げを受けたはりの残留応力について調査せよ．
6. 板のV曲げ，U曲げにおける変形過程とスプリングバックの正負について考察せよ．

---

*2　益居　健：塑性と加工, 35, 397 (1994) p.94.

第6章 板成形

板材は，いろいろな二次加工を経て製品になることが多い．二次加工には，せん断，曲げ，深絞り，張出し，しごき加工などのプレス成形やスピニングがある．本章では，深絞り，張出し，しごき，スピニング加工法の概要および高張力鋼板などの難加工材のプレス成形について簡単に説明する．

6.1 深絞り加工

深絞り加工は，板材から底付き容器を成形する方法である．図 6.1 に示すように，パンチを用いて素板をダイス穴内に押し込み，円筒部に生じる引張応力により素板を引き込んで外径を縮め，容器状の製品を成形する．深絞り加工によって成形されるものには，自動車のオイルパンや電気部品などをはじめ，鍋，灰皿，弁当箱，ジュースやビール缶，流し台，浴そうなど身近な品がある．

深絞り加工は，容器の形状によって円筒絞り，角筒絞り，テーパ絞りなどに分類される．また，深い容器を成形する場合には再絞り加工が行われる．

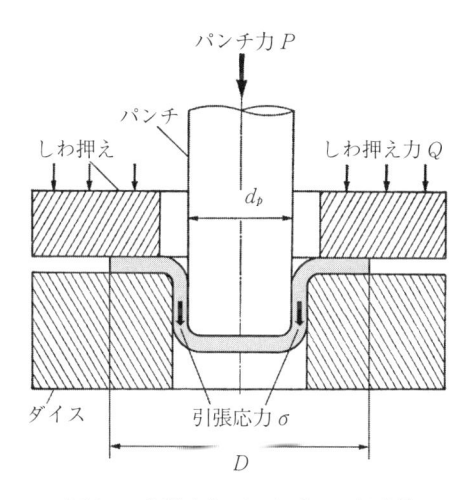

図 6.1 深絞り加工における工具配置

6.1.1 深絞りにおける材料の変形挙動

深絞りの途中において，板の各部に生じる変形および応力状態を図 6.2 に示す（軸対称変形における応力成分については図 15.5 を参照）．フランジ部（A～B），ダイス肩部（B～C）および側壁部（C～D）では，半径方向（子午線方

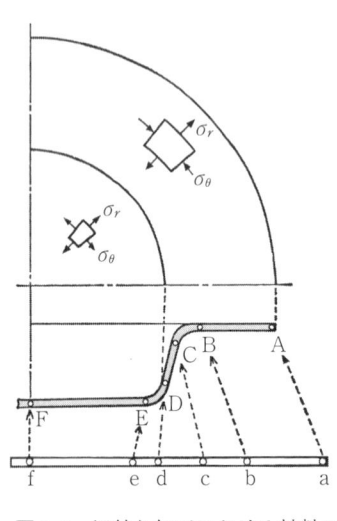

図 6.2 深絞り加工における材料の
　　　 変形挙動と応力状態

(a) フランジしわ

(b) パンチ肩部破断

図 6.3　深絞りにおけるしわと破断

向)に引張応力，円周方向に圧縮応力が生じる．この圧縮応力のため，フランジ部には**図 6.3**(a)に示す**しわ**が発生するので，**しわ押え**を用いて，しわ発生を抑えながら絞り加工を行う．

パンチ肩部(D～E)から頭部(E～F)にかけては，半径方向，円周方向応力とも引張りになるため，この部分の材料はわずかに外向きに流れ，次節で述べる張出し変形を受けることになる．

6.1.2　加工限界と加工力

(1) し　　わ

深絞りの加工限界は，成形途中で生じる「しわ」または破断によって定まる．12.2節で述べるように，しわは円周方向の圧縮応力によって生じる一種の座屈現象である．深絞りにおけるしわの種類には，フランジ部に生じるフランジしわ，側壁部に生じるボデーしわ，および素板の外縁がダイス肩部まで絞り込まれ，しわ押えがきかなくなった段階で生じる口辺しわ(容器の上縁部に生じる)がある．フランジしわはしわ押え力をかけることにより，またボデ

—しわはパンチとダイスのクリアランスを小さくすることによって防ぐことができる．口辺しわを防ぐためには，ダイス肩半径を板厚の4~6倍程度に小さくすることが必要である．

　フランジしわを防ぐために，必要なしわ押え力については，座屈理論をもとにしたいろいろな解析がなされている．ジーベル(E. Siebel)は，図6.1のような深絞り過程中におけるフランジしわを抑制するために必要なしわ押え力 Q を，次のような半理論式で表している*1．

$$Q = \frac{\pi}{4}(D^2 - d_p^2)p_c = \frac{\pi}{4}(D^2 - d_p^2) \times 0.025\{(\beta - 1)^2 + 0.005\delta\}\sigma_B \tag{6.1}$$

ここで，β は **絞り比**(素板直径 D/パンチ直径 d_p，δ は相対パンチ直径(パンチ直径 d_p/素板の板厚 t_0)，σ_B は板材の引張強さである．

（2）加　工　力

　図6.1に示したように深絞りにおける加工力 P は，円筒部の引張応力 σ と釣り合っており，次式のように近似される．

$$\begin{aligned}P &= \pi d_p t_0 \sigma = \pi d_p t_0 \left(\bar{\sigma} \ln \frac{D}{d_p} + \frac{2\mu Q}{\pi D t_0}\right)\\ &\cong \pi d_p t_0 \sigma_B \ln \frac{D}{d_p} + 2\frac{d_p}{D}\mu Q\end{aligned} \tag{6.2}$$

ここで，$\bar{\sigma}$ は素板の変形抵抗である．右辺第1項は外径 D，内径 d_p の板の直径を縮小するための力であり，第2項は板の上下面に作用する摩擦力 $2\mu Q$ に打ち勝つ力である．

（3）破　　断

　深絞り加工におけるパンチ力 P が，材料の破断力 P_z(図6.2に示したD点付近の材料が負担しうる最大荷重)より大きくなると，図6.3(b)に示す破断が生じて成形できなくなる．したがって，深絞りが可能な条件は，絞り過程を通じて常に $P < P_z$ となることである(図6.4)．

　パンチ力 P は，フランジ部を絞り込むために必要な力，フランジ部とダイス肩部における摩擦力，およびダイス肩部における曲げ，曲げ戻しに必要な力

---

*1　E. Siebel: Stahl und Eisen, 74, 3 (1954) p. 155.

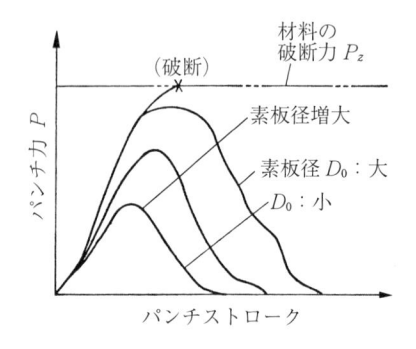

図 6.4 深絞り加工における限界

の和になる．パンチ力 P を小さくするためには，摩擦や曲げ，曲げ戻しなどの付加的な抵抗をできるだけ小さくすることが必要である．

一方，破断力 P_z は近似的に次式で表される．

$$P_z = \pi d_p t_0 \sigma_z \qquad (6.3)$$

ここで，d_p はパンチの直径，t_0 は素板の板厚，σ_z は材料の破断応力であり，一軸引張りにおける引張強さ σ_B の 1.1～1.3 倍程度とされている．

図 6.4 に示すように，加工前の素板直径 D_0 の増大とともに最大パンチ力 P_{max} が大きくなり，$P_{max} = P_z$ の臨界状態に達すると板材は破断する．この限界の素板直径 D_0 とパンチ直径 d_p の比 $\beta_1 (= D_0/d_p)$ を **限界絞り比** と呼ぶ．これは，板材の絞り変形特性を表す一つの尺度であり，この値が大きい材料ほど深絞り性が良いことになる．絞り比の逆数 $1/\beta_1$ を絞り率と呼び，これを変形尺度として用いることもある．板材の深絞り試験法については付録 9(1) に説明している．

限界絞り比は，板の材質，パンチ直径と板厚の比，パンチおよびダイス肩半径，しわ押え力，潤滑状態などの加工条件によって異なるが，実際の作業では **表 6.1** に示すような値を一応の目安とすることが多い．実用限界絞り比は 2.0 前後であり，1 回の深絞りによって得られる製品の直径は素板径の半分程度までであり，これより小さい直径の容器を成形しようとしても，加工の途中で破断する．

表 6.1 各種材料の実用限界絞り比 (D_0/d_p)

材料	D_0/d_p
深絞り用鋼板	2.2～2.0
軟鋼板	2.0～1.8
ステンレス板	2.0～1.8
銅鈑	1.9～1.7
黄銅板	2.0～1.8
アルミニウム	1.9～1.7

材料の深絞り性は，板の一軸引張試験における幅方向対数ひずみ ε_w と板厚方向対数ひずみ ε_t の比

$$r = \frac{\varepsilon_w}{\varepsilon_t} \qquad (6.4)$$

とよい相関を示すものが多い．式 (6.4) の r は **r 値**

または**ランクフォード値**と呼ばれており，この値が大きい材料ほど荷重を受けもつパンチ肩部の板厚が薄くなりにくいため，限界絞り比が大きくなる（図 6.5）．深絞り用鋼板は，製造時の圧延条件や焼なまし条件などをうまく制御して r 値を高めたものである．

6.1.3 再絞り加工

1回の深絞りによって達成される絞り比には限界がある．直径に比べて深さの大きい容器を

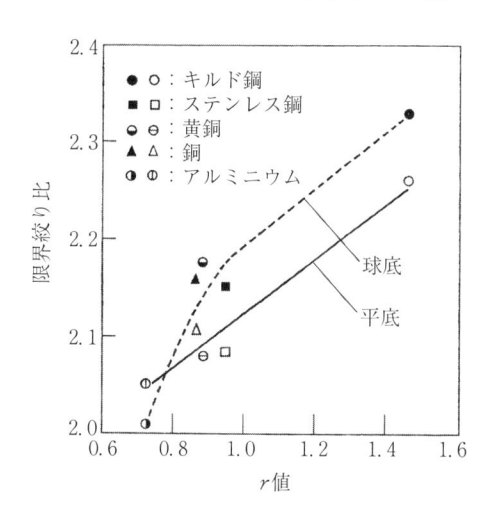

図 6.5　限界絞り比と r 値の関係（林）[*2]

得ようとするとき，1回の絞り（初絞り）だけでは無理な場合には，絞りを繰り返すことが必要になる．このような方法を**再絞り加工**という．すなわち，まず初絞りの段階では，破断を生じさせないために，限界絞り比よりも少し小さい絞り比のもとで成形を行う．次に，得られた容器を図 6.6 に示すような方法で再絞りし，初絞り容器の直径 d_{p1} を再絞りパンチの直径 d_{p2} まで縮める．これによって，製品の深さは初絞り容器の深さよりも大きくなる．

再絞り比 $\beta_2 (= d_{p1}/d_{p2})$ は，板の材質や初絞りにおける加工度によって異なるが，実際の作業では 1.1～1.3 程度である．非

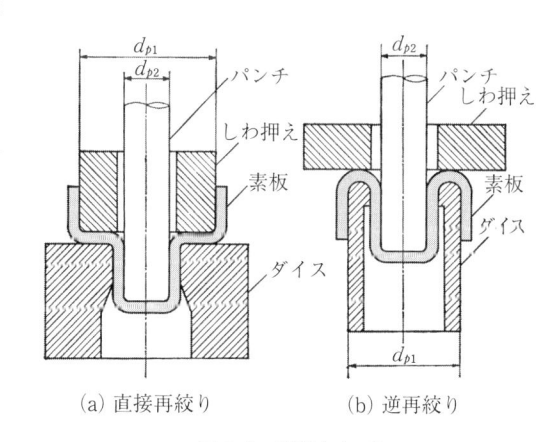

(a) 直接再絞り　　(b) 逆再絞り

図 6.6　再絞り加工

[*2]　林　豊：塑性と加工, 6. 508 (1965) p.602.

常に深い最終製品が要求される場合には，再絞り途中に中間焼なましを行って材料の延性を回復する．

6.2 張出し加工

深絞り加工では素板の外周が縮んで容器状の製品ができるが，図 6.7 のように素板の外周をビードで拘束した状態でパンチを押し込んでいくと，素板の中心部だけが伸ばされることになる．このように，周囲から材料の流入がなく，変形域の材料が半径方向と円周方向の 2 方向に伸ばされるような成形を **張出し加工（バルジ成形）** といい，深絞り加工とは区別している．張出し加工ではあまり深い容器は成形できないが，全域で引張応力状態になるので，しわの発生がない平滑な面が得られる．

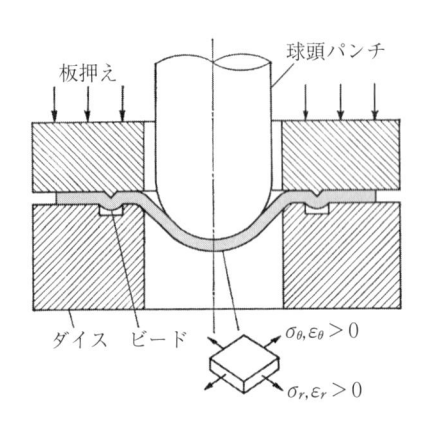

図 6.7 板の張出し加工

張出し成形性は，材料の加工硬化特性を表す n 値とよい相関を示す．12.1 節で説明するように，加工硬化が大きい材料（n 値が大きい材料）ほどひずみ集中（くびれ）が起こりにくいことになるため，限界張出し高さが増加する．

自動車の車体などの成形では，ビードによる拘束を加減して外周からの材料流入を可能にし，深絞りと張出しの複合的な状態で加工することが多い．

張出し成形性試験（**エリクセン試験**）については付録 9(2) に，張出しと深絞りの複合成形性試験（**コニカルカップ試験**）については付録 9(3) に説明がある．

6.3 しごき加工

深絞り容器の肉厚は，側壁部の上縁ほど大きくなる．壁の厚さを一様にすることが必要な場合には，図 6.8 に示すような **しごき加工** を行う．深絞りで成形された容器をパンチにかぶせ，これをクリアランスの小さいダイス中に押し

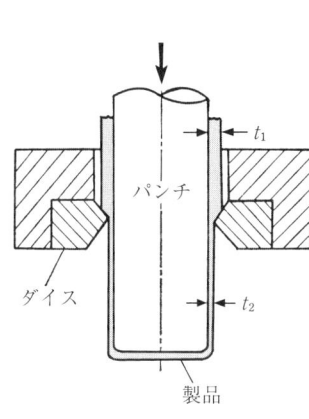

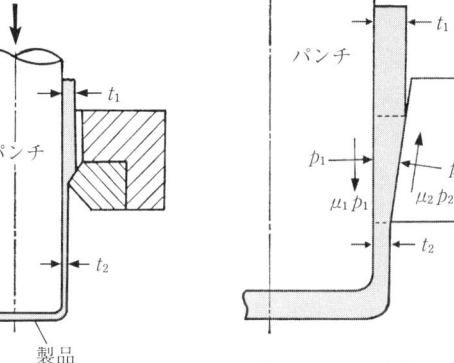

図6.8 容器のしごき加工

図6.9 しごき加工における摩擦力の向き

込む．これによって容器の壁厚が均一になり，寸法精度が向上すると同時に，製品表面も美しくなる．また壁厚が薄くなるので，その分だけ容器の深さが増大する．ジュースやビール缶のように，肉厚が薄く深い容器はこのような方法で成形されている．

しごき加工の程度は，しごき率 $\{(t_1-t_2)/t_1\}\times 100\%$ で表す．ただし，t_1，t_2 はしごき加工前後の肉厚である．実際の加工では，10～30％程度のしごき率が採用されている．

図6.9は，しごき加工中の素材に作用する摩擦力の向きを示す．ダイス側では素材の移動を引きとめるような摩擦力が働くが，パンチ側では，パンチのほうが速く動くので，逆に素材を引き出すような摩擦力が作用する．パンチ側の摩擦力は，しごき力の一部を分担して受けもつことになるため，パンチ肩近傍の素材に伝達される引張力を軽減することになり，破断の防止に役立つ．摩擦力を高めるために，パンチ側は無潤滑かあるいは積極的に摩擦係数の大きい増摩剤を使用することもある．

6.4 スピニング加工

図6.10のように，成形型に素板を取り付けて回転させ，「へら」またはロールで素板を成形型に順次押し付けていく方法を，**へら絞り** あるいは **スピニ**

(a) 絞りスピニング　　(b) しごきスピニング

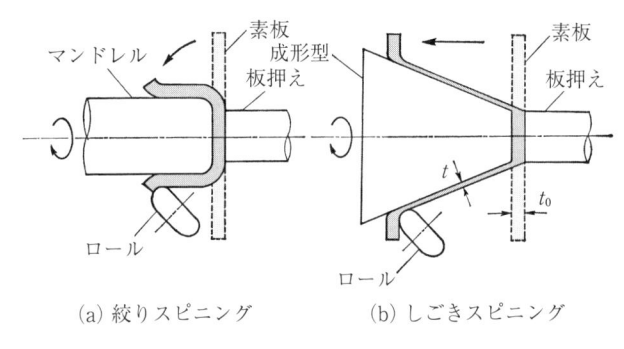

図 6.10　スピニング加工

ング加工 と呼ぶ．スピニング加工には，素板の外径を減少させて（絞り変形を与えて）容器を成形する **絞りスピニング** と，素板の外径を一定に保ったまま板厚を減少させて所要の製品を得る **しごきスピニング** とがある．これらの方法によれば，テーパ容器はもちろん，やかんやスプレー缶のように口が絞られたものなど，回転対称形のものならば，かなり複雑な形状の製品まで加工することができる．

スピニング加工では，製品にみあった型だけを製作すればよく，ただ1個のロールでいろいろな形状をつくり出すことができる．したがって，深絞りや張出しのようなプレス成形と比べると型製作費が少なく，また直径3m程度の大きい製品の加工もできる．とくに多品種少量生産の場合には，他の加工法では見られないような特徴を有しており，きわめて便利な加工法である．

最近NC制御のXYテーブルに固定された板材を棒状の成形工具が等高線上の軌跡を描き，材料を少しずつ伸ばしながら三次元形状を成形する，スピニングに似た **ダイレス逐次板成形法** が日本で開発された（付録10参照）．

6.5　難加工板材のプレス成形

6.5.1　高張力鋼板

自動車の燃費向上を目的として自動車の軽量化が望まれており，高張力鋼板の自動車部品への利用が急増している．**高張力鋼板** は高強度であるため，使用する板材の厚さを減少でき，軽量化につながる．自動車用軟鋼板の引張強さ

6.5 難加工板材のプレス成形　67

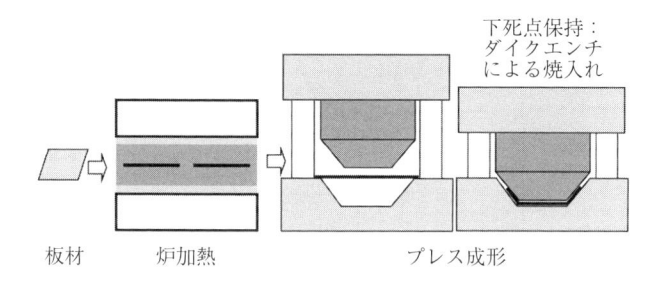

図 6.11　超高強度鋼部材の熱間プレス成形

が 340 MPa 程度であるのに対し，高張力鋼板の引張強さは 490〜1180 MPa である．強化機構により，NbC，TiC，VC などの微細な炭化物を生成する析出強化鋼，マルテンサイト組織をフェライト組織中に分散させたデュアルフェイズ鋼，マルテンサイト鋼などがある．

　高張力鋼板は，延性が低いため，主に曲げ加工で成形されるが，大きな加工荷重に対して除荷時の弾性回復によるスプリングバックが大きくなって形状凍結性が低い．スプリングバックを低減するために成形工程が工夫されている（図 5.15 参照）．また曲線曲げ加工において，凹形状部では伸びフランジ変形になって引張応力による「割れ」，凸形状部では縮みフランジ変形になって圧縮応力による「しわ」が発生しやすい（図 5.10 参照）．高張力鋼板の延性の向上とともに深絞り加工も行われるようになってきたが，高い接触面圧によって金型の寿命が低く，金型の表面処理が必要になる．

　自動車の衝突安全性の向上のためにいっそうの強度上昇が求められているが，冷間プレス成形では 1200 MPa 級鋼板が限界とされており，それを超える方法として **熱間プレス成形**（ホットスタンピング）が注目されている．図 6.11 に示すように，焼入れ用鋼板を高温炉で加熱してプレス成形を行った後，下死点で荷重を保持して金型により鋼板を急冷して焼入れを行うことにより 1500 MPa 級超高強度鋼部材が得られる．板材を加熱することによって，変形抵抗が減少して成形荷重が減少し，成形性は増加し，スプリングバックはほとんど生じなくなるが，高温における素板の酸化防止が不可欠である．

6.5.2　マグネシウム合金板

　マグネシウム合金 は，高い比強度を有し，携帯電話などの電子機器，パソ

コン，カメラ，自動車などに広く応用されつつある．マグネシウム合金部品は，主に金型による鋳造（ダイカスト）や半溶融状態での射出成形（チクソモールディング）で成形されているが，生産性向上，薄肉化，高強度化などの観点から板材プレス成形の適用が望まれている．

マグネシウム合金では，曲げのような変形が小さい加工は冷間で行われているが，常温において結晶の滑り系が少ないため，延性が低く，深絞り，張出しのような変形が大きい加工は困難とされている．しかし，マグネシウム合金板はパソコン，カメラなどの筐体としての用途が多いため，深絞り加工の適用が望まれている．

マグネシウム合金は 200～300℃ 程度に加熱すると成形性が大きく向上するため，深絞り加工は，一般に温間で行われている．温間深絞り加工では，ヒータを内蔵したしわ押えによってブランク接触部を加熱して延性を改善して変形強度を低下させる．また，冷却したパンチでブランク肩部の変形抵抗を増加させて肩部での割れ発生を防止すると，限界絞り比が向上する．

図 6.12 は，加圧軸の動きを自由に制御できる **サーボプレス**（付録 13 参照）によるマグネシウム板の成形方法の例である．しわ押え力を加えた状態でヒータ内蔵のしわ押えを停止し，ブランク周辺が加熱された後で成形のために冷却したパンチを上方向に動かしている．

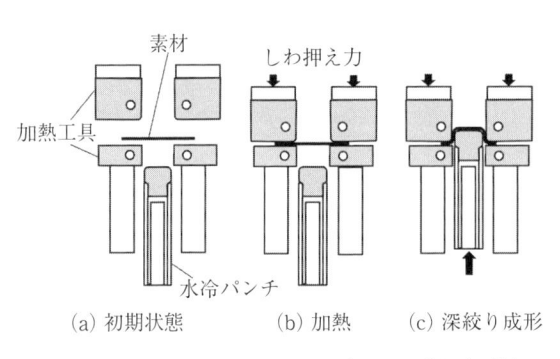

図 6.12 サーボプレスによるマグネシウム板の深絞り

6.5.3 チタン板

チタン板を大別すると純チタン板とチタン合金板に分かれ，純チタン板は高い耐食性を活かして化学プラント部材に多く使用されている．純チタン板は常温において適当な延性を有しており r 値も高く，冷間プレス成形が行われている．しかしながら，チタンは活性な金属であるため，プレス成形において焼付きが生じやすく，高い耐焼付き性を有する潤滑剤の使用や工具の表面処理が行

われている．さらに厳しい加工では，板表面に工具との親和性が低い酸化膜が付けられたり，高い耐焼付き性を有するアルミ青銅ダイスが用いられたりしている．

チタン合金には，α-β型，α型，β型があり，航空機部材，スポーツ用品，生体部材などに使用されている．α-β型合金板は高温特性に優れており，ジェットエンジン材料などに使用されているが，冷間加工は困難であり，800～950℃程度で熱間プレス成形されている．一方，β型合金板は冷間プレス成形が可能であるが，純チタン板と同様に焼付き防止が必要になる．

演習問題

1. 絞り比が2.0のとき，円筒容器の深さhと内径dの比h/dはいくらになるか．ただし，板厚変化はなく，また容器底の丸み半径は0とする．
2. 再絞りをすれば，1回の絞りでは得られない深い容器を得ることができる．その理由を説明せよ．
3. 角筒深絞りにおけるコーナー部と直辺部の変形状態を調査せよ．
4. 板面内におけるr値の異方性Δrおよびr値の平均値$\bar{r}$は，それぞれ次のように表される．
$$\Delta r = (r_0 + r_{90})/2 - r_{45}$$
$$\bar{r} = (r_0 + 2r_{45} + r_{90})/4$$
ここで，r_0, r_{45}, r_{90}は板の圧延方向に対して0°，45°，90°方向に切り出した引張試験片から得られたr値である．深絞りに適した材料は，Δrが小さく$\bar{r}$が大きいものであるといわれているが，その理由を説明せよ．
5. 板厚0.8 mm，直径150 mmの軟鋼板から直径100 mmの円筒容器を深絞りする場合の加工力としわ押え力，破断力を推定せよ．軟鋼の降伏応力は200 MPa，引張強さは300 MPaとし，工具と素板の摩擦係数は0.1とする．

第7章 特殊塑性加工

通常の塑性加工から被加工材料，加工工具，加工方法などに関して外れた加工法に粉末成形，液圧成形，高エネルギー速度加工などがある．本章では，これらの特殊な塑性加工法と，塑性変形を用いた接合について説明する．

7.1 粉末および焼結体の成形

粉末から機械部品を製造すると，材料歩留り（材料の利用率）が100％に近くになり，複雑な形状の製品を精度よく加工できるようになる．また，高融点金属や複合材料の成形も可能である．こうした特徴のため，セラミックス，超硬合金（WC粉末を5～30％のCoで結合した工具用合金．10.4.2項参照），磁性材料（酸化鉄など）やタングステンのような塊状の原料が得にくい材料の成形のほかに，鉄系・銅系の材料でも歯車のような複雑な形状の部品が**圧粉成形**で製造されている．また，溶融凝固では不均一材質になる高速度鋼を粉末状態で圧縮，焼結して均質化した粉末高速度鋼や，圧粉成形において適当な量の空隙を残し，その部分に潤滑剤を含浸させた自己潤滑性軸受もある．

金属粉末は，溶融した金属を高圧ガスで吹き飛ばして微細化する方法（噴霧法）や金属酸化物の粉末を還元する方法（還元法）のほか，ボールミルで粉砕する方法（ボールミル法）など各種の方法により製造されている．個々の粉末粒子は10～500 μm程度の大きさであり，製造方法によって球形に近い形や凹凸の多い形などをしている．

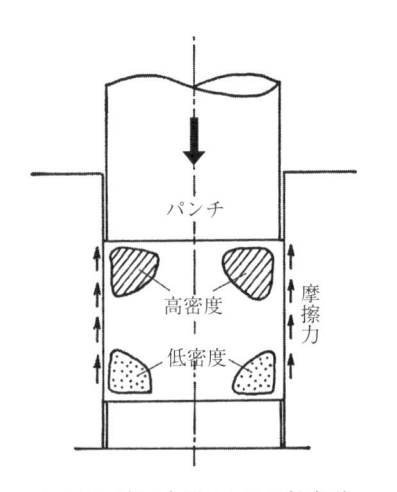

図7.1 密閉金型による圧粉成形

金属やセラミックスなどの粉末は，図

7.1 粉末および焼結体の成形

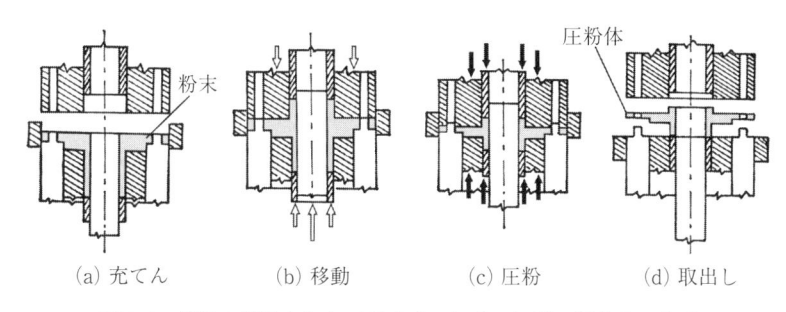

(a) 充てん　(b) 移動　(c) 圧粉　(d) 取出し

図7.2　複雑な形状をした圧粉成形における個別に駆動する金型

7.1のように密閉金型に入れて加圧されて圧粉体に成形される．金型と粉末の間には摩擦が作用するために，圧粉体の密度は不均一になり，潤滑が必要になる．複雑な形状をした製品では，図7.2のように複数の金型を異なった速度で駆動する機構により密度が均一になるようになっている．

圧粉体は，主に粉末粒子のからみ合いで機械的に結合しているだけで，もろい状態にある．そこで，圧粉体を高温に保持して**焼結**を行うことが多い．焼結では，圧粉体を不活性ガスや還元ガス中で融点(絶対温度)の60〜80％に加熱し，数時間〜数十時間保持する．これにより，粉末粒子が拡散接合するとともに空隙が減って密度が上がり，適切な強度が得られる．

焼結金属には，5〜30％程度の空隙が残るが，図7.3に示すように引張強さは残存する空隙とともに大きく低下するため，高強度が必要な部品では空隙を少なくすることが要求される．

焼結体中に含まれる空隙を少なくし，高強度にするために，粉末成形と鍛造加工を組み合わせた加工方法が行われている．これを**粉末鍛造**，または**焼結鍛造**という．鍛造の形式としては最終形状に近い焼結体を密閉型で圧密・成形する方式と，単純な形状の焼結体を半密閉型で型鍛造する方式とがある．焼結鍛造品は重量精度が高く，

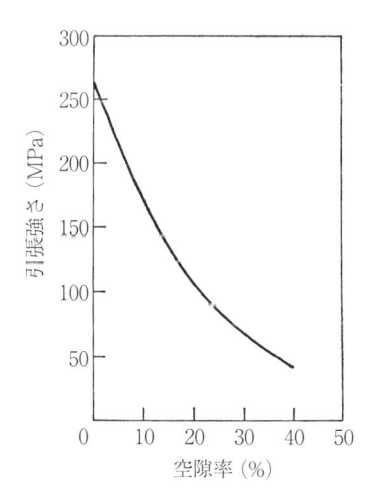

図7.3　銅焼結体における引張強さと空隙率の関係

仕上げ加工を必要としないため工程を短縮でき，自動車のコネクティングロッドなどの製造に用いられている．

熱間静水圧成形(HIP) は図 7.4 に示すように缶の中に封入された粉末成形体を高圧容器の中に入れて，加熱・静水圧圧縮をする方法である．圧力媒体はアルゴンやヘリウムのような不活性ガスであり，100～200 MPa の圧力中で 1200～2000℃ 程度の温度に数時間保ち，圧密と焼結を同時に行う．この方法は，全体が均一で良好な機械的性質を要求される超硬合金や工具鋼の製造に適用されている．HIP は，粉末焼結品の製造だけでなく，鋳造品の気孔を除いたり，異種金属の接合にも使用される．

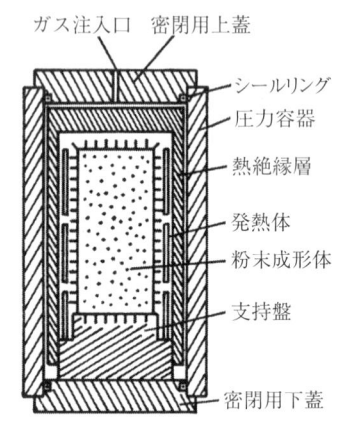

図 7.4 粉末の熱間静水圧成形

常温において，気密性のゴム型に入れた粉末に水圧を加え，均一な密度の大型または複雑形状の圧粉体をつくる**冷間静水圧成形**(CIP) もある．

7.2 液圧またはゴムを用いた成形

工具の一方に液体やゴムなどを用いて素材に圧力を作用させながら加工を行うと，成形性の向上，欠陥発生の抑制などに効果がある場合がある．板材の深絞り加工，張出し加工，管材のバルジ加工において，図 7.5 のように液圧を作用させた加工法は**ハイドロフォーミング**と呼ばれている．液圧を用いると，金型面の摩擦の影響がなくなり，変形が均一になる．図 (a) の板のバルジ加工は，凹凸の付いた金型に板を押し付けて模様の成形などに用いられる．また図 (b) の管材のバルジ加工では，液圧と同時に軸方向の圧縮力を付加すると，肉厚減少が小さくなって張出し量が増大する．圧力媒体としては，液圧の代わりにゴムも用いられている．

液圧成形の欠点は，生産のサイクルタイムが長いことや，加工機械設備が高価であることであるが，種々の工夫で改善がなされている．

板材の絞り加工において成形限界を向上させるために，ダイスとして液体あ

7.2 液圧またはゴムを用いた成形　73

(a) 板のバルジ加工　　(b) 管のバルジ加工

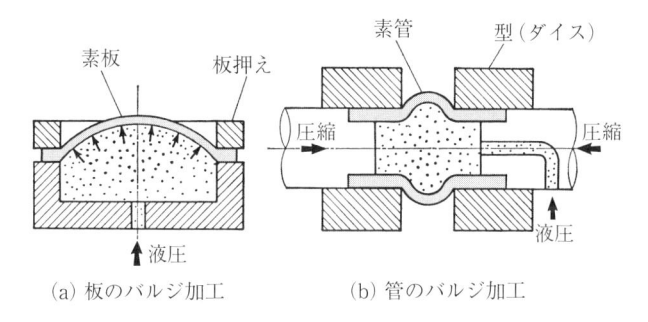

図7.5　板材と管材のハイドロフォーミング

るいはゴムなどのいわゆる柔軟性工具を用いる方法である．この種の加工法には，**液圧成形法**，層状のゴムを用いる**マーフォーム法**などがある．これらに共通した特徴は，いったん成形された部分が圧力媒体によってパンチに強く押し付けられるため，パンチ肩部に伝わる力が小さくなり，通常のダイスを用いた深絞りの場合よりも破断しにくいことである．

たとえば，図7.6に示す圧力潤滑深絞り法は液圧成形法の一種であり，パンチと素板間の摩擦力が，荷重負担部(パンチ先端肩部)に伝達される引張力を軽減する．また，ダイス内の圧力が高まると，液体がダイス肩部からフランジ部へとにじみ出していき，強制潤滑的な効果が現れるので，ダイス面の摩擦が小さくなる利点もある．このため，限界絞り比が大幅に向上する．ゴムは比較的自由に形を変えることができるので柔軟な型として使用することができ，曲げや**エンボス加工**(薄板に凹凸模様を与える加工)用のダイスとしても用いられている．

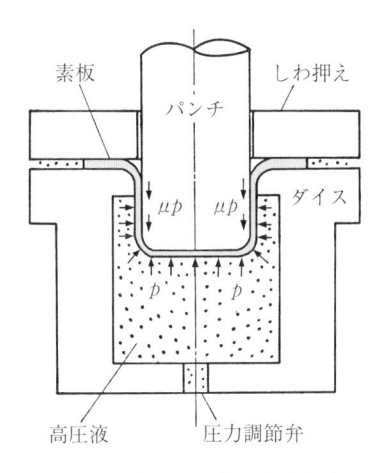

図7.6　圧力潤滑深絞り法(春日)[*]

---

[*] 春日保男，野崎徳彦：日本機械学会論文集，**24**, 146 (1958) p.720.

7.3 高エネルギー速度加工

材料に衝撃力を加えて高速変形を生じさせ，所要の形状に成形する加工法を**高エネルギー速度加工**と呼び，瞬間的に放出させるエネルギー源によって，爆発成形，放電成形，電磁成形などがある．高圧ガスでハンマを駆動する高速ハンマによる鍛造も高エネルギー速度加工に含めることもあるが，ここでは扱わない．これらの加工法におけるひずみ速度(13.2.2項参照)は，加工条件によって異なるが，およそ $10^2 \sim 10^4 \mathrm{s}^{-1}$ 程度である．

7.3.1 爆発成形

水中で火薬を爆発させ，水中を伝わる衝撃波や噴流の力で板材や管の加工をする方法を**爆発成形**という．この方法では，金型が一方だけでよく，しかも必ずしも金属型でなくてコンクリートなどでもよいので，大型製品(直径 数 m の鏡板など)の少量生産に適している．しかし，この方法では火薬を用いるので取扱い上制約が多い．

7.3.2 放電成形

放電成形は，火薬の代わりにコンデンサに蓄えられた高電圧の電荷をエネルギー源に用いる．水中に置かれた電極間に大電流を瞬間的に流し，放電させたり電極間に張られた細い金属線を溶融蒸発させたりし，その際に水に発生する衝撃波を利用して成形を行う(図7.7)．この加工法の原理は爆発成形と同じく衝撃波による力であるが，比較的小さいものの加工に用いられる．爆発成形のような危険性はなく取扱いも容易であるが，エネルギー効率は低い．放電成形は板や管の張出し，深絞り，穴空けなどの加工が可能であり，微小な製品の加工に適している．

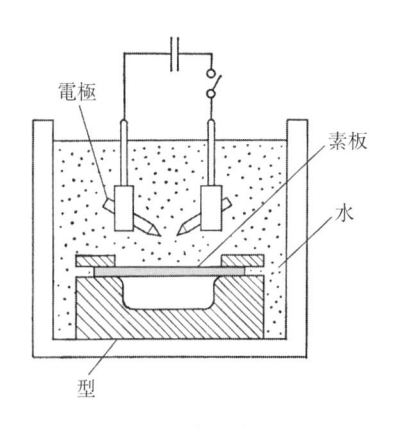

図 7.7 放電成形

7.3.3 電磁成形

電磁成形は，材料に作用する衝撃的な電磁力を利用して板や管などの素材

(a) 変形前　　　　　　　(b) 変形後

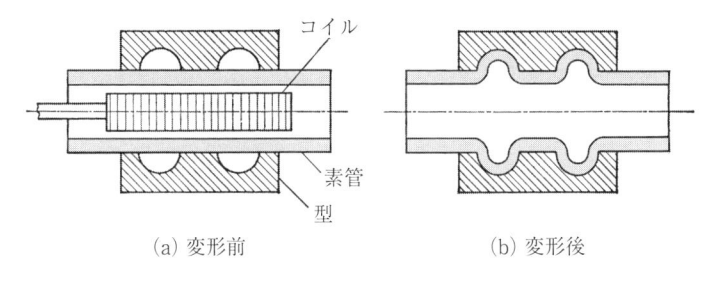

図 7.8　管材の電磁成形

を加工する方法である．図 7.8 のように，金属素管に近接したコイルに急激に大電流を流すと，素管に誘導電流が流れ，コイルの電流と素管を流れる電流によって両者の間には大きな反発力が生じる．コイルの方を移動しないように固定しておくと，この反発力によって素管が成形される．加工機械には可動部がなく，作業音が低いので，取扱いは容易である．素材は電気良導体に限られ，またコイル寸法の制限から，成形品は小物に限られる．

7.4　塑性変形を利用した接合

　塑性変形は，主に素材の成形に用いられているが，接合にも利用できる．塑性変形を利用した接合は，溶接と比較して接合部の冶金的な変化がなく，接合部の信頼性が向上し，生産性も高く，ガスや煙が発生しないため，環境にも優しく，異種材料の接合にも利用できる利点がある．塑性変形を利用した接合は塑性加工プロセスの中に取り込むことによってコスト低下につながる．塑性変形を利用した接合法には，次に示す固相接合と機械接合がある．

7.4.1　塑性変形を用いた固相接合

　固相接合は，新生面どうしが原子間隔程度に接近し，原子拡散が生じることにより行われる．金属表面は酸化皮膜で覆われているが，図 7.9 のように塑性変形により表面が拡がって酸化皮膜を破壊されると新生面どうしが結合して接合が進行する．このため，高い接触圧力のもとで大きな塑性変形を生じて表面積が拡大するほど接合が進む．また，原子の拡散は温度が上昇するほど活発になるため，塑性変形や摩擦による温度上昇も固相接合を促進する．

(a) 変形前　　　　　　　　(b) 変形後

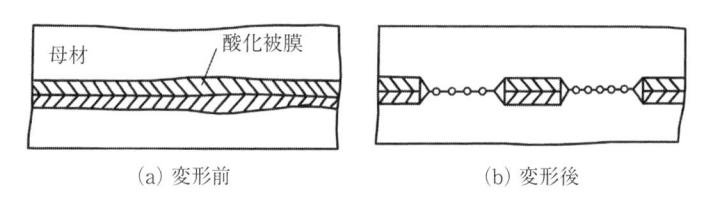

図 7.9　固相接合の機構

(1) クラッド圧延

固相接合の一種である **クラッド圧延** は鋼板の表面に異種材料を接合したクラッド材製造法として活用されている．図 7.10 は，熱間クラッド圧延の方法である．海洋構造物などに用いられるチタンクラッド鋼板は防錆のために耐酸化性のあるチタンを被覆した鋼板であるが，チタンと鉄の金属化合物は強度低下の原因となる．このため，チタンと鋼の板の間に銅箔を挟んで銅の液相温度で圧延する．銅とチタンの金属間化合物が低融点であることを利用して圧延時

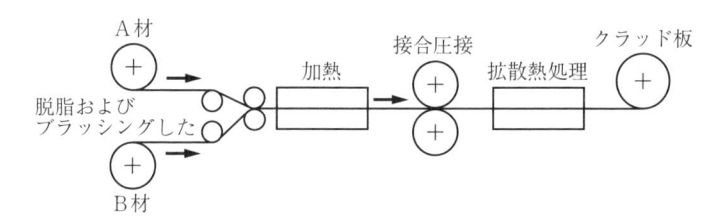

図 7.10　熱間クラッド圧延

に絞り出し，金属化合物が残らないようにした巧妙な方法である．

(2) 摩擦かく拌溶接

摩擦かく拌溶接 (FSW) は，1991 年に英国で開発された固相接合方法の一種である．図 7.11 のように接合工具は被接合材より十分硬さの高い材料でできたプローブといわれる突起

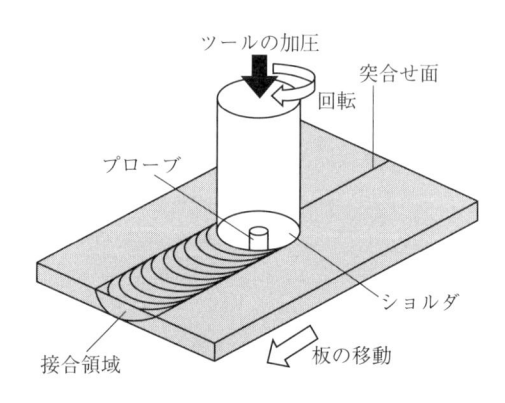

図 7.11　摩擦かく拌接合の原理

と，ショルダといわれる平坦部から成り立ち，この工具を高速回転させてショルダで摩擦熱を発生させ，プローブで材料をかく拌して接合界面を消失させる．この接合法は接合部の信頼度が高く，航空機のアルミニウム合金部品の接合などに用いられている．

7.4.2 塑性変形を利用した機械的接合法

材料の一部を塑性変形させて，金属的な結合をさせることなく二つ以上の部品を形状的に離れないように(機械的に)接合することを**かしめ加工**という．かしめ加工は，図7.12に示すように食料品の缶などの部品の結合に多用されている．

かしめ加工法の多くは，接合される部品の一部に塑性変形を与えるが，図7.13の**リベット加工**では接合用の専用部品(リベット)をプレスなどで塑性変形させて2枚の板を接合する．

ヘミング加工は，5.2.2項で説明したように，板の端末部を180°折り曲げる加工法であるが，図7.14に示すように折り曲げた部分に他の板を挟んで強圧すると，2枚の板を結合することができる．ヘミング法を用いた結合法はドアやフードなどの自動車ア

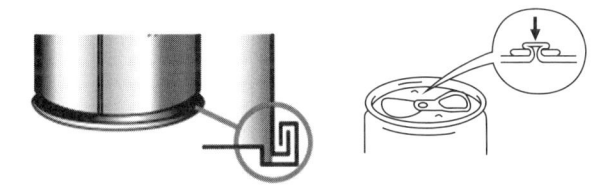

図7.12 缶および金属ボトルにおけるかしめ

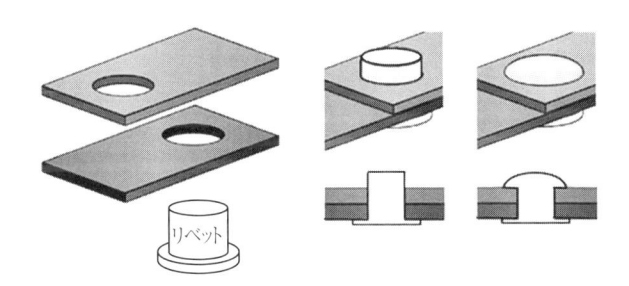

図7.13 リベットによる板の接合

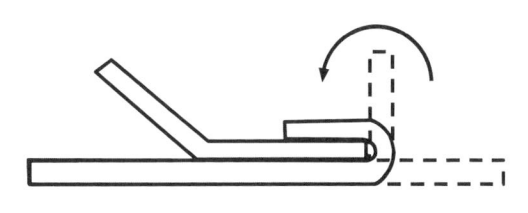

図7.14 ヘミングを用いた板材の塑性接合

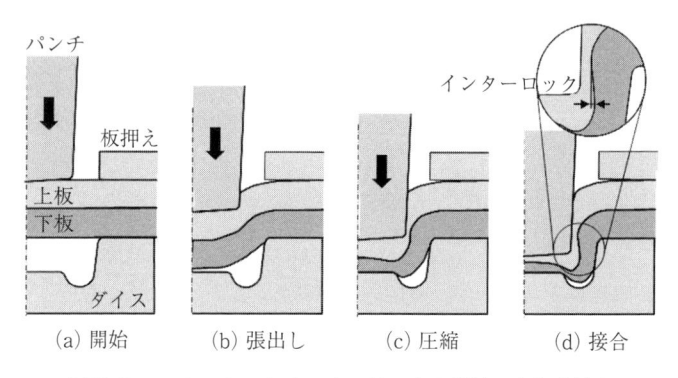

図7.15　メカニカルクリンチングによる板材のかしめ接合

ウターボデー部品の接合法として，板材のプレス成形工程の最終段階で使われている．

メカニカルクリンチングは，図7.15に示すように重ねた板材にパンチを押し込んでダイスによって変形させることによって引っかかり（インターロック）をつくって板材を接合する．メカニカルクリンチングは，プレス成形工程の中に組み込むことができ，自動車用電機機器などの製造に利用されている．

演習問題

1. 粉末成形法の利点と欠点について述べよ
2. 図7.5(b)のように液圧を用いてパイプを成形するとき，パイプを軸方向に圧縮すると大きな変形を生じるが，その理由を説明せよ．
3. 放電成形や爆発成形などのように衝撃波によって成形する方法の加工メカニズムを調査せよ．
4. クラッド圧延が利用できる金属の組合せについて考察せよ．
5. メカニカルクリンチングと似たセルフピアシングリベットについて調査せよ．

第8章　塑性加工用材料

塑性加工によって成形される材料はほとんどが金属材料であり，その中で鉄鋼材料が最も多く使用されている．塑性加工における金属の挙動や加工された製品の材質は，金属の特性によって大きく異なる．本章では，各種の塑性加工用材料の特性や用途について説明する．また，塑性変形や加工硬化，再結晶といった塑性加工と密接な関係がある事項の金属学についても触れておく．

8.1　工業用材料

8.1.1　工業用材料の概要

工業製品の一つとして，自動車を例にとって用いられている材料を考えてみよう．全体の約80％は金属材料であり，車体や部品の多くは普通鋼などの鉄鋼材料が，エンジンの部分にはアルミニウム合金が使用されている．金属材料のほかに，樹脂（プラスチックス），ガラス，ゴム，セラミックス，繊維などの非金属材料も用いられている（図8.1）．

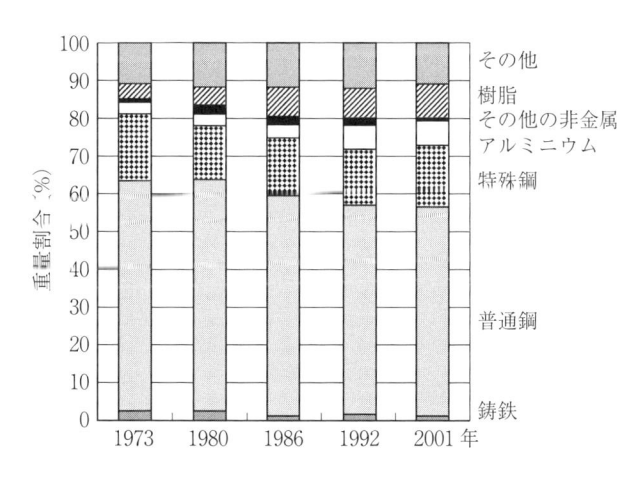

金属材料のうち，全体的に最も多く（重量で約90％）用いられているのは鉄鋼材料である．鉄鋼材料は，普通鋼，特殊鋼，鋳鉄に大別される．普通鋼は，炭素含有量だけを変化させた**炭素鋼**で，炭素含有

図8.1　自動車の材料構成（重量割合）の変遷

量の変化と熱処理の組合せで幅広い特性が安価に得られるため非常に多く用いられている．**特殊鋼**は，合金鋼と一部の高級炭素鋼を含む．**非鉄金属**の中ではアルミニウムが最も多く用いられているが，重量で鉄鋼の2％程度の使用量であり，はるかに少ない．以下，銅，亜鉛，鉛の順であり，他の金属の使用量は重量ではごくわずかである．

非金属材料では樹脂が最も多く用いられており，主に射出成形で加工される．WCやTiCなどの金属炭化物は，金属としての特性をもたず，非常に高強度でもろいものが多い．これらは，粉末のまま固められ，焼結して工具などに用いられる．

8.1.2 炭素鋼

(1) 炭素含有量と組織

炭素鋼は，純鉄に0.02〜2.1％の範囲で炭素を含有した鋼である．図8.2に炭素含有量による機械的性質の変化を示す．炭素量が少ないと強度が低く，伸びや絞りが大きい．0.25％Cまでの炭素鋼は低炭素鋼または軟鋼と呼ばれ，自動車の外板や缶づめ用の缶などに用いられる．0.25〜0.5％Cの中炭素鋼は機械部品などに多用されている．0.5〜2.1％Cの高炭素鋼は，刃物，レール，ピアノ線などに用いられている．

JIS（日本工業規格）では，構造用炭素鋼は炭素含有量により記号が与えられており，S15Cは0.15％炭素含有量の炭素鋼である．

図8.3に，炭素量による焼なまし組織の変化を示す．常温における鉄は炭素を0.02％以下しか固溶せず，これを**フェライト**という．固溶限以上の炭素は，鉄の炭化物である**セメンタイト**

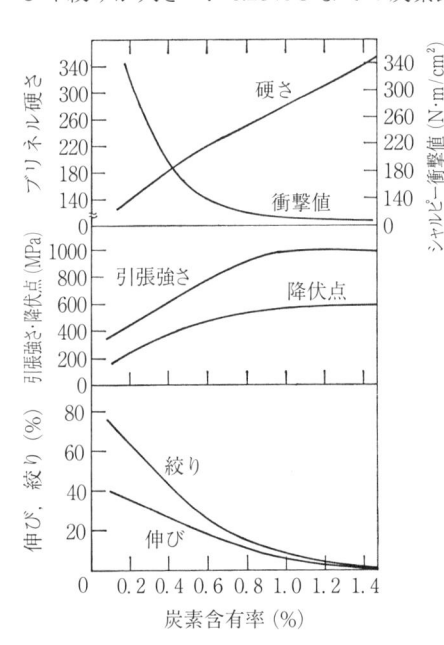

図8.2 炭素鋼の機械的性質と炭素含有量の関係

(Fe₃C)となって析出する．セメンタイトは非常に硬いので，その量の増加とともに材料の強度が高くなる．高温からゆっくり冷却した炭素鋼では，セメンタイトが薄い板状となってフェライトの層と交互に並んだ層状組織をつくる．これが **パーライト** である．約 0.8%C の炭素鋼では，図 8.3 に示すように全域がパーライト組織になる．

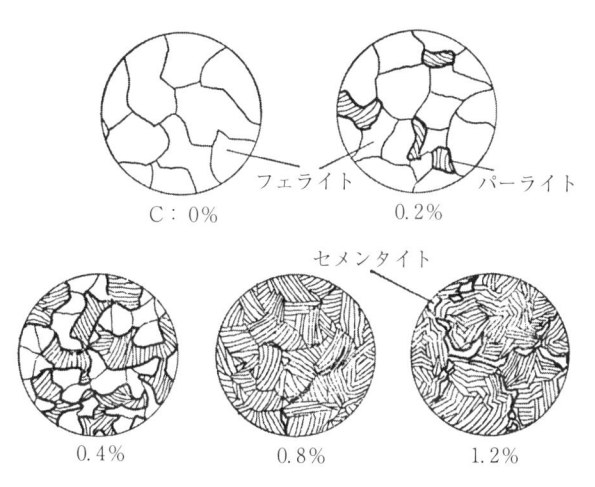

図 8.3 炭素鋼の組織（焼なまし材）の炭素含有量による相違

炭素鋼の熱処理と金属組織の詳細については付録 11 を参照されたい．

（2）ひずみ時効

図 1.7(a) で説明したように，炭素鋼では降伏に伴う応力低下を生じる．塑性変形を受けた炭素鋼試験片を除荷直後に再負荷すると最初の応力-ひずみ曲線に戻るが，時間をおいて再負荷すると **ひずみ時効** を生じて図 8.4 のように再び降伏現象を示す．

ひずみ時効は炭素鋼など限られた鋼種に現れる現象であり，塑性変形の原因となる転位（8.2.2 項参照）の応力場に，溶け込んでいる炭素原子が引き寄せられて集まり転位移動の抵抗になるために生じる．転位が移動開始すると余分な力を必要としなくなり，応力低下を生じる．11.2.2 項で説明する **青熱ぜい性** は塑性変形中にひずみ時効

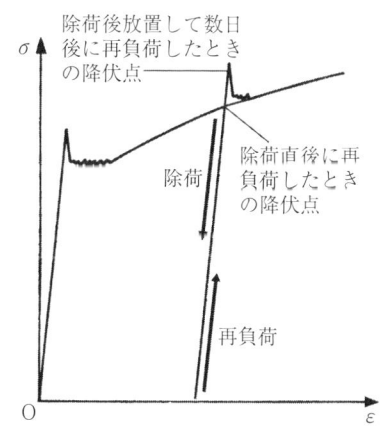

図 8.4 炭素鋼の再負荷における降伏

を生じる現象である．

　降伏に伴う応力低下を生じると，塑性変形が不均一に進行し，低炭素鋼板のプレス加工では**ストレッチャストレイン**という縞模様を生じる．製造後に時間が経った炭素鋼板の場合には，非常に小さい圧下率の**調質圧延**を行い，ストレッチャストレインの発生を防いでいる．

8.1.3 合金鋼

　炭素鋼の欠点を補うように合金成分を加えて材質を改善したものが合金鋼である．合金成分が約10%以下の低合金鋼と約10%以上の高合金鋼があり，次のような目的で合金鋼は用いられる．

(1) 焼入れの均一化

　低い冷却速度で均一に焼きが入るようにした鋼で，Cr鋼，Ni-Cr鋼，Cr-Mo鋼などがあり，歯車，ボルト，ピンなどの機械部品に多く用いられている．

(2) 高い焼入れ強度

　CrやWを含む高合金の工具鋼は焼入れひずみが小さく，焼入れ焼戻し後の硬さが大きい．また，Mo，W，V，Coを含む高速度鋼は，切削工具や冷間鍛造工具として用いられている．

(3) 高強度・高延性

　V，Nb，Tiなどの成分を微量添加した（マイクロアロイ）合金は，熱間圧延や熱間鍛造後の冷却速度の調整だけで，焼入れ・焼戻しを行った材料と同程度の高強度・高じん性を与えることができる**非調質鋼**として自動車用クランクシャフトなどに使用されている．

(4) 耐食性・耐熱性

　Crを13%以上含むCr系ステンレス鋼は，炭素量のごく少ないフェライト系と中炭素のマルテンサイト系に分けられる．Cr系ステンレス鋼にNiを添加すると，耐食性・耐熱性が非常に向上する．標準成分が18%Cr，8%Niの鋼は室温でオーステナイト組織のオーステナイト系であり，18-8ステンレス鋼と呼ばれて台所のシンクなど身近な製品によく使われている．

(5) その他の合金鋼

　以上の合金鋼のほかに，ばね鋼，軸受鋼，浸炭や窒化用の肌焼鋼，快削鋼な

ど，目的に応じて多くの合金鋼が製造されている．

8.1.4 非鉄金属

(1) アルミニウムとその合金

アルミニウム系の材料は軽量で，耐食性のあること，電気や熱の伝導性がよいことから，クッキングフォイル，窓わくなどの家庭用品から航空機部品まで多方面で使用されている．純アルミニウムの強度は低いので，Cu, Mn, Mg, Si, Zn などを数％加え，合金として使用することが多い．

アルミニウム合金の JIS では，添加元素により番号が付けられている．純アルミニウムは A1000 系，Al-Cu 合金は A2000 系，Al-Mn 系合金は A3000 系，Al-Si 合金は A4000 系，Al-Mg 合金は A5000 系，Al-Mg-Si 合金は A6000 系，Al-Zn-Mg 合金は A7000 系である．A2015, A2024, A7075 などは，引張強さが 400〜500MPa に達し，**ジュラルミン**と呼ばれて，航空機などに用いられている．

(2) 銅とその合金

銅は，熱および電気の導体として多く用いられ，また耐食性金属としても工業的によく用いられている．強度はアルミニウムと鋼の中間程度である．純銅は延性に富み，工具との摩擦も低い．銅と亜鉛の合金（黄銅）のうち，亜鉛の含有率が約 35％ までのものを α 黄銅という．これは，変形抵抗が低く，延性があって加工しやすい．亜鉛が 40％ 以上のものは β 黄銅と呼ばれ，引張強さは 500MPa 程度まで向上するが，延性は小さい．

そのほか，青銅 (Cu-Sn)，ベリリウム銅 (Cu-Be) などの銅合金がある．

(3) その他の金属

マグネシウム (Mg) の比重は 2.4 で実用金属で最も軽く，その合金はモバイル機器の筐体などに用いられる．室温ではぜい性であるが，250℃ 程度以上で延性になり，加熱した金型を用いて加工している (6.5.2 項参照)．

チタン (Ti) は，比重が 4.5 と比較的小さく，合金は高強度で耐食性があるので，最近航空機や海水処理装置に多く用いられるようになった．変形抵抗が高く，焼付きやすいが，各種の工夫により板のプレス加工が行われている (6.5.3 項参照)．

ニッケル合金には，ハステロイ (Ni-Fe-Mo)，ニクロム (Ni-Cr)，インコ

84　第8章　塑性加工用材料

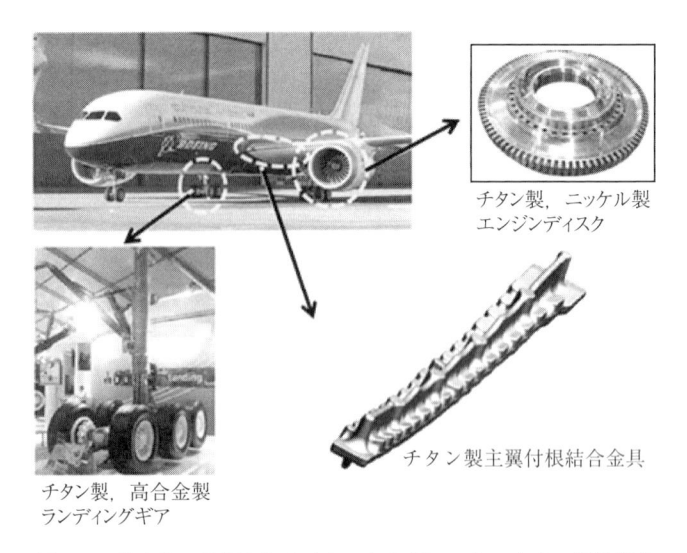

チタン製，ニッケル製
エンジンディスク

チタン製主翼付根結合金具

チタン製，高合金製
ランディングギア

図8.5　航空機に使用されるチタンおよびニッケル合金の鍛造部品

ネル (Ni-Cr-Fe) などの耐熱合金が多く，高強度で難加工性である．

チタン合金やニッケル合金は高価であるため，いままで使用量が少なかった．しかし，チタン合金は鉄系材料の半分の比重であるが，強度が鉄鋼に匹敵するために航空機構造の強度部品として使用されることが多くなった．またニッケル合金は耐熱性があるため，エンジン部品に用いられ，使用が増えている．図8.5に航空機に，使用されるチタンおよびニッケル合金の部品を示す．

8.2　金属の結晶構造と塑性変形

8.2.1　金属の結晶

金属の結晶構造には図8.6のような種類があり，機械的性質は結晶構造によって大きく影響される．

面心立方格子の結晶構造をもつ金属としては，金，銀，アルミニウム，銅，ニッケル，高温における鉄（オーステナイト）などがある．これらは，変形抵抗が低く延性に富んでいるので，薄い板や細い線などに加工しやすい．

体心立方格子としては，室温における鉄（フェライト），Cr，Mo，Wなどがあり，これらは比較的強度が高くて加工しにくい金属である．

稠密六方格子としては，Mg，Zn，Zr，Tiなどがあり，延性が低く，加工が困難である．

通常の金属材料は，図8.7のように10〜100μmの大きさの結晶粒が集まった**多結晶体**である．降伏応力などの特性は結晶方位によって異なるが，各結晶粒がばらばらの方位をもつ場合は全体としては方向性がない等方性を示す．

8.2.2 転　位

塑性変形は，**転位**と呼ばれる結晶の線状欠陥が動くことによって生じる．図8.8(a)は欠陥のない格子であり，この状態で全体の原子を一度に移動させるには，非常に大きなせん断応力を必要とする．

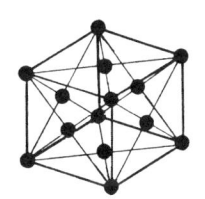

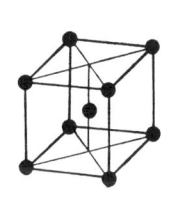

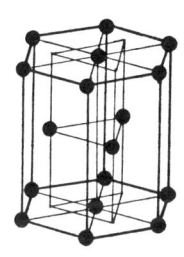

(a) 面心立方格子　(b) 体心立方格子　(c) 稠密六方格子

図8.6　金属のおもな結晶構造

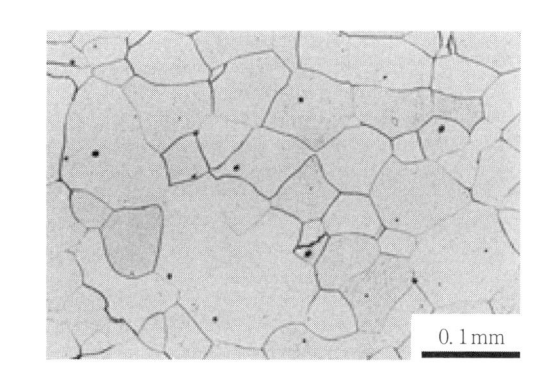

図8.7　多結晶純鉄

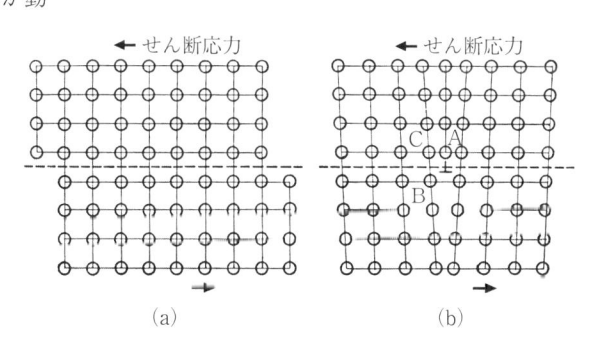

(a)　　　　　　　　(b)

図8.8　転位のモデル

図(b)では原子Aの下の⊥の部分が転位である．この図で原子Bが右に動いてAの下にくると，転位は原子Cの下へ1原子だけ左に動いたことになる．この転位が右から左に通り抜けると全体が1原子（間隔約2Å＝2×10^{-8} cm）

だけずれる．転位は低い応力で移動するため，非常に多くの転位の移動により塑性変形が進行する．

8.3 塑性加工による材質変化

8.3.1 冷間加工による材質変化

塑性変形を生じるためには，多量の転位の移動が必要であるが，ある距離を動いた転位は障害物（粒界，析出物，他の転位）にさえぎられて停止し，次第に蓄積され，転位密度が増加し，その結果材料の強度が増す**加工硬化**を生じる．また，転位の交差により原子レベルの空孔も生じる．

図8.9は，軟鋼の室温における加工度と機械的性質の関係である．硬さ，引張強さ，降伏応力などは加工度とともに増加しているが，絞りや伸びは低下している．このように加工によって延性やじん性が低下するのも転位密度の増大と関係がある．

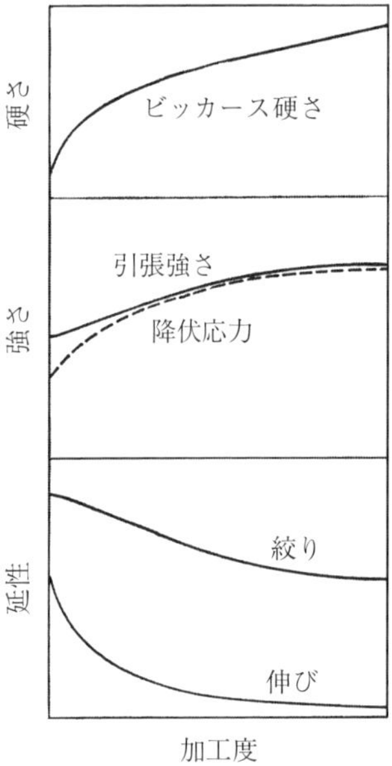

冷間加工により材料を強化することができるため，冷間鍛造などは製品の強化手段として用いられることもある．

冷間加工を積極的に利用して強化する手段として **ECAP**(Equal-Channel Angular Pressing)がある*．ECAPは，図8.10のように，断面積が入口側と出口側で同じ折れ曲がった穴（チャンネル）に素材を押し通す方法である．材料は折れ曲がりを通過するときにせん断変形を受けるが，断面形状は変化しない．この操作を繰り返すことにより，非常に大きな塑性変形を与えることができる．

この方法では，転位増加により結晶粒が細分化されると考えられている．すなわち，金属の強度 σ_y は結晶粒径 d の関数としてホー

図8.9 室温での加工による低炭素鋼の材質変化

＊ A. Azushima et al. : CIRP Annals - Manufacturing Technology, 57 (2008) p. 716.

ル・ペッチの式：

$$\sigma_y = \sigma_0 + Ad^{-1/2} \quad (8.1)$$

により与えられるが，通常 20～100 μm の結晶粒径が ECAP により 1 μm 以下になり，軟鋼やアルミニウムの強度を 2 倍程度にできる．

8.3.2 集合組織と異方性

多結晶金属材料に冷間で塑性変形を与えると，結晶粒の滑りや回転が生じ，ばらばらの方向を向いていた結晶粒が一定の方向に並ぶようになる．図 8.11 は，冷間圧延された軟鋼板の引張試験特性の圧延方向からの角度による差を示す．このように塑性加工によって生じた方向性をもつ組織を **加工集合組織** と呼ぶ．これを再結晶させると，別の集合組織になることが多く，**再結晶集合組織** と呼んでいる．

集合組織が生じると，材料の強度や磁気的性質に方向性をもつ **異方性** を生じる．たとえば，変圧器のコアに用いられるケイ素鋼板は磁気異方性を生じさせて効率を高めるようにしている．深絞り用鋼板は深絞りによる板厚の変化を少なるように強度の異方性（**塑性異方性**）を生じさせて加工限界を向上させるようにしている〔式 (6.4) 参照〕．

8.3.3 残留応力

外力の作用していない物体の内部に生じている応力が **残留応力** であり，物体が不均一に塑性変形を生じることにより発生することが多い．塑性加工では，冷間加工の最終段階における除荷時の不均一な弾性変形や，熱間加工後の不均一な冷却な

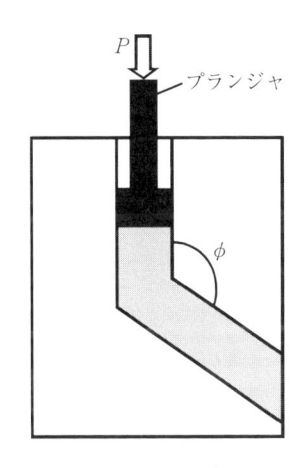

図 8.10　ECAP 加工

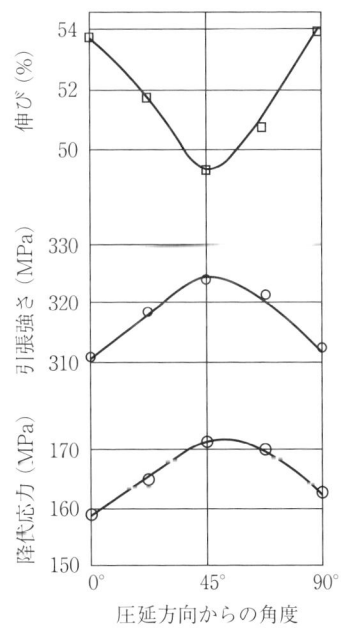

図 8.11　冷間圧延された軟鋼板の引張試験特性の異方性

どによって残留応力が発生する．

図 8.12 は，静水圧押出しされた銅棒の残留応力分布である．表面では，円周方向および軸方向に引張残留応力が生じている．表面の引張残留応力は，疲労強度を低下させたり，応力腐食割れや時期割れ（塑性加工したあと放置している間に生じる割れ）を誘起したりしやすい．

調質圧延やショットピーニングのように表面を局部的に塑性変形させる加工を施すと，表面に圧縮残留応力が生じるため，疲労強度が向上する．

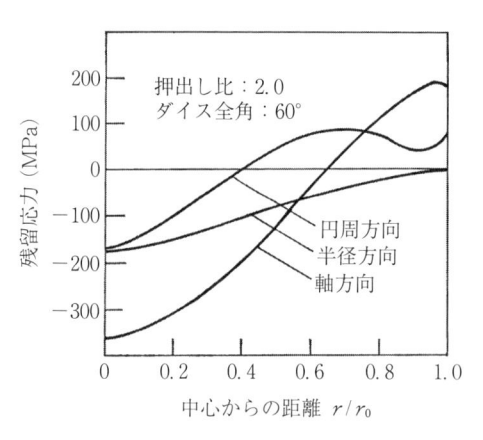

図 8.12 静水圧押出しされた銅の丸棒における残留応力

残留応力は，あまり高くない温度（鋼では 400℃ 程度）に加熱することによって除去することができる．また，全体に軽度の塑性変形を与える引張矯正やローラレベリングで残留応力を低減できる（5.3 節参照）．

8.3.4 回復と再結晶

加工硬化した材料を高温で一定時間加熱すると，材料は軟化し，強度はほぼ元に戻る．図 8.13 は，冷間加工材の焼なましによる材質変化を模式的に表したものである．**回復**の過程では機械的性質に大きな変化はないが，電気抵抗のような物理的性質は変化する．これは空孔が消滅したり，転位の再配列が生じたりすることに対応している．

さらに温度を上げると，転位は密度を低下させながらより安定な配列に進み，新しく**再結**

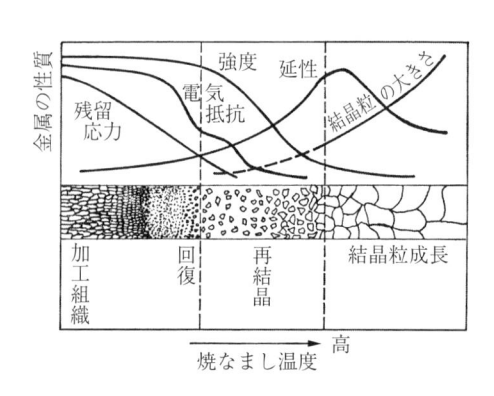

図 8.13 焼なましによる材質の変化

晶の核が生じる．そして，それが成長して再結晶組織になる．再結晶後の結晶粒の大きさは，加工度や加熱温度によって変化するので，これらを適当に選択することによって結晶粒の大きさの調整を行うことができる．

8.3.5 熱間加工における材質変化

熱間加工では加工中に新しい結晶になる再結晶が起こるので，加工硬化は残らない．しかし，再結晶粒の大きさは元の結晶粒の大きさと異なるので，鋳造組織におけるような粗大結晶を細かくすることができ，延性やじん性を向上させることができる．また，巨視的な空孔を圧着したり，成分の不均一分布を拡散によって均一化したりするといったことにも高温の塑性変形は有効に作用する．

しかし，高温では材料の表面のみならず，表面近傍の粒界や炭素なども酸化されることによって表層の材質が劣化することもあり，また，加工後の冷却の不均一による残留応力が発生することもあるので注意を要する．

8.3.6 加工熱処理

塑性加工と熱処理を組み合わせて新しい効果を得るのが加工熱処理である．鍛造では，熱間鍛造後そのまま焼入れを行い，加熱回数を減らす**鍛造焼入れ**が採用されている．**オースフォーミング**は，図8.14に示すようにA_1変態点（800〜850℃）以上から焼入れの途中の段階（準安定オーステナイト領域）で加工を施したあと，焼入れを完了させる方法で，合金構造用鋼や熱間工具鋼の強度とじん性の両方を高めることができる．

熱間圧延の最終温度を750〜800℃の低温にすることにより，5μm程度の微細な結晶粒径にして強度とじん性を向上させている．この方法は**制御圧延**と呼ばれており，低温でのじん性が重要な大口径の油送用鋼管の製造で実用化されている．

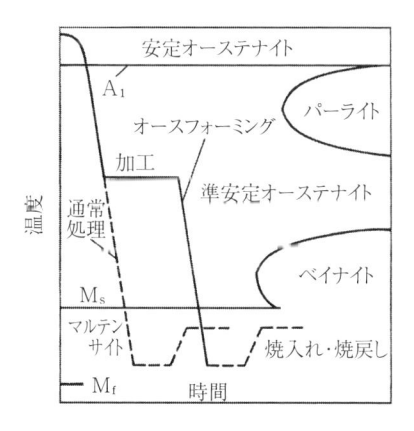

図8.14 オースフォーミングと通常処理の比較

演習問題

1. 実用金属では炭素鋼の使用量が圧倒的に多いが，その理由を考察せよ．
2. アルミ合金を分類して，その特性を調べよ．
3. 加工硬化を利用した塑性加工製品を調査せよ．
4. 2種類の金属を内部と外部に組み合わせたような複合材料には，どのような用途があるか考察せよ．
5. 制御圧延により材質が向上する原因について調査せよ．
6. 乗用車の軽量化のために材料面からの取組みについて調査し，おのおのの得失について説明せよ．

第9章 塑性加工における潤滑と摩擦

 塑性加工では，工具と素材は非常に高い圧力で接しながら滑っている．工具と素材の間の潤滑状態が良くないと，素材が工具に焼き付いて，加工が不可能になったり，加工力や加工エネルギーが高くなったりする．摩擦，潤滑，焼付きに関する学問分野をトライボロジーというが，本章では，塑性加工におけるトライボロジーについて説明する．

9.1 金属表面の構造と接触状態

 金属表面近傍を詳しく見ると，図 9.1 のモデルのように表面を工作するときにできた加工硬化層のほか，大気中の酸素と化合して生じた酸化物の層，ガスや油などを吸着した層があると考えられている．

 鏡面に磨かれた工具表面の粗さの波の高さは $0.01 \sim 0.1\,\mu\mathrm{m}$ 程度であり，素材表面は平担なように見えても $1 \sim 10\,\mu\mathrm{m}$ 程度の凹凸がある．二つの固体が押し付けられるとき，図 9.2 に示すように表面の凸部だけが**真実接触**する．通常の機械部品の接触では真実接触部の面積は見かけの接触面積の $0.01 \sim 1\%$ 程度であるが，塑性加工では $20 \sim 80\%$ になっている．潤滑剤が両面の間にあるときには，閉じ込められた潤滑剤の圧力で接触力を支える．

 高い圧力で接触している 2 面が相対的に滑ると摩擦力が生じる．図 9.2 のモ

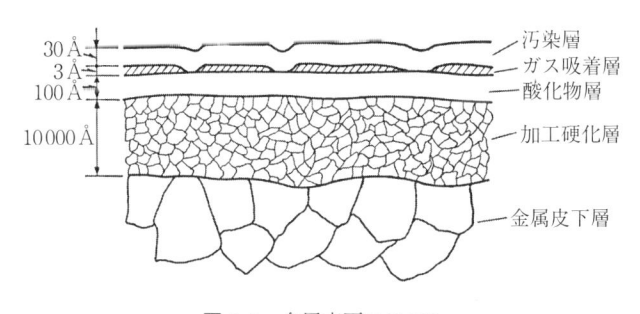

図 9.1　金属表面のモデル

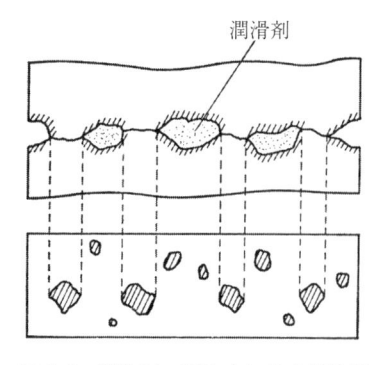

図9.2 潤滑剤の閉込めと真実接触部

デルで真実接触率を β，真実接触部での摩擦応力を τ_s，潤滑剤の部分の摩擦応力を τ_h とすると，見かけ上の摩擦応力 τ_f は次のように表示される．

$$\tau_f = \beta\tau_s + (1-\beta)\tau_h \qquad (9.1)$$

通常，潤滑剤のせん断応力は非常に小さく，$\tau_h = 0$ とみなせ，摩擦応力は接触面積率 β に比例する．

9.2 潤 滑 剤

9.2.1 液体潤滑剤

(1) 形　態

塑性加工用の液体潤滑剤には水溶性潤滑剤と油性潤滑剤がある．**水溶性潤滑剤** は，工具冷却を重要な目的とし，潤滑性や防錆性をもつ添加剤を乳化剤などで水に分散させて用いる．**油性潤滑剤** は，鉱油をベースとして，摩擦低減効果をもつ添加剤を加える．

(2) 境界潤滑

真実接触部の摩擦を低減するため，液体潤滑剤には **境界潤滑膜** を生じる油性剤を加えてある．油性剤は高級脂肪酸（ステアリン酸など）や高級アルコールなどであり，金属表面に強固に結合して図9.3のように規則正しく並んだ数十 Å（$1\text{Å} = 10^{-10}$ m $= 0.1$ nm）程度の層をつくり，これが金属の直

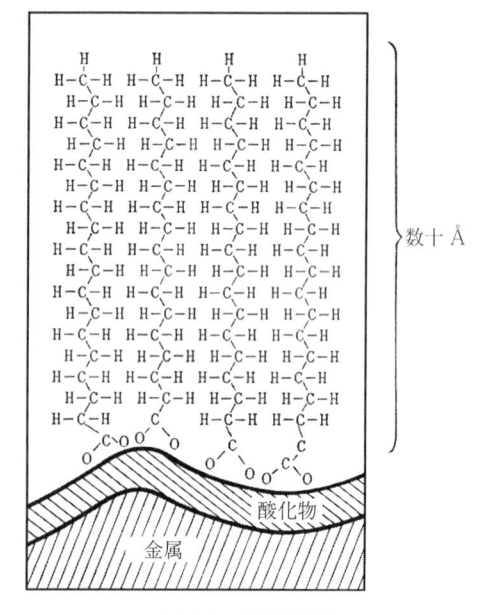

図9.3 境界潤滑膜

接接触を妨げ，摩擦を低くする．境界潤滑膜は200℃程度以上の温度になると分解して，潤滑作用が失われる．

(3) 極圧添加剤

塑性加工では高い接触圧力で滑って温度が上昇するため，油性剤だけでは不十分であることが多い．そこで，リン(燐)などの化合物である**極圧添加剤**を加える．極圧添加剤は摩擦面の温度が上昇したときに分解し，金属表面と反応してせん断力の小さい皮膜となって摩耗，焼付き，融着を防止する．

境界潤滑添加剤と極圧添加剤を加えた油の一般的傾向を図9.4に示す．油性剤が効果を失う温度あたりから極圧添加剤が作用するようになる．

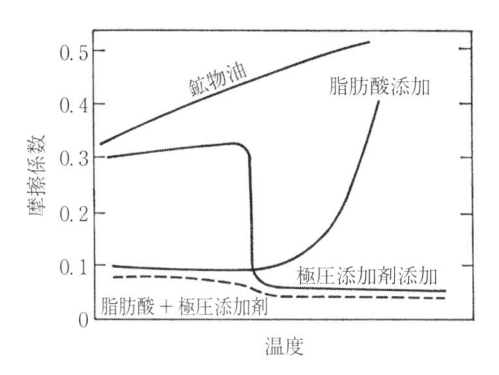

図9.4 各種添加剤の効果(バウデンら[*1])

9.2.2 固体潤滑剤

塑性加工用の**固体潤滑剤**には，黒鉛，二硫化モリブデン，鉛などの軟金属，ポリエチレンなどの高分子化合物，金属石けんなどがある．

黒鉛は，昔から熱間鍛造用潤滑剤として使用されている．黒鉛は，図9.5に示すような層状構造をもっており，層間の結合力が弱いために，せん断力が加わると容易に滑り，潤滑作用をする．

二硫化モリブデンも層状構造で低摩擦であり，耐熱性と高い耐荷重性をもつため，高温・高荷重下で使用される．

鉛や高分子材料(ポリエチレン，テフロンなど)は，強度が低い固体潤滑剤として使

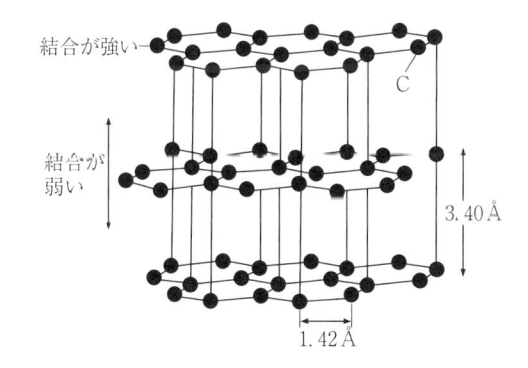

図9.5 黒鉛の結晶構造

[*1] F.P.Bowden and D.Tabor(曾田 訳)：固体の摩擦と潤滑，丸善(1961).

用される．

　Ca, Na などの金属を脂肪酸分子に結合させた**金属石けん**（白色固体状粉末）は銅線の引抜きなどに使用される．金属石けんは，室温下でも強度の低い固体であるので，摩擦が低く良好な潤滑性を示す．摩擦低減の手段として金属表面にリン酸塩やしゅう酸塩の**化成皮膜**をつくることもある．化成皮膜は多孔質であり，金属石けんなどを捕捉して潤滑効果を高める（4.4.1項参照）．

　鋼の熱間押出しに用いられる**ガラス潤滑剤**は，成分に応じ400～2000℃の温度域で適度な粘度をもち，室温では固体であるが，高温では液体潤滑剤として働くとともに工具に対する断熱材の機能をもつ（3.2.3項参照）．

9.2.3　潤滑剤の使用温度

　図9.6に，代表的な潤滑剤の使用温度域を示す．液体潤滑剤は，添加剤を入れても250～300℃が耐熱限界である．ただし，熱間圧延のように高温の素材との接触がごく短時間であれば，室温の工具に付着させて使用できる．

　黒鉛などの固体潤滑剤は200～700℃，ガラスなどの固体潤滑剤は500～1500℃が耐熱限界である．

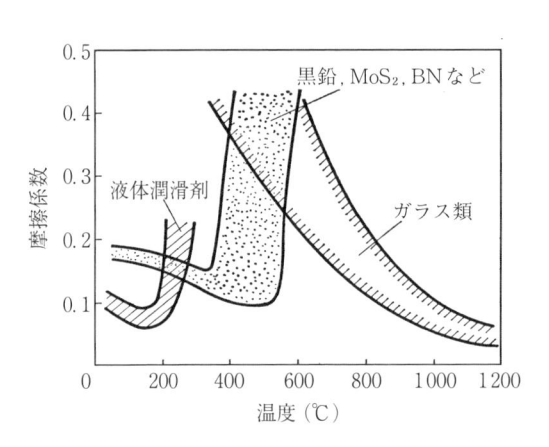

図9.6　代表的な潤滑剤の使用温度域

9.3　流体潤滑機構

9.3.1　表面の凹部への閉込め

　図9.7のように，粗い表面の素材が工具と接触すると，潤滑剤が凹部へ閉じ込められ圧力を発生し，真実接触率を下げる．潤滑剤を閉じ込めやすくして潤滑効果を良くするため，素材表面を酸洗などで粗くしたり，工具表面に浅い凹部を設けることがある．

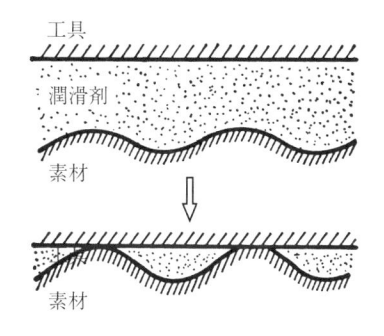

図 9.7 凹部への潤滑剤の閉込め 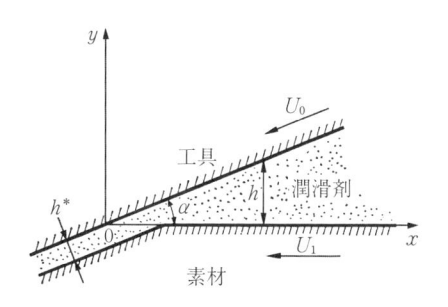　　図 9.8 くさび効果による潤滑

9.3.2 くさび効果

引抜きや圧延などでは，図 9.8 に示すように工具と素材の表面が角度をもって近づく．潤滑剤は表面の動きに引きずられ，隙間に引き込まれる．流体力学の**くさび効果**による潤滑剤の圧力が工具と素材の接触圧力に達すると，潤滑油が両面の間に入る．工具速度 U_0，素材速度 U_1，くさび角 α，潤滑剤の粘性係数 η の場合，素材と工具の接触圧力を p_0 とすると，潤滑膜厚さ h^* は次式で計算される．

$$h^* = \frac{3\eta(U_0+U_1)}{p_0 \tan\alpha} \tag{9.2}$$

潤滑膜厚さは速度 $\eta(U_0+U_1)$ に比例する．

9.3.3 絞り膜効果

圧縮加工のように平行な 2 面が近づくとき，挟まった潤滑剤が絞り出されて，図 9.9 に示すように流体力学の**絞り膜効果**により圧力が発生する．作用

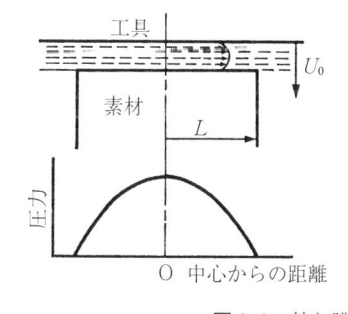

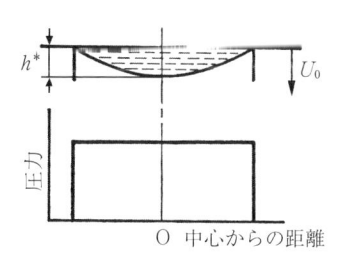

図 9.9 絞り膜効果による潤滑

する潤滑剤の圧力が素材の塑性変形圧力 p_0 より高くなると塑性変形が始まり，潤滑剤が閉じ込められる．平坦な工具で幅 $2L$ の素材を速度 U_0 で圧縮する場合，閉じ込められる潤滑膜厚さ h^* は

$$h^* = \sqrt[3]{\frac{6\eta U_0 L^2}{p_0}} \tag{9.3}$$

となり，$(\eta U_0)^{1/3}$ に比例して厚くなる．

9.3.4 流体潤滑の速度効果

図9.10に，液体潤滑剤の摩擦の速度依存性を示す．速度が低いと潤滑膜が薄く，**境界潤滑**状態である．速度増加とともに潤滑膜が厚くなって真実接触率が下がる領域を**混合潤滑**と呼ぶ．さらに高速では，両面が液体で完全に離され，速度とともに粘性抵抗が増加する**流体潤滑**になる．ほとんどの塑性加工は境界潤滑または混合潤滑領域で行われている．

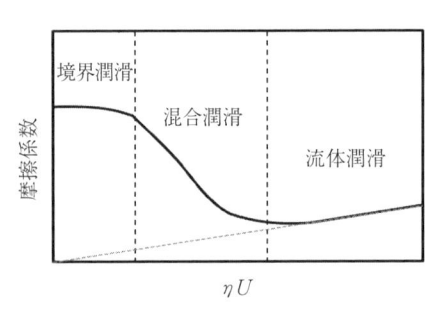

図 9.10　液体潤滑剤の摩擦係数の速度依存性

9.4 摩擦法則

9.4.1 クーロン摩擦

平坦に見える表面であってもわずかな凹凸がある．2物体を押し付けると，凸部だけが接触して，軟らかい方の材料が硬い方の材料表面によって押しつぶされ，一部だけで真実接触をする．図9.11に示すくさびの押しつぶしに関する滑り線場（付録22参照）や実験によると，真実接触部の接触圧力 p_0 は変形抵抗 $\bar{\sigma}$ の 2.5～3 倍である．

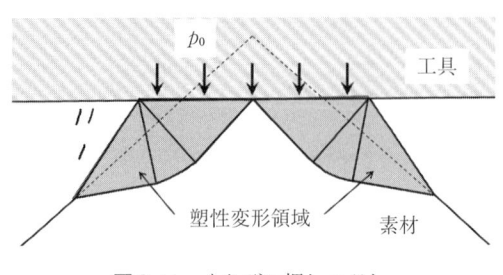

図 9.11　くさびの押しつぶし

$$p_0 = (2.5 \sim 3)\bar{\sigma} \tag{9.4}$$

真実接触部の割合 β は平均面圧 p と真実接触部の圧力 p_0 との比として求まる.

$$\beta = \frac{p}{p_0} \tag{9.5}$$

この接触状態で2面が滑るとき,摩擦応力 τ_f は β および真実接触部のせん断応力 τ_s に比例するため,平均圧力が p によらず**摩擦係数** μ が一定の**クーロン摩擦則**が得られる.

$$\tau_f = \beta \tau_s = \frac{p\tau_s}{p_0} = \mu p \quad \left(\mu = \frac{\tau_s}{p_0}\right) \tag{9.6}$$

9.4.2 塑性加工中の摩擦

上のクーロン摩擦法則は,凸部先端部だけが塑性変形をする場合には理論的に説明できる.しかし,全域が塑性変形をする塑性加工でクーロン摩擦が成り立つことは保証されない.塑性加工解析でクーロン摩擦条件を適用する場合,摩擦応力 τ_f はせん断変形抵抗 k を超えることはできないため,$\mu p > k$ の高圧では $\tau_f = k$ と仮定する.

$$\left. \begin{array}{l} \tau_f = \mu p \quad (\mu p \leq k) \\ \tau_f = k \quad (\mu p > k) \end{array} \right\} \tag{9.7}$$

この摩擦条件を圧力と摩擦応力の関係として表したものが図9.12(a)である.

第16章で説明する上解法では,図9.12(b)のように摩擦応力が接触圧力によらず一定であると仮定する必要があり,次式を用いることが多い.

$$\tau_f = mk \quad (0 \leq m \leq 1) \tag{9.8}$$

ここで,m は**摩擦せん断係数**である.

クーロン摩擦則は低面圧では実験と一致するが,高い面圧において摩擦応力

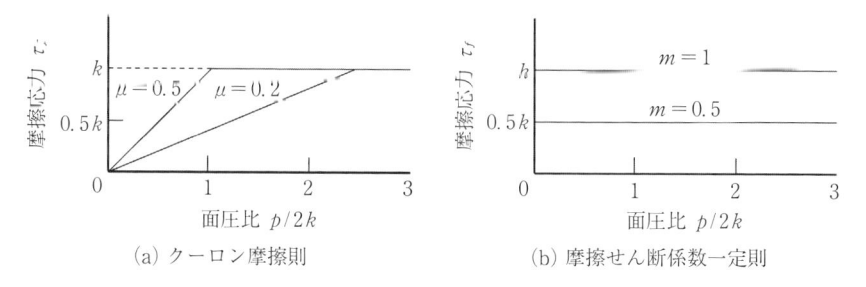

(a) クーロン摩擦則

(b) 摩擦せん断係数一定則

図9.12 摩擦応力の圧力依存性

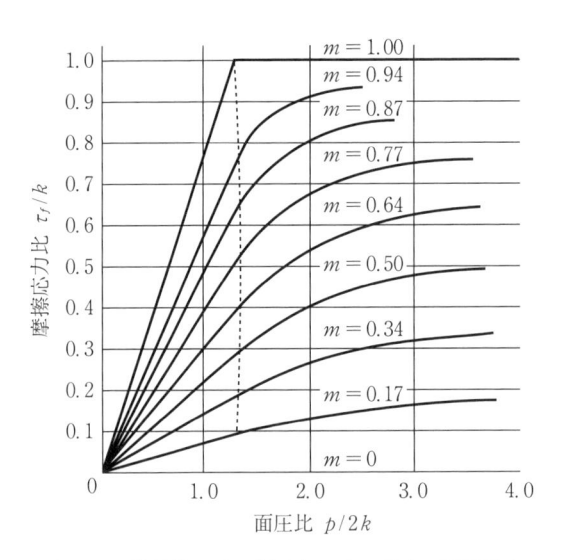

図9.13 接触部のせん断応力一定の場合の面圧比と摩擦せん断応力の関係

が材料のせん断変形抵抗に達するとは限らない.一方,摩擦応力一定の場合,面圧が非常に低いときでも高い摩擦応力を生じるという仮定は実験結果とは一致しない.

Bayら[*2]は,くさびの押しつぶしにおいて真実接触部でのせん断応力 τ_s を mk 一定,摩擦応力 τ_f は接触面積率 β に比例すると仮定して,滑り線場法(付録22参照)により摩擦応力 τ_f と接触面圧 p との関係を計算した(図9.13).その結果,面圧比 $p/2k=1.3$ 以下では摩擦係数 $\mu=\tau_f/p=$ 一定となり,$p/2k=3$ 程度以上では摩擦せん断応力は $\tau_f=mk=$ 一定に近づき,より実際に近い摩擦応力の圧力依存性とみられる(付録12 摩擦の測定法参照).しかし,この理論も突起部だけでなく母材が大きな塑性変形をする場合には保証されない.

9.5 凝着と焼付き

潤滑膜が切れ工具表面に被加工物が**凝着**すると**焼付き**が生じる.焼付きに至る過程では,工具表面への移着層の発生,成長および脱落の3段階がある.局部的な表面移着層の形成機構に関しては,図9.14に示すようなモデルがある.真実接触面で原子間引力による凝着を生じて相対的な変位があると,図(a)のように局部的な塑性変形を生じ,軟らかい方の材料が移動して,図(b)のようなウェッジと呼ばれる接合部が形成され,その部分がせん断されて図

[*2] N. Bay and T. Wanheim : Wear, 38 (1976) p. 201.

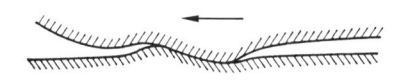

(a) 接合部における塑性変形

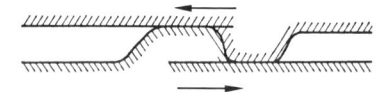

(b) 両突起のせん断変形によって形成されるウェッジ

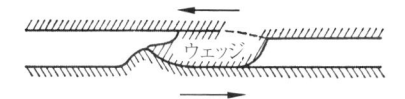

(c) 一方のせん断変形によって形成されるウェッジ

図 9.14 焼付き発生のモデル

表 9.1 18-8 ステンレス鋼新生面と各種工具表面処理との摩擦係数と焼付き*3

	摩擦係数	焼付き
冷間工具鋼	0.54	Ⅳ
超硬合金	0.56	Ⅳ
窒化	0.5	Ⅲ
TiC 皮膜	0.51	Ⅲ
CrC 皮膜	0.62	Ⅲ
VC 皮膜	0.51	Ⅲ
NbC 皮膜	0.36	Ⅲ

〈焼付き面積率〉 Ⅰ：0〜20%, Ⅱ：20〜40%, Ⅲ：40〜60%, Ⅳ：60〜80%, Ⅴ：80〜100%

(c)に示すような移着物が生成される．一度このような部分ができると，そこに新しい被加工材が接して移着が生じ，焼付きが進行する．

通常，工具は塑性変形を生じないので，わずかな工具の凹凸が凝着の起点になる．焼付きの発生は，工具材質と素材材質の組合せ，面圧，表面積増加割合，温度，素材表面粗さ，滑り距離など種々の要因の影響を受ける．

表 9.1 は，リング拘束式摩擦試験(付録 12 参照)で得られた，18-8 ステンレス鋼の新生面と各種の処理を行った工具面との滑りでの摩擦係数と焼付きの程度である．工具表面処理によって摩擦係数や焼付きの程度が異なることがわかる．最近，潤滑剤なしのドライ加工や水だけによる冷却が望まれるようになり，焼付きを防ぐ新しい工具被膜処理が開発されている(10.5 節参照)．

9.6 工具摩耗

摩耗現象は複雑であるが，塑性加工用工具の摩耗は **凝着摩耗** と **アブレシブ摩耗** がほとんどである．凝着摩耗は，凝着部において相手材料に原子が拡散・移動することにより進行し，接触温度が高くなるほど顕著になる．アブレシブ

───────
*3 小坂田宏造, 村山文明：塑性と加工, **26**, 265 (1983) p.195.

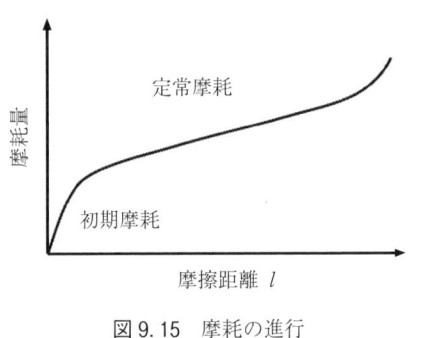

摩耗は，砥石による研磨のように硬い材料が軟らかい材料を削りとることによって速い速度で進行するもので，砂粒などの硬質の粉塵がある場合に生じる．

摩耗量 W を摩擦距離 l で整理すると，図 9.15 のように最初に摩耗が急速に進行したあと，一定の摩耗速度になる．最初の部分を

図 9.15 摩耗の進行

初期摩耗，傾き一定の部分を **定常摩耗** と呼ぶ．定常摩耗での摩耗量（体積）は，荷重 P と摩擦距離 l が増すほど，また，材料の押込み硬さ（11.4.3 項参照）H が小さくなるほど増加する．定常摩耗についての **ホルムの式** は次のように表される．

$$W = K\frac{Pl}{H} \tag{9.9}$$

ここで，K は **摩耗係数** である．この式は摩耗の原因によらずに適用される．

冷間塑性加工では，合金工具鋼（SKD-11 など）や高速度鋼（SKH-51 など）などの硬さの高い工具鋼が使用されるが，さらに耐摩耗性を高めるために，より硬さが高い WC 系超硬合金やセラミックスを採用することもある（10.4 節参照）．

潤滑が良くなって真実接触率が低下すると，工具表面の 1 点を素材表面が直接接触をしながら滑る摩擦距離は小さくなるため，潤滑を良くすることにより摩耗量を低減できる．一般に，境界潤滑から混合潤滑や流体潤滑に移行させることによって，摩擦係数は小さくなり，それに対応して摩耗量が減少する．

9.7 塑性加工後の表面粗さ

9.7.1 自由表面の粗さ

素材が塑性変形をすると，工具に接触していない自由表面は変形量の増大とともに表面粗さが増大する．図 9.16 は，アルミニウム合金を変形させた場合の **自由表面** と塑性ひずみの粗さの関係である．変形様式の違いによって **表面**

粗さの増加割合は異なるが，粗さはひずみ ε の増加とともに直線的に増加する．また，表面粗れは材料の結晶粒径 d に比例することが知られており，自由表面の変形後の中心線平均粗さ R_a は次のような実験式で示される．

$$R_a = cd\bar{\varepsilon} \tag{9.10}$$

定数 c はアルミニウム合金では 0.4〜0.5，低炭素鋼で 0.3 程度である．

自由表面の粗さは，結晶粒ごとの変形状態の相違に起因する．自由表面粗さを小さくするには，結晶粒の小さい素材を用いるとよい．

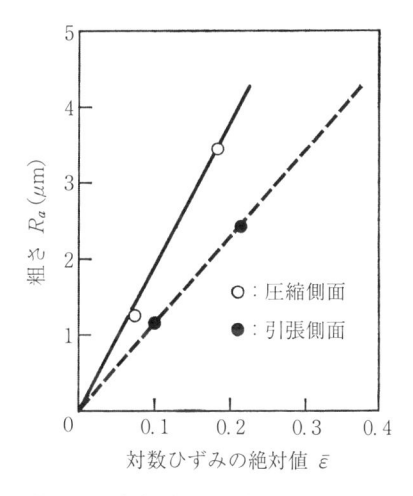

図 9.16 自由面の粗さ変化（5052 アルミニウム，結晶粒径 40 mm）

9.7.2 工具表面に拘束される場合の製品表面

最初の素材表面が平坦で，厚い潤滑膜を生じるときには，素材表面は自由表面と同様に変形とともに粗くなる．素材表面の一部が工具と接触して拘束されるようになると，潤滑膜厚さ程度の凹凸の粗さになる．最初の素材表面が粗いと，加工初期に工具表面による拘束が始まり，潤滑膜厚さ程度の粗さになる．

塑性加工では工具と接触している素材表面積は増加することが多いが，その場合には変形進行とともに潤滑膜が伸ばされて薄くなり，表面粗さは小さくなる．

図 9.17 は，ダイスと素材の間に厚い潤滑剤が導入される静水圧押出しを行った場合の変形域表面の粗さ変化を示す．素材表面は 60 μm 程度の粗さであるが，変形が進むとともにダイスによって平坦化されて表面粗さ

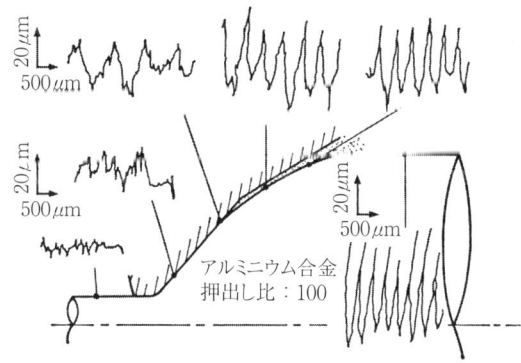

図 9.17 静水圧押出しにおける表面粗さ変化

は小さくなり，製品の表面では5μm程度になっている．

工具表面粗さを素材に**転写**することにより，製品に望みの粗さを与えることもある．ステンレス板やアルミ箔の場合には，圧延のままで光沢のある表面やくもり（ダル）面にするため，調質圧延によりロール表面の微細な凹凸を製品に転写している．コインなどの製造に用いられるコイニングでも表面粗さの転写が意識的になされている．

塑性加工中の工具と素材間に潤滑剤が挟まっていると，素材表面は潤滑膜厚さ程度の粗さになるため，転写には非常に薄い潤滑膜が不可欠である．一般に，工具面での摩擦が低く，接触圧力が高く，素材表面近傍の塑性ひずみが大きいと転写が促進される．こうしたことから，粘性係数が低く，境界潤滑性能によって摩擦を低下させるような潤滑剤を用いて転写加工が行われている．

演習問題

1. 圧延において，図9.18のように素材がロール間にかみ込まれるためには，摩擦力による水平方向の力がロール反力によるそれより大きくなければならない．摩擦係数がμのとき，かみ込み限界の角度θを求めよ．
2. アルミニウム板の圧延では，粘度のごく低い油を潤滑剤として用いているが，その理由を調べよ．
3. 式(9.2)を用い，アルミニウムの伸線において生じる潤滑膜厚さを推定せよ．ただし，$p_i=0$，$p_0=200\,\mathrm{MPa}$，$U_0=0$，$U_1=10\,\mathrm{m/s}$，$\alpha=5°$，$\eta=1$ポアーズ($=\mathrm{Pa\cdot s}$)とする．
4. 熱間鍛造用の潤滑剤に求められる特性を調査せよ．
5. 塑性加工において，摩擦は加工力や加工エネルギーを増加させるために摩擦低減の努力がなされているが，摩擦を積極的に利用する塑性加工の事例を挙げよ．

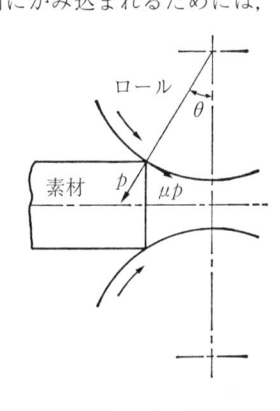

図9.18

第10章 塑性加工機械と工具材料

　塑性加工では，プレスのような加工機械に上下一対の工具（金型）を取り付けて素材に力を加え，工具形状に沿って変形させるのが一般的である．加工に要する力はきわめて大きいので，加工機械の剛性や工具の強度が重要である．また，工具にも非常に高い加工圧力が加わるため，強度の高い工具材料が不可欠である．この章では，塑性加工機械と工具材料について説明する．

10.1　ハ ン マ

　最も古い塑性加工は，石器を手にもって金属を打撃することによったものと考えられている．その後，より重いハンマを動かすため，家畜の力や水力を利用した（図10.1）．産業革命以後に，他の機械と同様に蒸気などの動力を利用するようになった．ハンマ

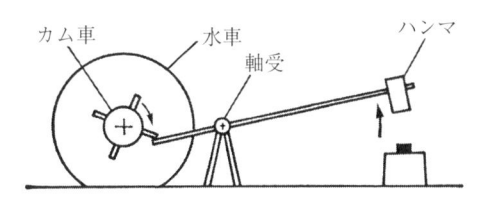

図10.1　テールハンマ

の加工原理は，ハンマの運動エネルギーを素材の変形エネルギーに変換することにあり，ハンマが素材に衝突したあと，ある距離だけ動いて止まる．

　現在のハンマは，圧縮空気，油圧あるいは機械力を用いてハンマをもち上げたり加速したりしており，次の3形式に大別できる（図10.2）．
　(a) 重力だけによる自由落下ハンマ（**ドロップハンマ**）
　(b) 外力を加えて加速落下させる加圧式ハンマ（**空気ドロップハンマ**）
　(c) 上下のラムを相打ちさせる**相打ちハンマ**

　以上のハンマの速度は，通常3〜7 m/s程度で，多数回の打撃で成形する．高速鍛造に用いられる**高速ハンマ**は，高圧空気を用いてハンマを発射し，10〜30 m/s程度の高速を出すようにしたものであり，大きなエネルギーによって1回の打撃で成形する．

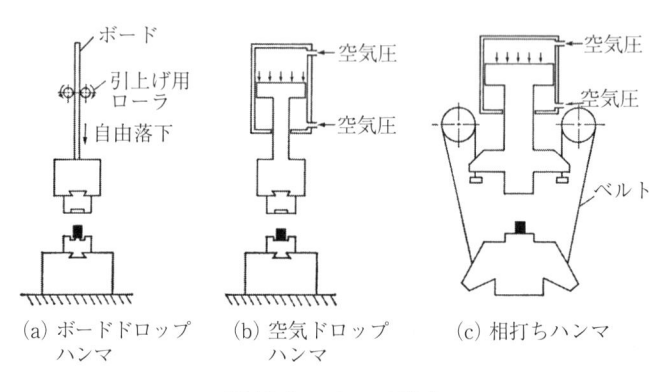

(a) ボードドロップ　　(b) 空気ドロップ　　(c) 相打ちハンマ
　　ハンマ　　　　　　　ハンマ

図10.2　ハンマの形式

　ハンマは，素材と工具の接触時間が短く温度変化が小さいこと，小型・安価な機械により大型の製品が加工できることなどの理由によって，少量生産の熱間の自由鍛造や型鍛造に広く用いられている．しかし，騒音や振動が大きいことから，最近では次第にプレスを用いることが多くなっている．

10.2　液圧プレス

　水や油などの高圧液体を図10.3(a)のようにシリンダの中に導き，ラムを駆動する形式のプレスを**液圧プレス**と呼ぶ．液圧プレスの出力（最大加圧力）は，図(b)のように全ストロークで一定にすることができる．加工ストロークの長い機械をつくることができるため，

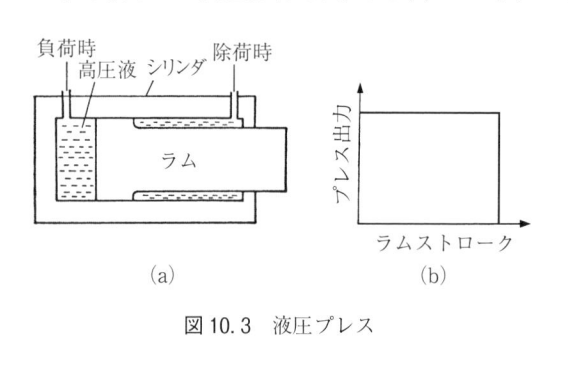

図10.3　液圧プレス

液圧プレスは長尺物の押出しなどに広く使われている．
　液圧プレスでは，液圧を上げたりシリンダの径を大きくしたりすることによって非常に大きな力を発生させることができるので，50 MN (5 000 tonf) 以上の超大型の鍛造プレスには液圧プレスが多く用いられている．図10.4 は，140 MN (14 000 tonf) 液圧（油圧）プレスである．右下の白枠が人の大きさであ

り，プレスの大きさがわかる．

液圧プレスでは負荷が低速で行われるので，騒音や振動の発生が比較的小さいが，加工速度が低いことが欠点になる．このため，窒素ガスの入ったアキュムレータ（蓄圧器）に高圧の液を貯め，加工時に弁を開放することによりガスを急膨張させてプレス速度を高めている．

図 10.4　140 MN 液圧プレスによる自由鍛造（日本製鋼所）

10.3　機械プレス

モータの回転力を直接利用する機械力によってスライド（ラム）の往復運動を行うプレスを総称して**機械プレス**と呼ぶ．通常，モータの出力エネルギーをフライホイールに貯めておき，加工時に用いる．西暦 2000 年以後，フライホイールを使用せずサーボモータで直接駆動する**サーボプレス**が急速に増えた．サーボプレスについては付録 13 にまとめてある．

10.3.1　各種の機械プレス

（1）クランクプレス

図 10.5 のようなクランク機構で回転運動を上下運動に変換するプレスを**クランクプレス**という．加工の進行とともに加工力が増大する熱間鍛造などの加工に適している．

（2）ナックルプレス

ナックルプレスは，図 10.6 のようにクランク機構にナックルジョイントを加えて下死点近傍で速度を非常に遅く

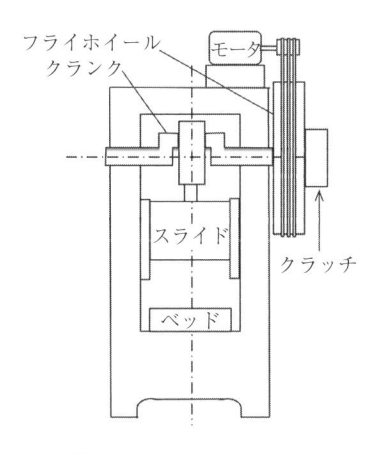

図 10.5　クランクプレス

図 10.6　ナックルプレス

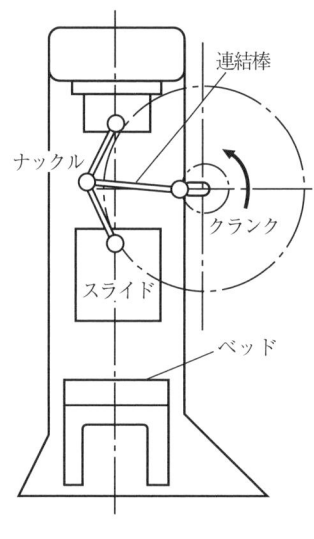

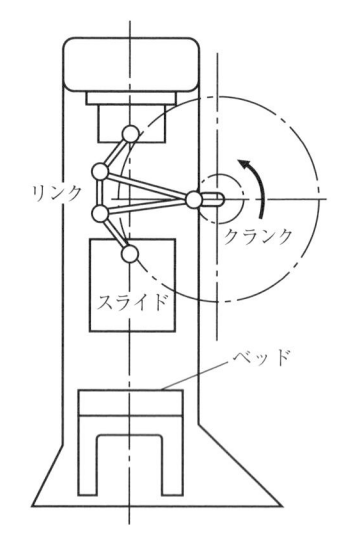

図 10.7　リンクプレス

し，高出力がでるようにしたプレスで，ストロークの短いコイニング用のプレスなどに用いられる．

（3）リンクプレス

リンクプレスは，リンク機構によりスライド運度をクランク機構から変えたプレスである．図 10.7 は，ナックルプレスの連結棒を三角形リンクにしたもので，下死点付近の長いストロークでスライド速度を遅くでき，冷間鍛造プレスに用いられている．

（4）ねじプレス

ねじプレスは，図 10.8 のように回転盤（フリクションホイール）との摩擦力でフライホイールを回し，ねじによって直線運動に変換する機構で，**摩擦プレス**とも呼ばれる．貯えられるエネルギーを調節可能であり，中少量生産の熱間

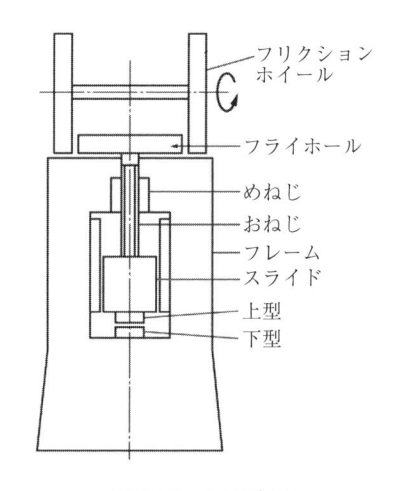

図 10.8　ねじプレス

鍛造に用いられる．

(5) フォーマ

多くの機械プレスは，スライドが上下に動く縦型であるが，**フォーマ**は横型鍛造プレスである．大量高速に精密型鍛造をするため，1台のプレスに切断装置，4～7工程の金型および素材の送り装置を内蔵し，連続加工を可能にしている(図10.9)．

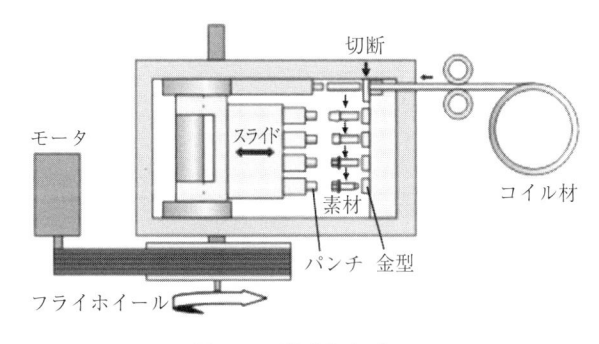

図10.9 横型鍛造プレス

10.3.2 機械プレスの加工能力

プレスは，その機種や構造の違いにより，その能力の内容と能力を表す方法が異なる．機械プレスの能力には，加圧能力，トルク能力，仕事能力があり，これをプレス能力の3要素と呼ぶ．

(1) 加圧能力

加圧能力は，成形時にプレスの構造部材が安全に耐えられる最大荷重である．通常，プレスの定格能力は加圧能力で表示される．

(2) トルク能力

図10.10(a)は，クランクプレスの半径Rのクランクが下死点から角度θにあるときの図である．回転駆動機構部に加えることのできるトルク(RF)は一定であるが，クランク角θの変化により連結棒に加わる力Qの上下方向の分力(プレス出力)Pは変化する．図(b)のように，下死点からの距離による出力変化を**トルク能力**という．同じ定格能力(トン数)のプレスであっても，定格能力発生の位置は機種により異なり，トルク能力は同じではない．

(3) 仕事能力

機械プレスによる成形は，フライホイールの回転エネルギーを放出することにより行われため，1回の成形毎にモータによりエネルギーを補給して回復させる．**仕事能力**は，生産数の低下がなく，連続して作業ができるエネルギー

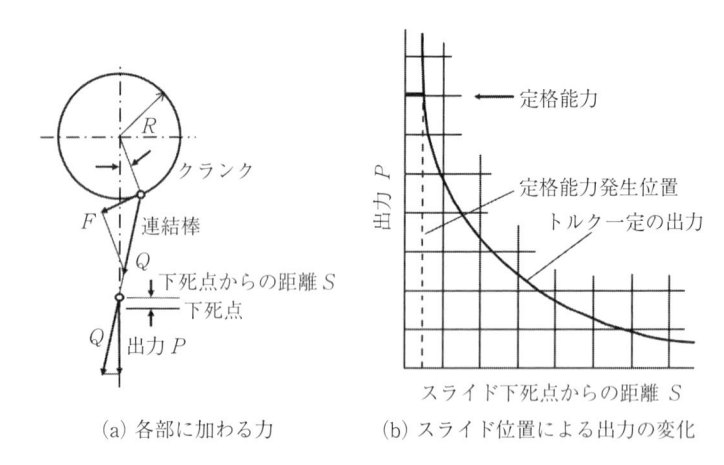

(a) 各部に加わる力　　(b) スライド位置による出力の変化

図 10.10　クランクプレスのトルク能力

補給の能力である．

10.4　工 具 材 料

10.4.1　工具材料に要求される特性

　押出しや鍛造など圧縮力によって成形する加工方法では，工具に非常に高い圧力が加わるため，工具の塑性変形や破壊が生じやすい．また，工具と素材の間には相対滑りがあり，焼付きや摩耗が問題となる（第9章参照）．引抜きダイスのように，小型の工具は高硬度の超硬合金やダイヤモンドでも製作可能であるが，大型の板金成形用工具や圧延ロールなどは鋳造できる材料を用いて製作することが多い．以上から，工具材料としては

(1) 高強度で塑性変形や破壊をしない材質
(2) 焼付きや摩耗が生じにくい表面の性質
(3) 鋳造，放電加工や切削加工などで加工が可能な材質

などの条件を満たす必要がある．このほか，熱間加工用の工具では耐熱特性も重要になる．

　工具の強度は，作用する応力状態によって異なる．図 10.11 に，工具鋼(SKD11)の圧縮と引張りにおける応力-ひずみ曲線の例を示す．引張応力下では，圧縮によりかなり低い応力で破断し，破断までのひずみは小さい．工具

設計では，大きな引張応力になることを避ける必要がある．

工具の機械的特性を表す尺度として，硬さとじん性がある．押込み硬さは圧縮強度にほぼ比例し，じん性は図10.11の引張りにおける応力-ひずみ曲線の下の面積（吸収エネルギー）の大小に対応し，破壊ひずみの大小を表すと考えてよい．

一般に，材料を強化すると，じん性は急激に低下する．強度とじん性は相反するので，使用条件によっていずれかを重視した熱処理を行う．たとえば，応力集中はないが，非常に高い圧力の加わる押出しパンチには高強度で硬さの高い材料が用いられている．

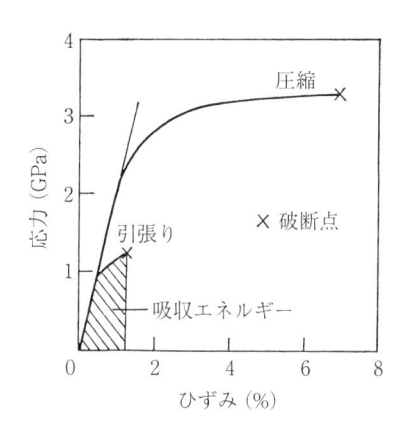

図10.11 工具鋼（SKD11）の圧縮と引張りにおける応力-ひずみ曲線

10.4.2 工具材料の特徴

（1）各種工具材料の位置づけ

塑性加工用工具材料として，表10.1に示すようなものがある．多くの金型は，**工具鋼**や**高速度鋼**など，鋼系のものが用いられている．加工圧力は低くても焼付きが問題になるときには耐焼付き性を重視して青銅などの軟金属が，またロールや自動車パネル成形用の金型は大型であるので鋳造金属が用いられ

表10.1 塑性加工用工具材料

分類	代表的材種	特徴・用途
軟金属	青銅	ステンレス鋼プレス用金型など焼付き防止
鋳造用金属	鋳鋼	ロール，自動車パネル用金型など大型工具
冷間工具鋼	SKD11	板金プレス，冷間鍛造など室温で使用する金型
熱間工具鋼	SKD61	熱間鍛造など高温素材を加工する金型
高速度鋼	SKH51	耐摩耗，耐熱性が必要な冷間鍛造金型など
粉末高速度鋼	HAP40	鋼系で最も高い強度・耐摩耗性を有する工具材料
超硬合金	VC-60	非常に硬い．冷間鍛造工具，線材圧延ロールなど
セラミックス	窒化ケイ素	高温で高強度．Ni合金の熱間鍛造などの工具

る．とくに硬い材料が必要な場合は，ダイヤモンド，セラミックス，超硬合金なども用いられる．

図 10.12 に，硬さとじん性によって表した工具材料の位置付けを示す．硬い材料ほどじん性が小さいため，衝撃力が加わるような工具は硬さを犠牲にして，じん性の大きい材料を選択する．表 10.1 に示した工具材料のうち，冷間工具鋼と高速度鋼では，高速度鋼のほうが高強度，高

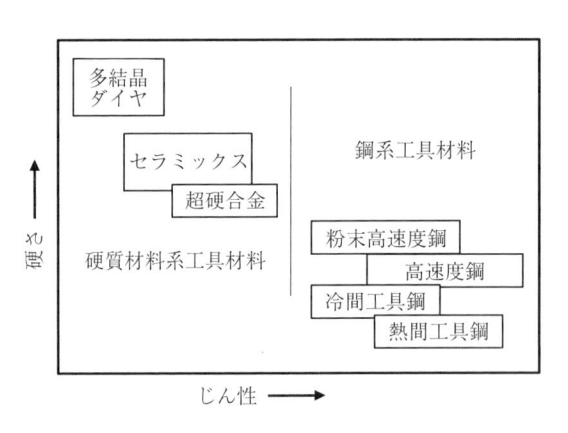

図 10.12 工具，金型として使用される材料の硬さとじん性による位置付け

いじん性を示すが高価である．超硬合金は工具鋼に比べ硬さが高く，圧縮強度は高いが，引張強度が低いため引張応力になるのを防ぐような工夫をして用いる．

(2) 工 具 鋼

C が 0.6％ 以上の高炭素鋼は水焼入れをしたあと，200℃以下で焼戻すと，硬化する (付録 11 参照) ためプラスチック成形工具などに使用される．しかし，水焼入れでは材料深部まで高い冷却速度を維持できず，硬さが不均一になるため，炭素工具鋼は塑性加工用金型にはほとんど使用されない．

冷間工具鋼 の SDK11 は 1.5％C 程度の高炭素鋼に 15％Cr, 1％Mo, 0.5％V を加えて低い冷却速度 (空冷) で焼入れ可能にしており，大型の金型でも内部まで焼きが入る．焼戻しは 200℃ 程度の低温で行われ，図 10.13 に示すように，これ以上の温度になると軟化する．

高炭素の焼入れ鋼では，セメンタイト (Fe_3C) が材料強化の大きな要因であるが，Fe_3C は温度が上がると分解軟化やすいので，C を 0.25％ 程度に減らし，高温強度を上げる W や V を増加した材料が SKD61 などの **熱間工具鋼** である．

高速度工具鋼は，高炭素鋼にCr，W，Moなどの炭化物形成元素を添加し，焼入れ温度を高くするとともに高温まで強度を保つ炭化物を分散強化させた高硬度材料である．炭化物の分散は高温焼入れ後の焼戻しで行うが，図10.13のSKH51の例では，550℃程度の高温の焼戻しにより**二次硬化**(分散強化)をして，焼入れ時より硬くなる．このため，高速度鋼は550℃程度の温度まで金型温度が上がっても強度を保つ．

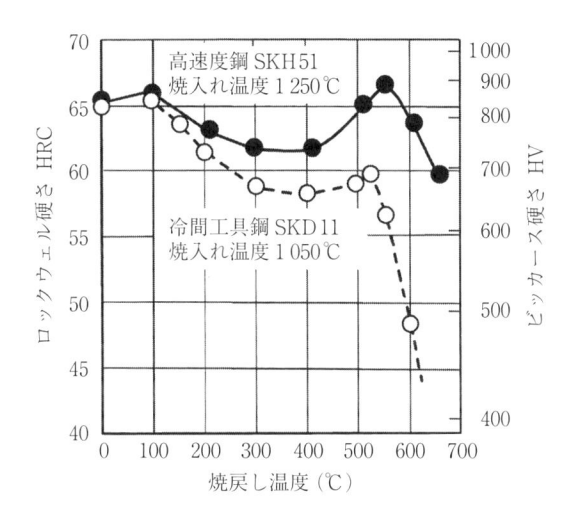

図10.13 冷間工具鋼(SKD11)と高速度鋼(SKH51)との焼入れ温度と焼戻し温度による硬さの変化

通常の金型材料は丸棒から切り出して金型にするが，丸棒の表面と内部の材質に差があるため，全体を材料本来の硬さにできない．この差は，原材料を溶融状態から冷却固化するときに生じるものである．そこで，溶融状態で噴霧して粉末を作成してから圧粉・HIP(高温高圧処理)で固化した**粉末高速度鋼**は均一な特性であり，鋼工具では最も高い強度を有する．

(3) 超硬合金

現在，**超硬合金**として使用されている硬質工具材料は，タングステンの炭化物(WC)粉末をコバルト(Co)で接合(焼結)したものである．WCは，熱伝導率が大き

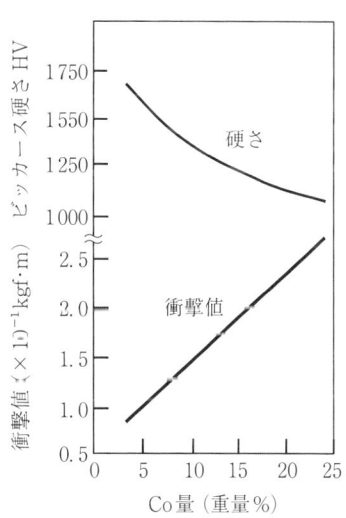

図10.14 WC-Co合金の圧縮強さ，硬さ，摩擦量に及ぼすCo量の影響

く，弾性係数が鋼の2倍以上と高いことが特徴である．

図10.14に，超硬合金のCo量によるビッカース硬さと衝撃値の変化を示す．衝撃値は衝撃試験における吸収エネルギーであり，じん性と強い相関がある．Co量が増えるほど硬さは低下するが，衝撃値は増加する．パンチなど高い圧縮強度を必要とする工具には強度を重視して10～15％Co，歯車鍛造の金型など，じん性を必要とする工具にはじん性の優れた15～25％Coの材質が選ばれる．

10.5 工具表面改質とコーティング

工具表層のごく薄い部分だけを硬化することにより工具摩擦や摩耗を低減する処理を**表面改質**という．表面改質には鋼系工具にCやNを拡散して硬化する方法と，TiC, VC, TiN, ダイヤモンドなどの非金属硬質被膜をコーティングする方法がある．

10.5.1 窒化処理

アンモニアガスNH_3を鋼と一緒に480～580℃に加熱するとNとHに分解し，鋼表面にNが拡散し，鋼中のAl, Cr, Moと窒化物をつくり硬化する．**窒化処理**の温度は比較的低いので，寸法変化がきわめて少なく，また500～600℃程度の高温下でも軟化しにくいこともあり，熱間加工用の鋼工具に適用されている．

10.5.2 物理蒸着法

物理蒸着法(PVD)では，ターゲット材料(Ti)に電子ビームを当てて加熱しターゲットの蒸気を発生させ，導入した希薄なガス(N_2)との化学反応で皮膜成分(TiN)を発生させ，母材表面に付着させる．母材は比較的低い温度(500℃程度)に保たれており，表面では化学反応は生じない．PVD皮膜の付着力は，次に説明するCVD皮膜に劣るが，PVD法では母材を比較的低温に保つため，母材の熱変形や材質変化が少なく，焼入れ材にも処理可能である．PVDによりTiN, CrNのほかアルミナやダイヤに似た構造のDLC (Diamond Like Carbon) のコーティングが行われている．

図10.15はAIP (Arc Ion Plating) 法によるPVDの原理である．Tiなどのターゲット材料を蒸発・イオン化するとともに，チャンバ内に導入した窒素など

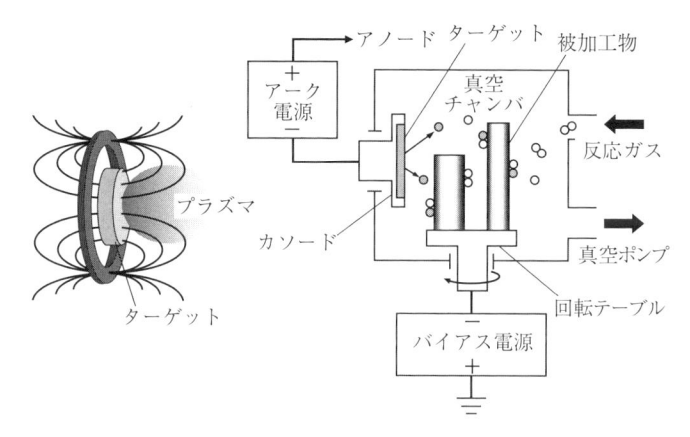

図 10.15　AIP 法による PVD

のガスと反応させて被加工物の表面に TiN などの被膜を形成する.

10.5.3　化学蒸着法

PVD では固体状態の被膜成分を蒸発させて被加工物表面に付着させるのに対して，**化学蒸着法** (CVD) では皮膜の構成成分を別々にガスとして供給し，被加工物表面で化学反応させて皮膜を生成する．この方法で TiC, TiN, TiCN, Al_2O_3 などを工具表面に生成させることができる．

図 10.16 に，CVD 装置の概略を示す．CVD は，付着させたい材料の構成元素を含む化合物の原料ガス ($TiCl_4$ と N_2) を混合して反応部に供給し，被加工物を高温 (1000 ℃ 程度) に熱してその表面において化学反応を起こさせ，薄膜 (TiN) を生成・付着させる．

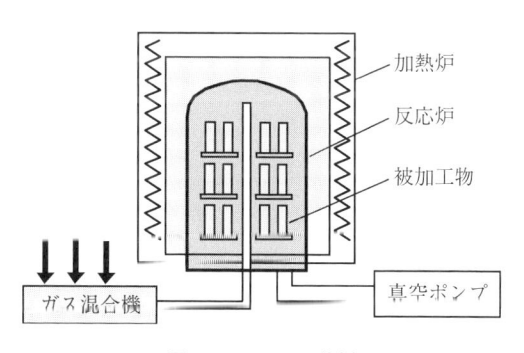

図 10.16　CVD 装置

演 習 問 題

1. 各種プレスを，エネルギーによって規定されているもの，変位によって規定

されているもの，力によって規定されているものに分類せよ．
2. 1 kJ のエネルギーをもつハンマを用いて鍛造する場合，鍛造荷重が 10 tonf であるとすれば，1 回の打撃によって変形する量はいくらか．ただし，鍛造荷重はストロークによらず一定であるとする．
3. クランクプレスの能力は，下死点からある一定の位置で発生しうる力をもって表示する．たとえば，30 tonf プレスでは下死点から 4.8 mm の位置で能力を表示するが，全ストローク $2r = 110$ mm，腕の長さ $l = 300$ mm のプレスではどの程度のトルクが加わるか．
4. 内径 $2r_i$，外径 $2r_0$ の円筒に内圧 p_i が加わったとき，半径 r での円周方向応力は次のように表される．

$$\sigma_\theta = p_i \frac{Q^2}{1-Q^2}\left\{\left(\frac{r_0}{r}\right)+1\right\} \quad \text{ただし，} Q = \frac{r_i}{r_0}$$

引張破壊応力 2 GPa の工具材料でつくられた内径 20 mm，外径 40 mm の円筒状コンテナは，どの程度の内圧まで耐えうるか．
5. ダイヤモンド皮膜，DLC 皮膜，TiAlN 皮膜など，最近開発された工具用表面コーティング方法から一つを選び，塑性加工用工具表面処理としての可能性を調査せよ．

第11章　変形抵抗

変形抵抗は，塑性加工中の素材に生じる応力や加工荷重計算の基礎となる材料特性である．冷間での変形では，塑性ひずみの増加とともに変形抵抗が高くなる加工硬化を生じる．変形抵抗は，材料の種類だけでなく，加工温度，変形速度などによっても変化する．この章では，変形抵抗に影響する各種因子，変形抵抗の数式表現および変形抵抗の測定方法について説明する．

11.1　変形抵抗曲線

第1章で説明した応力-ひずみ曲線では，引張りと圧縮とでは応力とひずみの符号が反対であるが，絶対値をとると両者の傾向は同じである．図11.1に，軟鋼，黄銅，銅，アルミニウムの引張りおよび圧縮における応力の絶対値と対数ひずみの絶対値の関係を示す．いずれの材料でも引張りと圧縮でほぼ同じ曲線が得られている．そこで，引張試験や圧縮試験の応力とひずみを基準にして，一般的な塑性変形での変形強度と変形量の尺度を決めることにする．

引張試験や圧縮試験で

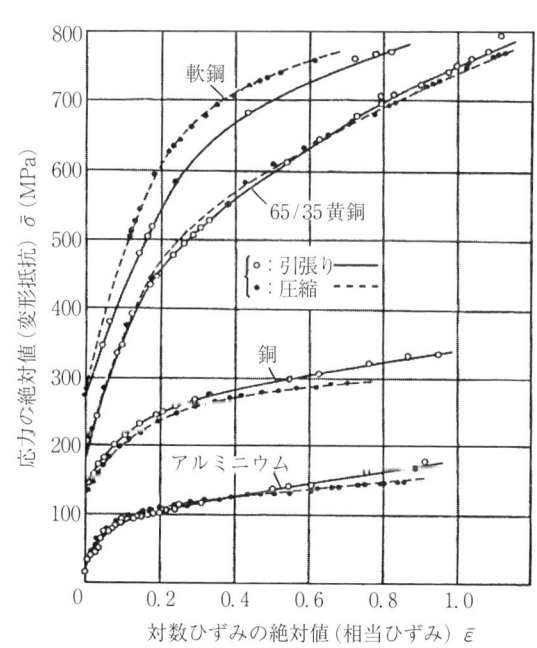

図11.1　各種金属の変形抵抗曲線

の応力の絶対値を塑性変形における材料の強度と考え**変形抵抗**と呼び，$\bar{\sigma}$ と書くことにする．第 14 章で説明するように，より一般的な応力状態でも，この変形抵抗を用いる．

引張試験および圧縮試験における**塑性ひずみ**の絶対値を**相当ひずみ**と呼び，$\bar{\varepsilon}$ と書いて塑性変形の大きさの尺度とする．図 11.1 では，非常に小さい弾性ひずみを無視し，対数ひずみの絶対値を相当ひずみとした．

図 11.1 のように，横軸に相当ひずみ $\bar{\varepsilon}$，縦軸に変形抵抗 $\bar{\sigma}$ で表した図を**変形抵抗曲線**と呼び，材料の特性曲線とする．変形温度や変形速度などの変形条件が同じであれば，応力状態によらず変形抵抗曲線は同一であると考える．

塑性変形の途中で変形方向が変化しても，相当ひずみは増加し続ける．たとえば，棒を引っ張って 2 倍の長さにした後で圧縮して元の長さに戻す場合，相当ひずみは，引張りで +0.69，圧縮で +0.69 増加するため，最終的には +1.38 になる．このときの変形抵抗は，変形抵抗曲線で相当ひずみは 1.38 における値とする．

11.2 変形抵抗に影響する因子

11.2.1 ひずみの影響

変形抵抗は塑性ひずみの増大とともに増加するが，この現象を**加工硬化**または**ひずみ硬化**という．図 11.1 に示したように，小さいひずみではひずみ増加とともに急速に硬化し，変形抵抗曲線の傾きは次第に緩くなる．こうした特性を数式で表すため

$$\bar{\sigma} = a\bar{\varepsilon}^n \tag{11.1}$$

と表すことが多く，これを**指数硬化則**，**n 乗硬化則**と呼ぶ．n が 0 であると，ひずみによらず変形抵抗は一定であり，n の増加とともに加工硬化が顕著になる．予加工を与えていない金属では n の値は 0.15〜0.3 程度であり，加工硬化の激しい 18-8 ステンレス鋼では 0.4 程度になる．多くの金属では，予加工を受けると n は 0 に近づく．n は**加工硬化指数**または **n 値**と呼ばれ，6.2 節で説明したように板の成形における加工限界の重要な指標になっている．

式 (11.1) の両辺の対数をとると，

$$\log \bar{\sigma} = \log a + n \log \bar{\varepsilon} \tag{11.2}$$

11.2 変形抵抗に影響する因子 117

となる．この関係を図 11.2 のように両対数グラフ用紙にプロットしたときの傾きが n であり，$\bar{\varepsilon}=1$ での $\bar{\sigma}$ の値が a である．この図では，図 11.1 の変形抵抗データをプロットしている．銅の場合の直線の勾配は 0.21 であり，$\bar{\varepsilon}=1$ の変形抵抗は 330 であるので，$\bar{\sigma}=330\bar{\varepsilon}^{0.21}$ MPa と求められる．

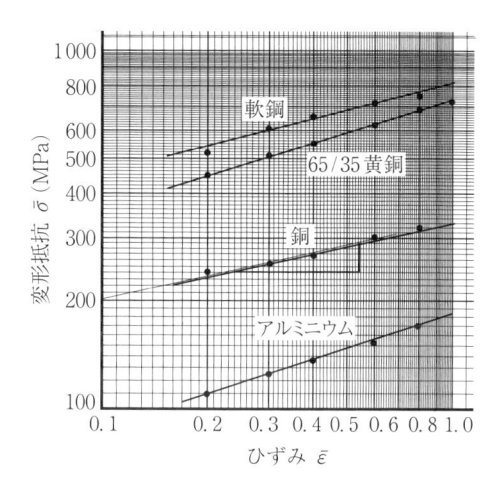

図 11.2 変形抵抗曲線の両対数グラフでの表示

11.2.2 温度の影響

図 11.3 の 18-8 ステンレス鋼の例で示すように，金属材料の変形抵抗は温度上昇とともに低下する．そのため，室温では変形抵抗が大きく加工しにくい材料でも，高温で加工（熱間加工，温間加工）することによって低い力で加工が可能となる．

変形抵抗は温度とともに単調に減少するとは限らず，析出や金属組織の変化によっても影響を受ける．

一例として，図 11.4 に炭素鋼（S35C）の高速圧縮における変形抵抗と温度の関係を示す．室温付近の変形抵抗は温度の上昇とともに低下するが，400℃以上でいったん上昇し，600℃を越えるとまた低下している．この温度上昇域は，合金成分や加工速度に

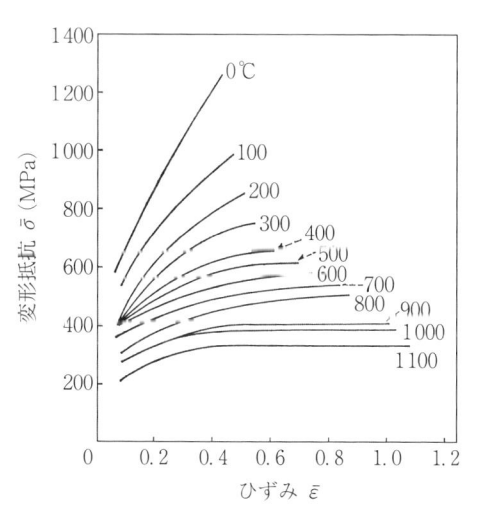

図 11.3 18-8 ステンレス鋼の変形抵抗曲線の温度依存性

より変化する．これは，**青熱ぜい性温度**と呼ばれる．このような温度ではC, N原子の移動が容易になり，転位を固着するひずみ時効(8.1.2項参照)が変形中に起こる．材料が割れやすくなるため，この温度での加工は通常行われない．

半溶融状態(約1300℃以上)では，変形抵抗は大幅に低下する．

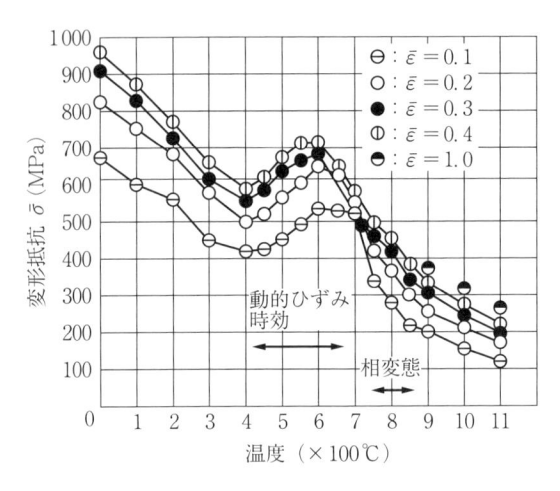

図11.4 炭素鋼(S35C)の変形抵抗と温度の関係（ひずみ速度 $\dot{\varepsilon} = 400\,\mathrm{s}^{-1}$）

11.2.3 変形速度の影響
(1) ひずみ速度

変形抵抗への加工速度の影響を表す場合には，**ひずみ速度** $\dot{\varepsilon}$ を変形速度の尺度として用いる．ひずみ速度は単位時間(1s)に生じる相当ひずみの大きさとして定義される．たとえば，円柱を10秒間に50%圧縮する場合，相当ひずみが0.69であるので，平均のひずみ速度 $\dot{\varepsilon}$ は $0.69/10\,\mathrm{s} = 0.069\,\mathrm{s}^{-1}$ である．

通常の材料試験でのひずみ速度は $10^{-4} \sim 10^{-2}\,\mathrm{s}^{-1}$ 程度であり，クリープ試験の極低速変形では $10^{-5}\,\mathrm{s}^{-1}$ 以下である．多くの塑性加工では，$1 \sim 500\,\mathrm{s}^{-1}$ のひずみ速度で加工が行われる．

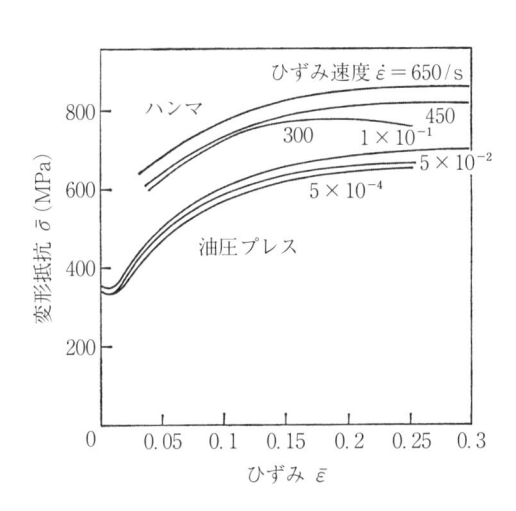

図11.5 炭素鋼(S35C)変形抵抗曲線のひずみ速度依存性

図 11.5 に示すように，ひずみ速度が高くなると，変形抵抗は一般に高くなる．あるひずみ速度の範囲では，一定のひずみにおける変形抵抗は次のように表される．

$$\bar{\sigma} = K\dot{\varepsilon}^m \tag{11.3}$$

ここに，K は $1\mathrm{s}^{-1}$ における変形抵抗であり，m は **ひずみ速度依存性指数** と呼ばれる．一般の金属材料では，室温で $m = 0.02 \sim 0.04$ 程度であり，熱間では $0.1 \sim 0.2$ になる．

（2）超塑性

延性の大きな銅やアルミニウムでも常温で引張試験をすると，くびれが生じて 30～50％ の伸びで破断してしまう．ところが，速度依存性指数 m の値が大きいと数百～数千％ の伸びを示すことがあり，この性質を **超塑性** という．図 11.6 に，亜鉛-アルミ合金の超塑性材料の引張試験における伸びの例を示す．

図 11.6 超塑性

引張試験において荷重が下がり始めると，通常，先に細くなった部分に変形が集中する．しかし，m 値が大きいと，変形してひずみ速度の高い部分の強度が上がり，変形が集中できないために破断伸びが大きくなる．m 値が 0.3 以上で破断伸びが 200％ 以上であることが超塑性の判断基準とされる．

m 値が大きいことは変形速度を下げると変形抵抗が大幅に低下することを意味する．低速での変形抵抗が低く，破断の伸びが大きい性質を利用して，プラスチックボトルの加工で使用されている **ブロー成形**（空気圧による膨らまし成形）が超塑性状態の大型アルミ合金板の成形などに適用されている．

結晶粒径が数 μm 以下の微細な材料の高温変形では，塑性変形は結晶粒界の滑りによって生じるため，粘性的な挙動となって超塑性を発現する（**微細結晶粒超塑性**）．チタン合金やニッケル合金の大型品鍛造では高荷重になるので，結晶を微細化した超塑性鍛造が行われている（4.3.2 項参照）．

（3）高速変形と温度上昇

塑性変形のために費やされるエネルギーの 90％ 以上は熱に変わり，温度が

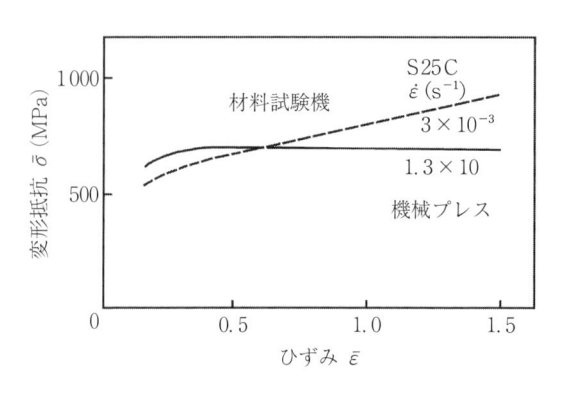

図 11.7 炭素鋼 (S25C) 焼なまし材の変形抵抗曲線の
ひずみ速度依存性

上昇する．これを**加工発熱**という．変形速度が低いと工具への熱伝達により冷却されて素材の上昇温度は小さいが，速度が高いと断熱状態になるため，素材温度は数十～数百℃も上昇する（付録 23 参照）．

図 11.7 は，炭素鋼 (S25C) 焼なまし材を機械プレスによる高速圧縮（ひずみ速度 $13\,\mathrm{s}^{-1}$）と材料試験機による低速圧縮（$3\times10^{-3}\,\mathrm{s}^{-1}$）の変形抵抗の比較である．低速では加工硬化が進行するが，高速ではひずみ約 0.5 以上のひずみにおいて試験片の温度上昇による軟化と加工硬化が相殺して変形抵抗の変化がなくなる．ひずみが約 0.7 程度で高速変形の変形抵抗が低速変形より低くなっている．

11.2.4 温度補償ひずみ速度

以上のように温度を低下させても，またひずみ速度を上昇させても，変形抵抗は一般に上昇する．そこで，次に示すゼナー・ホロモン (Zener-Hollomon) 因子 Z では，温度 T の影響とひずみ速度 $\dot{\varepsilon}$ の影響を同時に扱う．

$$Z = \dot{\varepsilon}\exp\left(\frac{Q}{RT}\right) \tag{11.4}$$

ここに，R は気体定数，Q は実験定数である．Z は，**温度補償ひずみ速度**とも呼ばれる．Z は，温度変化の影響を組み込んでひずみ速度で表しており，ひずみ速度が高く，温度が低いほど大きな値となる．

ひずみ速度 $\dot{\varepsilon}$，温度 T での Z の値が，標準のひずみ速度 $\dot{\varepsilon}_0$ では温度 T_0 で生じるものとして，ひずみ速度の変化の影響を温度に組み込む方法もある．

$$T_0 = T\left(1 - B\frac{\dot{\varepsilon}}{\dot{\varepsilon}_0}\right) \tag{11.5}$$

なお，B は実験定数であり，T_0 は**ひずみ速度修正温度**と呼ばれる．

11.2.5 圧力の影響

塑性加工に用いられる通常の金属材料の変形抵抗は，圧力にはほとんど影響されないと考えてよい．しかし，鋳鉄のようなもろい材料，あるいは7.1節で述べた粉末焼結体などでは，その変形抵抗は圧力に大きく影響される．これは，内部に存在する空隙や微小クラックの成長が圧力によって抑えられるからである．延性材料においても，破壊の原因となるボイド(12.3節参照)が発生すると，圧力依存性が見られるようになる．

11.2.6 熱間における変形抵抗

熱間加工，すなわち再結晶温度以上における加工においては，加工硬化と同時に塑性変形中の回復や再結晶(**動的回復，動的再結晶**)による軟化が起こる．動的回復は炭素鋼のα域(723℃以下)，フェライト系合金鋼，アルミニウムなどに見られ，動的再結晶は炭素鋼のγ域(約800℃以上)，オーステナイト系合金鋼，銅などに見られる(この場合は，動的回復も同時に起こっている)．

動的回復，動的再結晶が起こる場合の特徴的な変形抵抗曲線は，図11.8(a)，(b)のように分類される．図(a)は回復が容易に起こる材料に見られる変形抵抗曲線で，初期に加工硬化したあと，加工硬化が動的回復と平衡し，ほぼ一定の変形抵抗で変形が進む場合である．図(b)は，回復が起こりにくい材料に見られるもので，最初は加工硬化が動的回復を上まわり，変形抵抗はひずみとともに増大する．そして，ひずみエネルギーがある程度蓄積されると，それが駆動力となって動的再結晶が進むため，変形抵抗は低下する(曲線I)．図(a)は動的回復型と呼ばれ，図(b)は動的再結晶型と呼ばれる．

Zが高いほど(ひずみ速度が高く温度が低いほど)，動的再結晶が起こるのに必要な加工度は大きくなる．たとえば，鋼の熱間圧延の場合(800～1000℃，$\dot{\varepsilon}=$ 12～30 s^{-1})にはZ

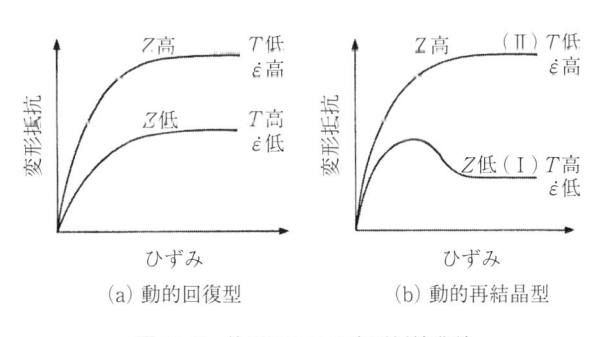

図11.8　熱間における変形抵抗曲線

(a) 動的回復型 (b) 動的再結晶型

が高くなるので，通常の1パスの圧下率では動的再結晶が一般に起こりにくく，加工硬化する（曲線Ⅱ）．8.3.6項で述べた制御圧延は，熱間変形中の動的な組織変化とその後の熱処理を組み合わせて組織を制御することにより，高性能の構造用鋼を製造する技術である．

11.3　変形抵抗曲線のモデル化と数式表示

　各種の塑性加工に要する加工力や応力分布を計算する場合，対象となる材料がどのような変形抵抗曲線を有しているかが重要な問題となる．しかし，材料試験で得られる変形抵抗曲線をそのまま解析に用いることは，問題を複雑にするばかりでなく，場合によっては解析が不可能になる．そこで，実際の解析では，図11.9のように変形抵抗曲線を単純化する場合が多い．図(a)は，式(11.1)で示した指数硬化型のモデルである．このモデルでは，降伏応力が0となり不都合なこともあるので，次式のように小さな塑性ひずみ$\bar{\varepsilon}_0$がすでに与えられているものとすることもある．

$$\bar{\sigma} = a(\bar{\varepsilon} + \bar{\varepsilon}_0)^n \tag{11.6}$$

このようにすると，$a\bar{\varepsilon}_0{}^n$が初期の降伏応力となる．このモデルに式(11.3)のひずみ速度依存性も含めると，次のような式になる．

$$\bar{\sigma} = a(\bar{\varepsilon} + \bar{\varepsilon}_0)^n \dot{\bar{\varepsilon}}^m \tag{11.7}$$

　図11.9(b)は，直線的に加工硬化する場合で，直線硬化型のモデルである．あらかじめ材料に塑性変形が与えられている場合にはこのモデルでよく近似できる．

　図11.9(c)は加工硬化が生じないと単純化した場合で，非加工硬化型または

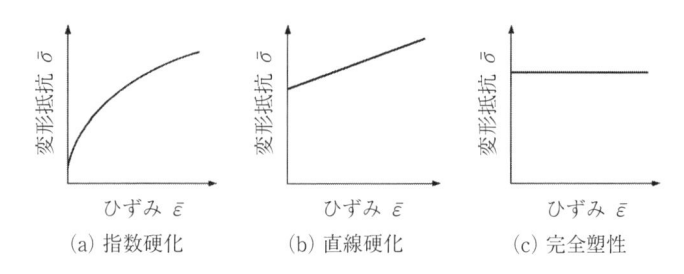

(a) 指数硬化　　(b) 直線硬化　　(c) 完全塑性

図11.9　モデル化された変形抵抗曲線

完全塑性型のモデルである．理論的な取扱いでは，完全塑性を仮定すると問題が簡単になることが多いので，このモデルがよく用いられる．

11.4 変形抵抗の測定

変形抵抗は，熱処理温度や冷却速度など材料の履歴によって異なるので，精度の良い解析には使用材料の変形抵抗を直接測定することが求められる．板材の変形抵抗は引張試験で測定されることが多いが，くびれ発生によりひずみ0.2～0.3までしか正確には測れない．鍛造用の棒材の変形抵抗は圧縮試験で測定されることが多いが，摩擦の影響により0.5程度のひずみになると摩擦の影響で誤差が大きくなる．大ひずみでの変形抵抗を推定するため硬さ試験を利用する方法もあるが，精度は必ずしも高くない．以下では，これらの材料試験法による変形抵抗の測定について説明するが，大ひずみ，高速変形の実加工条件で変形抵抗を測定するための拘束圧縮を用いた方法は付録14に説明してある．

11.4.1 引張試験

引張試験では，最高荷重点に達するまでの範囲では，試験片断面内の応力は一様な単軸引張状態であり，引張荷重 P を時々刻々の断面積 A で割ったものが変形抵抗である．

$$\bar{\sigma} = \frac{P}{A} \qquad (11.8)$$

最高荷重点以後ではくびれが生じて，軸方向応力は図11.10のような中央で高い分布を示し，変形抵抗が直接測定できなくなる．式(11.1)の指数硬化則の場合，加工硬化指数 n のひずみまでが一様変形であり(12.1.2項参照)，引張試験は大きなひずみの変形抵抗測定には適していない．

11.4.2 圧縮試験

圧縮試験は，実加工の温度や速度で比較的大きなひずみまでの実験ができるので，変形抵抗測定には圧縮試験がよく用いられる．初期断面積

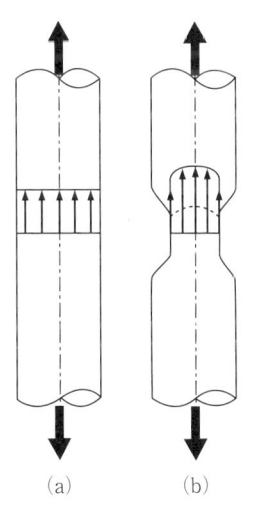

(a)　(b)

図11.10　丸棒の引張試験における応力状態

A_0, 高さ h_0 の試験片が高さ h になったとき, 摩擦がないと仮定すると, 荷重 P から変形抵抗 $\bar{\sigma}$ は次式で求められる.

$$\bar{\sigma} = \frac{P}{A_0} \frac{h}{h_0} \tag{11.9}$$

通常, 試験片の高さと直径の比は 1.5〜2.0 程度に選ばれる. 摩擦が大きいと荷重に影響するだけでなく, 形状がたる型になって〔図 11.11 (a)〕不均一応力になるため, テフロンシートなどの摩擦の小さい潤滑剤が用いられている. しかし, 低摩擦で試験片高さを大きくすると, 図 (b) に示すように塑性座屈 (12. 2 参照) を生じることもあるので注意が必要である (図 12.8 参照).

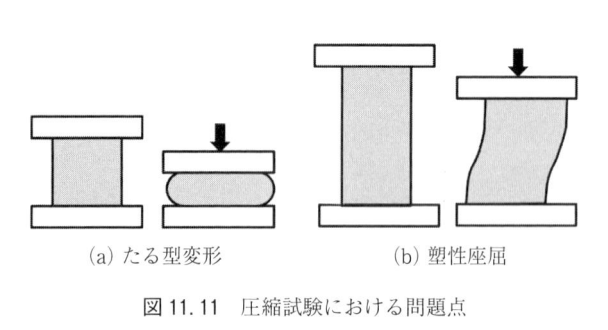

(a) たる型変形　　(b) 塑性座屈

図 11.11　圧縮試験における問題点

圧縮進行とともに試験片の高さと直径の比が小さくなって摩擦の影響が顕著になる. そこで, 試験片の高さが半分程度になると, 試験片の側面を切削し, 高さと直径の比を大きくして再圧縮を行う方法が行われている. 図 11.1 の変形抵抗曲線はこの方法で得られたものである. このような試験片を削り直す試験方法は長い時間が必要であり, また, 実際の早い加工速度での変形抵抗の測定はできない.

11.4.3　硬さ試験

押込み硬さには, 圧子の形状によりビッカース硬さ HV, ヌープ硬さ HK, ブリネル硬さ HB などがあるが, 押込み硬さは圧子に加わる面圧を kgf/mm² で表した値で, 変形抵抗の 2.5〜3 倍になることが知られている.

図 11.12 に銅を圧縮した場合のビッカース硬さ HV と変形抵抗 $\bar{\sigma}'$ の関係をひずみ 2.5 までの大ひずみについて示す. 硬さ試験ではひずみを 0.08 程度与えるので, 図中には材料自体のひずみに 0.08 を加えたひずみ $\bar{\varepsilon} + 0.08$ での変形抵抗 $\bar{\sigma}'$ (kgf/mm²) の 2.5 倍と 3 倍の線を記入している. 硬さの測定値は, ほぼ HV $= 2.5\bar{\sigma}'$ と HV $= 3\bar{\sigma}'$ 曲線の間に存在しており, 式 (11.10) の関係が

成立することがわかる．

$$(\mathrm{HV})_{\bar{\varepsilon}} = (2.5 \sim 3)\bar{\sigma}'$$
$$(\mathrm{kgf/mm^2}) \quad (11.10)$$

変形抵抗の推定には，押込み硬さを3で割った値が概算値として用いられることが多い．

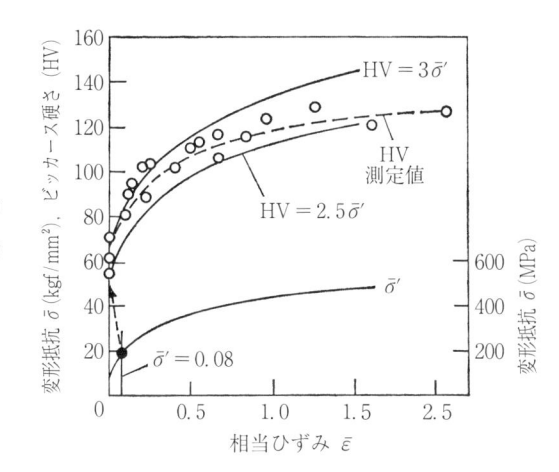

図11.12 変形抵抗とビッカース硬さの関係

演習問題

1. 直径10 mm，高さ15 mmの炭素鋼の円筒状試験片を良い潤滑状態で圧縮し，次のデータを得た．この材料の変形抵抗曲線を描き，式(11.1)で近似せよ．

測定回数	1	2	3	4	5	6
試験片高さ (mm)	14.0	13.1	10.9	9.0	7.1	6.0
荷重 (MN)	11.5	14.7	20.5	2.72	38.6	47.2

2. 変形抵抗曲線が $\bar{\sigma} = 200\bar{\varepsilon} + 500\,\mathrm{MPa}$ で表される材料を引っ張って公称ひずみ10%の変形を与えたのち，圧縮して元の長さに戻した場合の変形抵抗を求めよ．
3. 上の問題で20%引っ張ったのち，その状態から20%圧縮した場合の変形抵抗を求めよ．
4. 超塑性材料では，ひずみ速度依存性指数（m値）が通常の材料よりも大きい．m値が大きい材料では，なぜ超塑性現象を示すのか説明せよ．
5. 図11.2において両対数グラフで表示された軟鋼，60-40黄銅，アルミニウムの変形抵抗を式(11.1)の形式で表せ．

第12章　材料の加工限界

塑性加工では，各種の原因によって加工限界が存在するが，加工機械の能力や工具強度に起因する限界と，製品の欠陥に起因する限界とがある．後者は製品が割れたり，寸法，形状，表面状態が悪なったりなるなどの欠陥を生じるような限界である．本章では，製品欠陥の原因となる，くびれ，座屈，延性破壊について説明する．

12.1　くびれ

12.1.1　くびれの例

丸棒に引張力を加えて伸ばす場合，ある程度の変形量まで均一に伸びたあと，図 12.1(a) に示すような **くびれ** が生じる．くびれが生じたあと，変形はくびれ部に集中して他の部分は伸びなくなる．板材を引っ張る場合にも同図 (b)，(c) に示すようなくびれが生じる．まず図(b)は，板幅と同程度の広い範囲にわたるくびれであり，**拡散くびれ** と呼ばれる．さらに変形が進むと，拡散くびれの中に，板厚だけが減少する（板幅は縮小しない）異種のくびれが現れる．このくびれは，板厚程度の狭い幅の領域に変形が集中するので，**局部くびれ** と呼ばれる．

板材の加工においては，くびれ部に変形が集中して割れに至るため，くびれ発生が加工限界となることが多い．

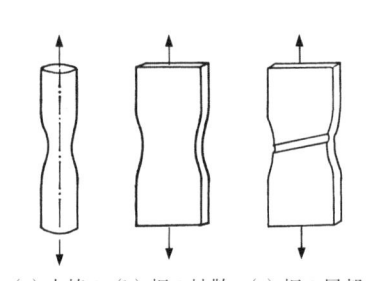

(a) 丸棒のくびれ　(b) 板の拡散くびれ　(c) 板の局部くびれ

図 12.1　くびれの形態

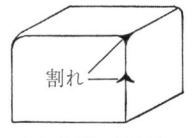

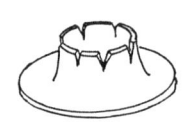

(a) 角荷の深絞り　(b) 伸びフランジ

図 12.2　板成形におけるくびれによる割れ発生例

図 12.2(a) は深絞りにおける割れ，図 (b) は**伸びフランジ**における割れの例であるが，いずれもくびれ部で割れを生じている．

12.1.2 くびれの発生条件

(1) 棒の一軸引張り

棒の引張試験において，ひずみが増すと加工硬化によって材料が強化され，変形抵抗 $\bar{\sigma}$ が高くなる．一方，試験片の断面積 A はひずみの増大とともに小さくなる．変形初期には変形抵抗の増加率が大きいので，引張力 ($P = A\bar{\sigma}$) は増加するが，次第に曲線の傾きが小さくなり，あるひずみで引張力が低下し始める（図 12.3）．このとき，棒の一部が他の部分より少し大きく変形して細くなると，その部分を変形させるために必要な力が他の部分よりも低くなるので，その部分だけで変形が進行してくびれになる．引張力が最高になるまでの伸びを**一様伸び**，それ以後のくびれ部での伸びを**局部伸び**と呼んでいる．

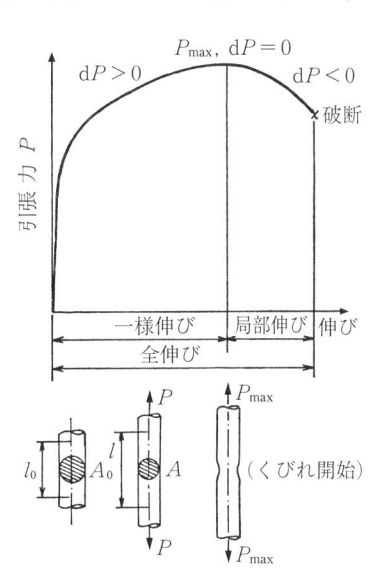

図 12.3 引張試験における伸びと引張力の関係

いま，初期断面積 A_0，標点間距離 l_0 の試験片に引張力 P を加えてひずみ $\bar{\varepsilon}$ まで変形させ，断面積 A，標点間距離 l，応力 $\bar{\sigma}$ になった状態を考える．簡単のため，材料は剛塑性体として弾性変形を無視する．標点間の体積が変形前後で一定であると仮定すれば，一様伸びの範囲内では $A_0 l_0 = Al$ である．

したがって，軸方向のひずみ $\bar{\varepsilon}$ と断面積 A の間には

$$\bar{\varepsilon} = \ln \frac{l}{l_0} = \ln \frac{A_0}{A} \tag{12.1}$$

の関係が成立する．一方，力の釣合いから

$$P = A\bar{\sigma} \tag{12.2}$$

であるから

$$dP = A\,d\bar{\sigma} + \bar{\sigma}\,dA \tag{12.3}$$

となる．式(12.3)の右辺第1項は加工硬化による変形抵抗の増大を示し，第2項は断面積の減少(引張りでは dA は常に負である)による荷重負担能力の低下を表す．最高引張力の点においては両者の値が等しくなり，$dP=0$ となる．それ以後は，断面積の減少が加工硬化による変形抵抗の増大を上まわるため，$dP<0$ となってくびれが生じ始める．すなわち，くびれ発生の条件は

$$dP = 0 \tag{12.4}$$

である．式(12.1)と式(12.3)を用いて式(12.4)を書き直せば

$$\frac{dP}{d\bar{\varepsilon}} = A_0 e^{-\bar{\varepsilon}}\left(\frac{d\bar{\sigma}}{d\bar{\varepsilon}} - \bar{\sigma}\right) = 0 \tag{12.5}$$

となるから，結局，くびれ発生の条件は次式で与えられる．

$$\frac{d\bar{\sigma}}{d\bar{\varepsilon}} = \bar{\sigma} \tag{12.6}$$

いま，材料の変形抵抗が $\bar{\sigma} = a\bar{\varepsilon}^n$ により表される場合には，$d\bar{\sigma}/d\bar{\varepsilon} = n\bar{\sigma}/\bar{\varepsilon}$ となるから

$$\bar{\varepsilon} = n \tag{12.7}$$

においてくびれが生じることになる．したがって，n 値が大きい材料ほどくびれ発生までの一様変形が大きいことになる．

(2) 板の二軸引張り

図12.4のように板に2方向から力を加えて引っ張る場合を考え，各方向に生じるひずみ(対数ひずみ)を ε_1, ε_2 ($\varepsilon_1 \geq \varepsilon_2$) とする．一軸引張りでは，図12.5に示すように $\varepsilon_2 = -\varepsilon_1/2$ であり，円板の液圧バルジ(6.2節参照)では $\varepsilon_2 = \varepsilon_1$ で，**等二軸引張り** である．一般の板材成形で生じるひずみ状態は，等二軸引張りと一軸引張りとの範囲内になることが多い．

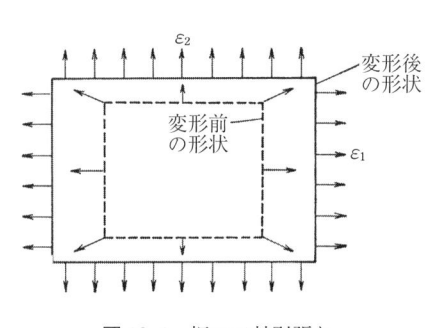

図12.4 板の二軸引張り

板材をひずみ比(ε_2 と ε_1 の比)が一定であるように変形させたと

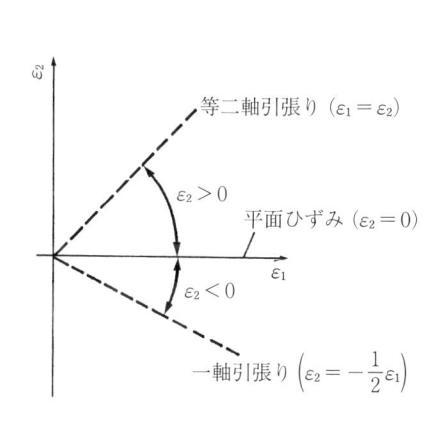

図 12.5　板成形におけるひずみ経路

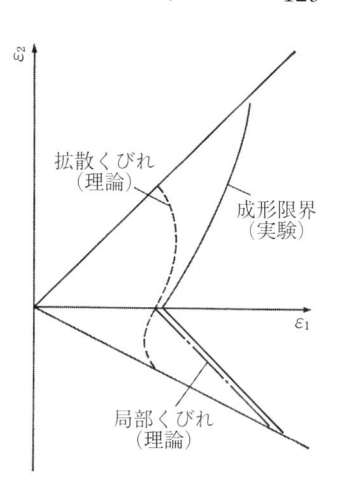

図 12.6　ひずみ比一定変形における成形限界線図

きのくびれ発生限界は，一般に図 12.6 のようになる．図中には，スイフト (H. W. Swift) による拡散くびれの理論 *1 およびヒル (R. Hill) による局部くびれの理論 *2 から求めたくびれ発生限界も示してある．

板が一方向に伸び，他の方向に縮んでいる $\varepsilon_1 > 0, \varepsilon_2 < 0$ の場合には，まず拡散くびれが生じ，そののち局部くびれが生じて破断に至る．たとえば，変形抵抗曲線が $\bar{\sigma} = a\bar{\varepsilon}^n$ で表される板材を一軸引張りする場合には，$\varepsilon_1 = n$ において拡散くびれが生じ，さらに，$\varepsilon_1 = 2n$ において局部くびれが生じることが理論的に示されている．これらのくびれ発生時のひずみは実験でも確かめられており，図 12.6 のように，実験の成形限界は局部くびれ限界とよく一致している．

$\varepsilon_1 > 0, \varepsilon_2 > 0$ の場合には，理論的に拡散くびれは生じるが，局部くびれは生じない．図示のように成形限界は拡散くびれ理論で予測される限界より大きい．とくに，等二軸引張り ($\varepsilon_1 = \varepsilon_2$) に近い変形の場合には，拡散くびれの理論から求められる限界ひずみよりもかなり大きなひずみまで成形が可能になる．この場合には，12.3 節で説明する延性破壊も成形限界の原因になる．

---

*1　H. W. Swift：J. Mech. Phys. Solids, **1** (1952) p. 1.
*2　R. Hill：J. Mech. Phys. Solids, **1** (1952) p. 19.

第12章 材料の加工限界

図12.6は，ひずみ比一定で変形が生じた場合の結果であるが，実際の加工では複雑な変形経路をたどっており，この単純な経路における成形限界よりも大きくなったり，小さくなったりする．

12.1.3 くびれと材料特性

前項で述べたように，くびれ発生ひずみはn値に比例しているため，板成形ではn値が重要な指標となっている．n値は金属の種類やひずみ範囲によって変化するが，室温では，**表12.1**に示すように0.05〜0.5である．自動車の車体などに多く用いられている軟鋼板(低炭素鋼)のn値は0.2〜0.25程度であるのに対し，18-8ステンレス鋼や銅，黄銅などでは0.4以上の比較的大きな値となる．加工硬化や合金化などの方法で金属を高強度にするとn値が小さくなり，小さいひずみでくびれが発生する．

表12.1 各種金属のn値

材料	n値
低炭素鋼	0.2 〜0.25
18-8ステンレス鋼	0.4 〜0.5
高張力鋼	0.05〜0.1
純アルミニウム	0.25〜0.3
純銅	0.3 〜0.5
65/35黄銅	0.4 〜0.45
チタン	0.1

最近，自動車を軽量化するために高強度鋼板により板厚を薄くするようになったが，通常の高強度鋼はn値が小さく成形が困難である．n値の大きな高張力鋼として**デュアルフェイズ鋼**が開発された．これは，低炭素鋼に5〜20%程度のマルテンサイト(付録11参照)を生じさせたものである．この材料は，**図12.7**に示すように同程度の強度の材料(析出強化鋼)に比べて降伏点が低く，加工硬化が大きい．通常の高強度材のn値が0.1程度であるのに対し，この材料のn値は約0.2である．

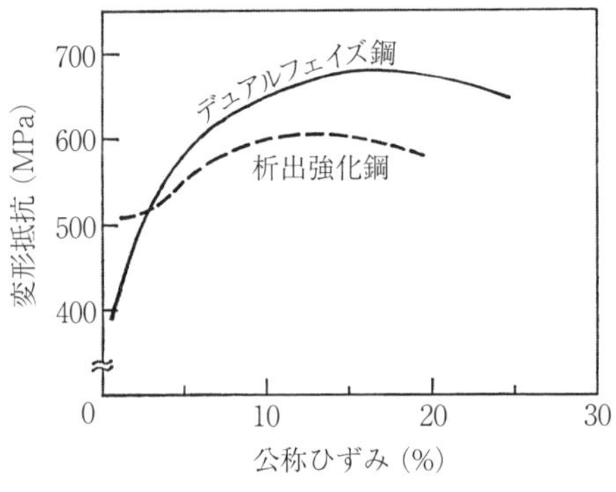

n値が同じであっても，板厚が薄くなると成形性が低下する．たとえば，板の張出し性を評価する**エリクセン値**(付録9参照)は板厚が薄くなるにつれて小さくなる．また，箔のようにきわめて薄い板の引張試験では，明瞭なくびれを生じることなく，n値から予測されるひ

図12.7 デュアルフェイズ鋼の変形抵抗

ずみよりもはるかに小さい値で破断してしまう．板厚が薄くなると，材料内の応力状態が成形工具との間の摩擦の影響で大きく変化するほか，板表面の粗さの増大 (9.7 節参照) や内部におけるボイドの発生・成長などの影響を受けやすくなるために，成形性が低下すると考えられている．

12.2 座 屈

12.2.1 座屈の例

潤滑の良い圧縮試験では，図 12.8(a) のように端面が横移動することがあ

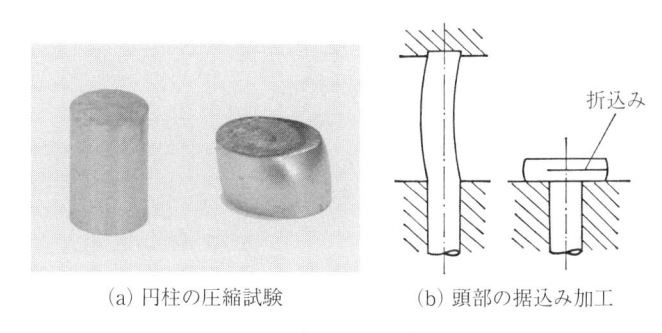

(a) 円柱の圧縮試験　　(b) 頭部の据込み加工

図 12.8　円柱の据込み時の座屈

る．また，ボルト頭部などの据込み加工において，据込み部の長さ l が素材径 d_0 の約 2 倍以上の場合，端面を拘束しても図 (b) に示すように**座屈**が発生し，そのまま加工を続けると，折込みの欠陥が発生する．

板や管の加工における座屈は**しわ**となって現れる．図 12.9 は，板と管の加工における座屈の例である．深絞りにおけるフランジ部のしわは，外周部の縮みに伴って生じる円周方向の

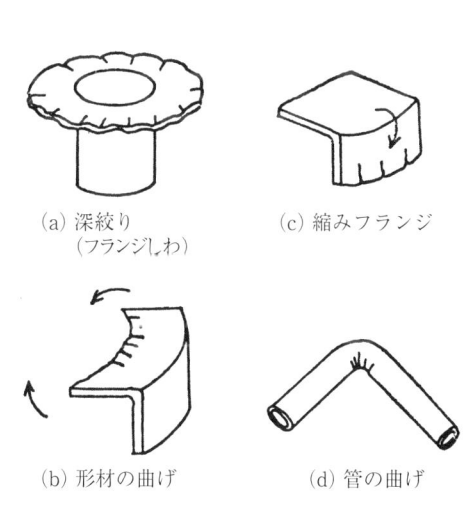

(a) 深絞り（フランジしわ）　(c) 縮みフランジ

(b) 形材の曲げ　(d) 管の曲げ

図 12.9　板および管加工における座屈

圧縮応力によって発生する．他のしわも圧縮応力のもとで生じている．

12.2.2 座屈の発生条件

細長い棒材に圧縮力が加わると，弾性変形においても座屈が生じる．両端が回転自由な柱（長さ l，断面積 A，断面二次モーメント I）に対する**オイラーの座屈応力** σ は，縦弾性係数を E とすると，次のように表される．

$$\sigma = E\pi^2 \frac{I}{l^2 A} \tag{12.8}$$

縦弾性係数 E は，引張試験における応力-ひずみ曲線の弾性部の傾き $d\sigma/d\varepsilon$ に等しいことから，塑性変形における座屈に対しては，E の代わりに変形抵抗曲線の傾き $d\bar{\sigma}/d\bar{\varepsilon}$ を近似的に適用すれば，

$$\sigma = \frac{d\bar{\sigma}}{d\bar{\varepsilon}} \pi^2 \frac{I}{l^2 A} \tag{12.9}$$

が得られる[*3]．ここで，材料の変形抵抗曲線を $\bar{\sigma} = a\bar{\varepsilon}^n$ で近似すると

$$\bar{\varepsilon} = n\pi^2 \frac{I}{l^2 A} \tag{12.10}$$

となる．すなわち，座屈時のひずみ $\bar{\varepsilon}$ はその時点の棒の形状 (l, A, I) のほかに n 値によって変化し，n 値が大きくなるほど座屈しにくくなる．

塑性座屈は，側面からの拘束のない細い棒や板に長さ方向の圧縮力が作用するときに生じるのであるから，側面への変形を拘束することによって防ぐことができる．たとえば，深絞りにおけるしわは，しわ押えによって板を押えて，波打ちを妨げることによって防ぐことができる．縮みフランジにおいても板押えを当てて，変形を拘束しながら曲げると，しわ発生を抑制できる．管の曲げでは管の内部に軟金属，砂，球状の心金などを入れ，外側から工具によって拘束しながら曲げるような方法がとられる．

ボルト頭部の成形などに用いられる据込み加工では，一度に長い棒材を圧縮するのではなく，**図 12.10** のように加工工程を分けて一度で圧縮する部分の長さを短くする方法がとられている．

[*3] 工藤英明：東大理工研報告，**8**(1954) p.153.

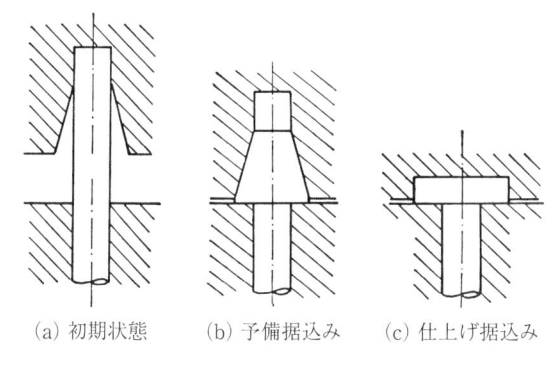

(a) 初期状態　(b) 予備据込み　(c) 仕上げ据込み

図 12.10　座屈を防止する据込み工程

12.3　延性破壊

12.3.1　延性破壊の例

比較的大きな塑性変形の後に生じる破壊を **延性破壊** という．**図 12.11** に，鍛造，押出し，圧延における延性破壊の例を示す．図 (a) は，据込み加工中に端面の潤滑が十分でないとき，たる型になった側面最大径の部分に生じる表面割れである．図 (b) は，丸棒のスエージング (横圧縮) 加工において素材中心部に発生

(a) 据込み　(c) 押出し引抜き (内部)　(e) 圧延 (端切れ)

(b) 丸棒スエージング　(d) 押出し (表面)　(f) 圧延 (二枚板)

図 12.11　各種塑性加工における割れ発生

する割れである．材料を回転しながら 2 方向から工具を押し付けて加工するときには，このような中心部の割れが生じやすく，**マンネスマン割れ** またはもみ割れと呼ばれている．図 (c) の押出しや引抜きの内部割れは，多段階の加工後に生じやすく，その形状から **シェブロン (山形紋章) 割れ** といわれている．図 (d) の押出しにおける表面割れ，図 (e) の圧延における端切れ，図 (f) の 2 枚板は比較的延性の少ない材料に生じやすい．

12.3.2 金属材質と延性

図 12.12 は，焼結銅の引張試験における破壊ひずみと空隙の体積率の関係を示す．破壊ひずみ ε_f は引張試験片の初期直径 d_0 と破断部の直径 d_f から

$$\varepsilon_f = 2\ln\left(\frac{d_0}{d_f}\right) \tag{12.11}$$

で求められる値である〔式 (1.6) 参照〕．この図から，空隙を数%含むだけで，材料の延性が大きく低下することがわかる．第二相や介在物の体積率とともに，それらの形状も延性破壊に大きな影響を与える．

図 12.13 は，炭素鋼の第2相であるセメンタイトの形状を変化させたときの破壊ひずみの変化を示したものである．セメンタイトの短径と長径との比 β で形状を表している．通常の層状セメンタイトでは $\beta=0.07\sim0.1$ で細長いが，熱処理によりセメンタイトを球状化すると $\beta=0.5$ 程度になり，破壊ひずみは層状セメンタイトの2倍程度になる．炭素量の多い冷間鍛造用鋼材は，球状化焼なましにより延性を向上させ使用している．

図 12.14 に，炭素鋼圧延材の介在物の写真を示す．鉄鋼の製造中に使用さ

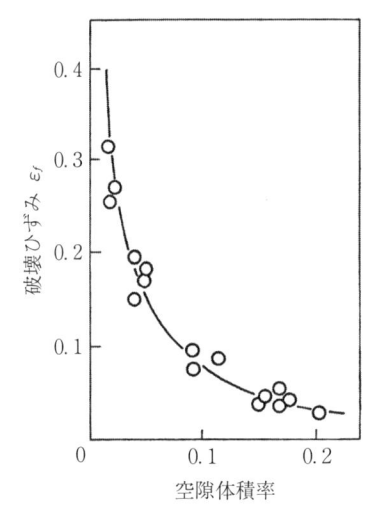

図 12.12 銅の引張りと破壊ひずみに及ぼす空隙体積率の影響

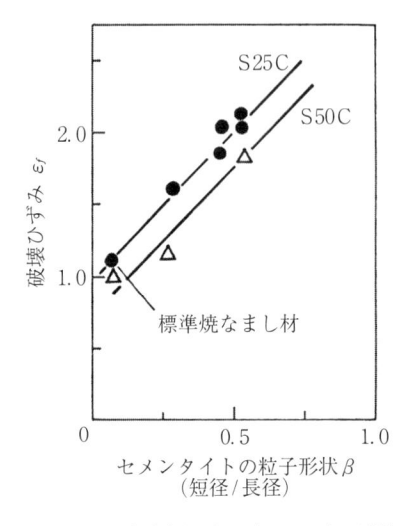

図 12.13 炭素鋼のねじりにおける延性破壊ひずみに及ぼすセメンタイト形状の影響

れる酸素を除くため Mn などが添加されるが，Mn が硫黄と結合して MnS になり，写真のように圧延により伸ばされる．圧延材を圧延方向に引っ張るほうが，それと直角方向に引っ張る場合よりも延性が大きい．冷間鍛造用鋼材では介在物の原因である硫黄の量を低下させたり，介在物の形を球状化して異方性を除いたりして，加工性の良い材料にしている．

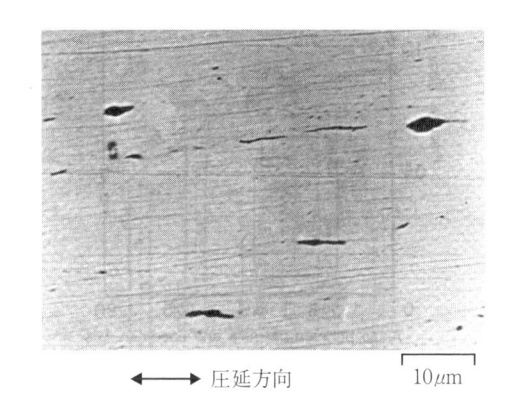

図 12.14 圧延された鋼材中の介在物

12.3.3 加工温度

温間加工，熱間加工では，冷間加工よりも破壊ひずみが大きい．これは，加工中に回復，再結晶を生じて材料が軟化するためである．しかし，溶融温度に近い高温では材料の一部が溶けて延性の低下を生じる(**赤熱ぜい性**)．また相変態などの金属組織の変化によっても延性は変化し，室温付近で脆性を示す Mg 合金も，200℃程度以上の温度で大きな延性をもつようになる (6.5.2 項参照)．炭素鋼では 300〜400℃ で**青熱ぜい性**(8.2 節，11.2.2 項参照)と呼ばれる延性の低くなる現象を示すが，これは転位の動きが炭素によって阻害され硬化するためである．

12.3.4 応力状態

一般に，加工中に大きい引張応力が加わると破壊しやすい．図 12.11 に示した塑性加工の例では，引張応力を生じるところ

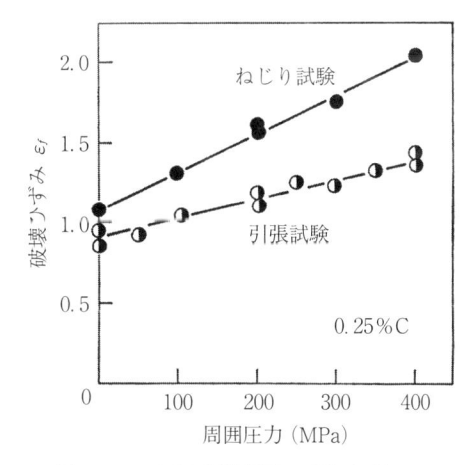

図 12.15 0.25 C 炭素鋼の破壊ひずみに及ぼす周囲圧力の影響

で割れが生じている．

逆に，塑性変形をしている材料の周囲から圧力を加えると延性が増大することが知られている．図 12.15 は，高圧下でのねじりおよび引張試験における炭素鋼の破壊ひずみと周囲圧力の関係を示す．破壊ひずみは，圧力が増大するとともに大きくなっている．

12.3.5 延性破壊の機構

引張試験で破断した面を電子顕微鏡で撮影すると，図 12.16 のようなクレータ状の凹部（ディンプル）が観察され，その中に破壊の原因となったと考えられる介在物が存在することが多い．こうした観察から，延性破壊は図 12.7 に示す過程を経て進行するものと考えられている．

① 塑性変形が進行すると，非金属介在物や第 2 相などの境界に転位が集積する．
② その部分の応力やひずみが一定の条件に達すると，介在物などが破壊したり，母金属からはく離したりして微小孔を生じる．
③ 変形の進行とともに微小孔がボイド（空孔）やクラックとして成長する．
④ ボイドやクラックが連結，合体して急速に成長して変形が集中し，巨視的破壊に至る．

こうした破壊機構を考慮して，延性破壊

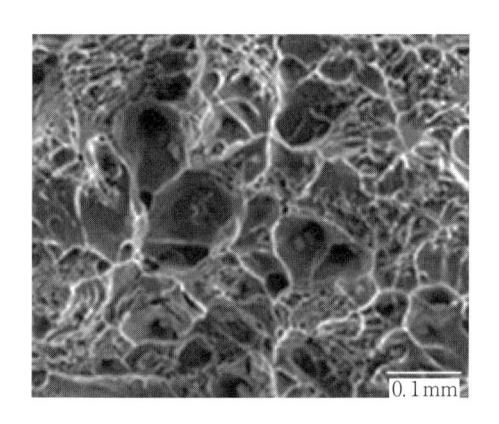

図 12.16 銅の引張試験片破面のディンプル

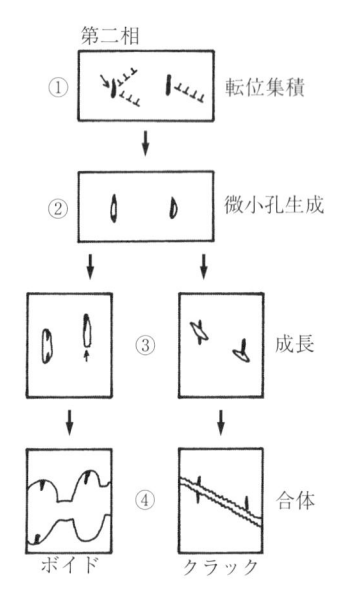

図 12.17 延性破壊過程

の条件式が提案されている (付録 15 参照).

演習問題

1. 変形抵抗曲線 $\bar{\sigma} = a(\bar{\varepsilon} + \varepsilon_0)^n$ で表される材料の一軸引張りにおけるくびれ発生ひずみを求めよ．
2. 外径 D_0, 肉厚 t_0 の薄肉球殻に内圧を加える場合，内圧の低下開始ひずみを $\bar{\sigma} = a\bar{\varepsilon}^n$ の材料について求めよ．
3. 板成形で，拡散くびれではなく局部くびれの発生が加工限界であると考えられているが，その理由を説明せよ．
4. 図 12.10 に示した据込み座屈を防止する方法での材料の変形状態を推定して，座屈が生じにくくなる理由を説明せよ．
5. 図 12.11 (c) に示す押出しにおける中心部破壊を防止する方法について調査せよ．

第13章　応力とひずみ

塑性力学を用いて塑性加工問題を解析したり，シミュレーションから得られた塑性変形の現象を理解したりするには，応力とひずみに関する基礎的な知識が不可欠である．本章では，塑性加工の解析に必要な応力とひずみの定義のほか，関連項目について説明する．

13.1 応　力

13.1.1 二次元応力

図13.1のように物体表面に外力が作用するとき，その物体を内部の仮想的な面で切り離し，その面に作用する単位面積当たりの力が「応力」である．応力には図(a)のように面に垂直に作用する**垂直応力**と，図(b)のように面に平行に作用する**せん断応力**とがある．

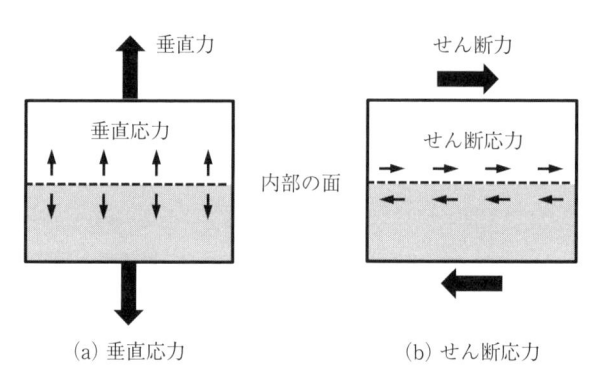

図13.1　垂直応力とせん断応力

通常は，垂直応力とせん断応力の両方が一つの面に作用している．

図13.2(a)のように，外力Fで上下に引っ張られている棒を点線で仮想的に分割したときの下半分側の分割面について考える．この面は，図のように外力に垂直の面から反時計方向に角度θ回転しており，面積は$A_\theta = A_0/\cos\theta$である．図(b)のように下面の外力$F$と釣り合うため，この面には上向きの力$F$が作用している．物体内部の仮想的な面に作用する力を**内力**という．内力Fのベクトルを面に垂直な垂直成分$F_n = F\sin\theta$と平行なせん断成分$F_s = $

13.1 応　　力　　139

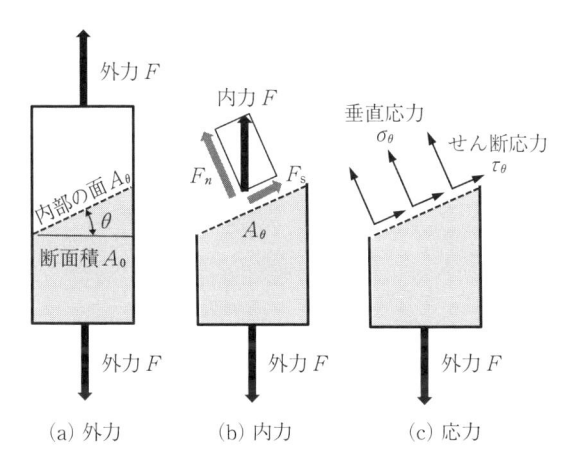

(a) 外力　　(b) 内力　　(c) 応力

図 13.2　傾いた面の内力と応力

$F\cos\theta$ に分解，図 (c) のようにおのおのを面積で割った値がこの面の垂直応力 σ_θ とせん断応力 τ_θ である．

$$\left.\begin{aligned}\sigma_\theta &= \frac{F_n}{A_\theta} = \frac{F\cos\theta}{A_0/\cos\theta} = \sigma_0 \cos^2\theta \\ &= \frac{1}{2}\sigma_0(\cos^2\theta + \sin^2\theta) + \frac{1}{2}\sigma_0(\cos^2\theta - \sin^2\theta) \\ &= \frac{1}{2}\sigma_0(1+\cos 2\theta) \\ \tau_\theta &= \frac{F_s}{A_\theta} = \frac{F\sin\theta}{A_0/\cos\theta} = \sigma_0 \sin\theta\cos\theta = \frac{1}{2}\sigma_0 \sin 2\theta\end{aligned}\right\} \quad (13.1)$$

$\sin^2 2\theta + \cos^2 2\theta = 1$ を用いて，上式から 2θ を消去して，σ_θ と τ_θ の関係が次のように導かれる．

$$\left(\sigma_\theta - \frac{\sigma_0}{2}\right)^2 + \tau_\theta^2 = \left(\frac{\sigma_0}{2}\right)^2 \quad (13.2)$$

横軸に垂直応力 σ，縦軸にせん断応力 τ をとった座標にこの式を表すと，図 13.3 のように，中心が $((1/2)\sigma_0, 0)$ で半径が $(1/2)\sigma_0$ の円になる．垂直応力 σ の符号は引張りが + であり，せん断応力 τ は面に対して時計回りに作用するときに + である．この応力の表示方法を **モールの応力円** と呼ぶ．

引張方向に垂直な面から反時計方向に角度 θ 回転した面の応力は，応力円で

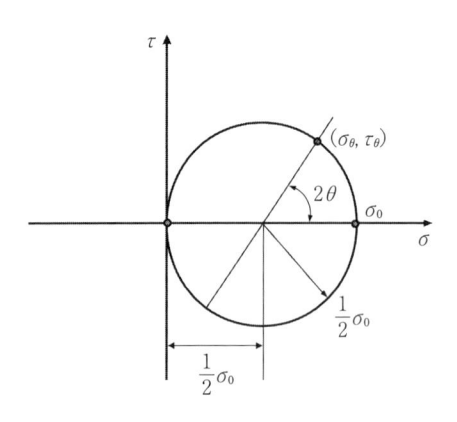

図 13.3 一軸引張りのモールの応力円

は 2θ 回転した点によって表されている．引張方向に垂直な面では，垂直応力は σ_0 で せん断応力は 0 であるが，せん断応力が 0 になる面の垂直応力は **主応力** である．主応力 σ_0 が作用する面から反時計方向に角度 $90°(\pi/2)$ 回転した面は，モールの応力円で角度 π だけ回転した左端のせん断応力が $0(\sigma=0)$ の主応力面であり，主応力面は直交している．

以上の一軸引張りの例は，上下方向に引張主応力が加わり，左右方向に大きさ 0 の主応力が加わっている特殊な二軸問題であるが，一般的な二軸応力問題においても直交する 2 面の応力を用いてモールの応力円から主応力を求めることができる．

二軸変形は奥行き方向で同じ変形を生じる状態であるが，板成形のように板厚に直角方向の応力が常に 0 である **平面応力** と，板圧延のように奥行き方向に伸び縮みしない **平面ひずみ** がある（15.1.1 参照）．

図 13.4(a) のように，面 A の応力 (σ_A, τ_A) と A から反時計方向に $\pi/2$ 回転

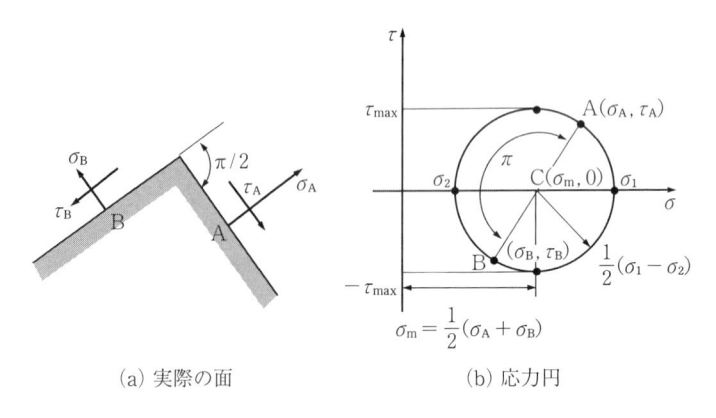

(a) 実際の面　　　　　　　　(b) 応力円

図 13.4　二軸応力状態のモールの応力円

した面 B の応力 (σ_B, τ_B) が既知であるときには，モールの応力円は図 (b) のようになる．τ_A と τ_B は大きさが同じで符号が反対であるが，これは面に対するせん断応力の回転方向が反対であることを意味している．図 (b) の AB を直径とする円が応力円であり，円の中心の σ 座標は $\sigma_m = (\sigma_A + \sigma_B)/2$ である．

上記 A, B 面のように直角をなす 2 方向の面の応力がわかっている場合には，σ_m は

$$\sigma_m = \frac{\sigma_A + \sigma_B}{2} = \frac{\sigma_1 + \sigma_2}{2} \quad (13.3)$$

と，面の角度によらず一定になる．

せん断応力の絶対値が最大になるのは主応力面から角度 $\pm\pi/4$ 回転した面で，その値は

$$\tau_{max} = \frac{\sigma_1 - \sigma_2}{2} \quad (13.4)$$

である．最大せん断応力面での垂直応力は σ_m である．主応力と**最大せん断応力**の関係を図 13.5 に示す．

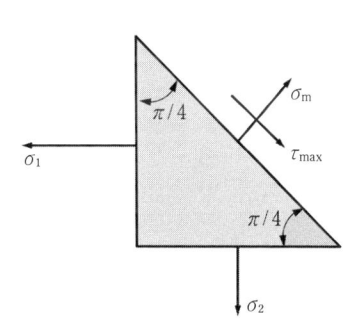

図 13.5 主応力と最大せん断応力の関係

13.1.2 応力の一般表示

厳密な解析では，座標系に関連させた応力成分で 1 点の応力を表す．材料内に座標軸方向の稜線をもつ微小面からなる六面体を仮定し，各面を通して伝えられる内力を面の面積で割った値として応力が定義される．面の方向は法線の方向により表される．応力は，考えている面の (法線の) 方向と力の方向の二つが関係している．三次元的に応力状態を表すには，x, y, z 方向の面に加わる力をおのおの x, y, z 各方向に分解した表 13.1 に示すような 9 個の応力成分が必要となる．

図 13.6 に，三次元の応力成分を示す．ここで，σ は垂直応力を表し，τ はせん断応力を表す．τ の第 1 の添字は応力の作用する面の法線方向

表 13.1 応力の成分

力の作用する面の方向	力の方向		
	x 方向	y 方向	z 方向
x 方向に垂直な面	σ_x	τ_{xy}	τ_{xz}
y 方向に垂直な面	τ_{yx}	σ_y	τ_{yz}
z 方向に垂直な面	τ_{zx}	τ_{zy}	σ_z

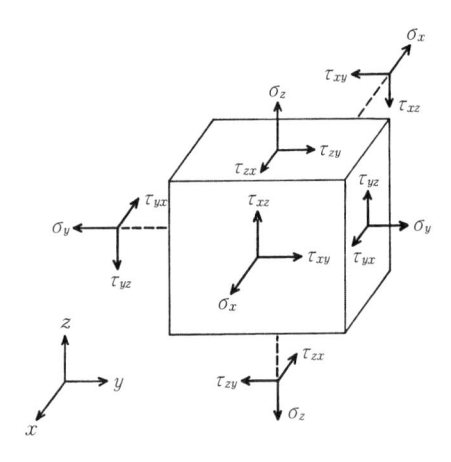

図13.6 応力の成分(矢印＋方向)

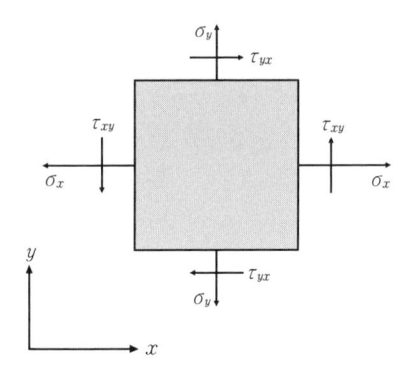

図13.7 二次元のコーシー応力

を，第2の添字は力の方向を表している．面の方向の座標軸に対する正負と，力の成分の方向の正負を考え，両者が正または両者が負の場合には応力を正，一方が正で他方が負の場合には応力を負とすることによって決められる．このような座標に関連して定義された応力を**コーシー応力**という．

図13.6 を z 軸方向から見ると，図13.7 のようになる．いずれの応力成分も正の方向である．モールの応力円では表面に時計回りのせん断応力を正としたが，この図では τ_{xy} は反時計回り，τ_{yx} は時計回りであるが，いずれも正である．z 座標軸のまわりのモーメントの釣合いを保つ必要性から，$\tau_{xy} = \tau_{yx}$ である．同様に，図13.6 で $\tau_{yz} = \tau_{zy}$，$\tau_{zx} = \tau_{xz}$ となるため，独立な応力成分の3個が減少して，1点の応力状態は6個の独立な応力成分によって記述できることになる．

以上では直角座標系の応力を説明したが，軸対称塑性加工では円柱座標で記述する．円柱座標系での応力については，図15.5 を参照されたい．

モールの応力円においては，面を回転して任意の角度の面の応力を計算できたが，コーシー応力でも三次元座標の x 軸，y 軸，z 軸回りに回転した面の応力を計算することができる．三次元においてはせん断応力が0になる主応力面が3個存在し，3個の主応力面は図13.8 のように互いに直交している．このため，任意の座標系における応力状態を主応力軸方向の座標に変換し，3個

の主応力だけで表現できる．

主応力の大きさは，座標の取り方により変化しないが，ほかにも座標により変化しない不変量が存在する．応力の不変量については，付録17を参照されたい．

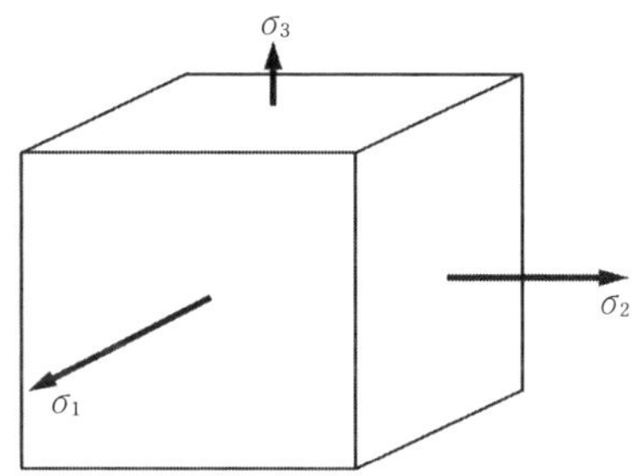

13.1.3 静水圧応力と偏差応力

3方向の垂直応力成分の平均値

$$\sigma_m = \frac{\sigma_x + \sigma_y + \sigma_z}{3} \tag{13.5}$$

図 13.8 三次元主応力

は**平均垂直応力**あるいは**静水圧応力**と呼ばれ，材料に作用する圧力の大小を表す．モールの応力円の場合の式(13.3)と同様に，この値も座標の取り方によって変わらない．等方圧力は $\sigma_1 = \sigma_2 = \sigma_3 = \sigma_m = -p$ である．通常の金属は周囲から圧力を加えるだけでは塑性変形をしないことから，通常の金属に関する塑性力学では物体に加わる等方圧力は塑性変形に関係しないと考える．

各方向の垂直応力成分から平均垂直応力を差し引いた値を**偏差応力**と呼び，次のように表す．

$$\sigma_x' = \sigma_x - \sigma_m, \quad \sigma_y' = \sigma_y - \sigma_m, \quad \sigma_z' = \sigma_z - \sigma_m \tag{13.6}_1$$

式(13.4)の最大せん断応力は，

$$\tau_{max} = \frac{\sigma_1 - \sigma_2}{2} = \frac{\sigma_1' + \sigma_m - \sigma_2' - \sigma_m}{2} = \frac{\sigma_1' - \sigma_2'}{2}$$

と静水圧応力によって影響されないことがわかる．一般に，せん断応力は静水圧応力により変化しないので，偏差応力の一般的な表示ではせん断応力の偏差成分については σ_m を差し引かない．

$$\tau_{xy}' = \tau_{xy}, \quad \tau_{yz}' = \tau_{yz}, \quad \tau_{zx}' = \tau_{zx} \tag{13.6}_2$$

14.2節で説明するように，偏差応力は塑性力学において重要な役割を果たす．

13.1.4 力の釣合いの式

力学の基本は力の釣合いであり，物体の内部でも力は釣り合っている．図13.9に示すような奥行き(z方向)が1(単位長さ)で，横幅 dx，高さ dy の微

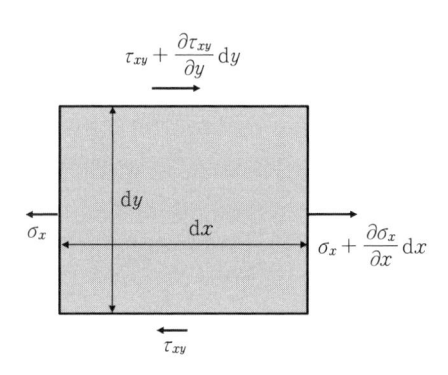

図 13.9 微小領域に加わる x 方向応力成分の変化

小な直方体における二次元の釣合いを考える．図では，x 方向の力の成分をもつ応力成分を示す．

z 方向の応力変化はないが，x 方向と y 方向へ応力成分は線形に変化しているとする．たとえば，直方体左面には応力 σ_x が加わるが，dx 離れた右面では $\sigma_x + (\partial \sigma_x / \partial x) dx$ が加わる．左右の面の σ_x と上下面の τ_{xy} の x 方向の不釣合い量を加え合わすと，次のようになる．

$$\frac{\partial \sigma_x}{\partial x} dx\,dy + \frac{\partial \tau_{xy}}{\partial y} dy\,dx = 0$$

同様な操作を y 方向についても行い，次の **釣合い式** を得る．

$$\frac{\partial \sigma_x}{\partial x} + \frac{\partial \tau_{xy}}{\partial y} = 0 \quad (x \text{方向}) \tag{13.7}_1$$

$$\frac{\partial \tau_{xy}}{\partial x} + \frac{\partial \sigma_y}{\partial y} = 0 \quad (y \text{方向}) \tag{13.7}_2$$

三次元座標における一般的な釣合い式については付録 16 を参照されたい．

13.2 ひ ず み

13.2.1 ひずみの定義

物体に力を加えると，伸び，縮み，ずれを生じる．これらの変形の度合は，図 13.10 に示す垂直ひずみとせん断ひずみによって表される．図 (a) のように，面の垂直方向への移動により生じる伸びや縮みは **垂直ひずみ** であり，図 (b) のように面が平行移動して生じるずれのひずみは **せん断ひずみ** である．

以下では，普通用いられる工学的な三次元微小ひずみの概念を説明する．図 13.11 (a) に示すように，辺の長さが dx, dy, dz の直方体 ① が微小変形をして ② のようになるものとする．下の面の端点 A が変形後に A' に移動し，その

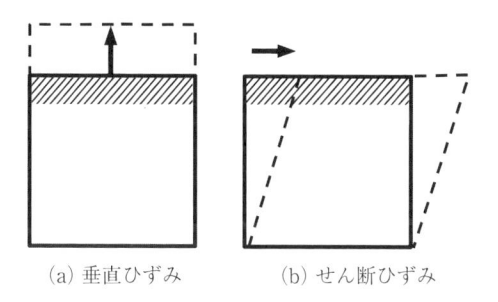

図 13.10　垂直ひずみとせん断ひずみ

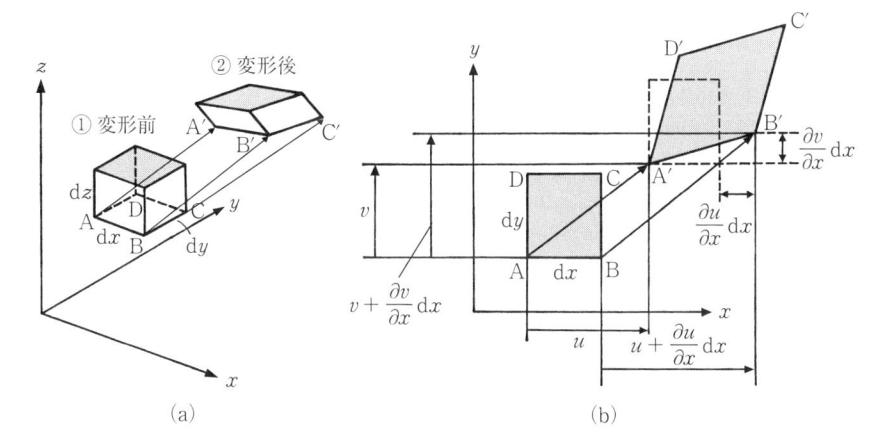

(a) 垂直ひずみ　　(b) せん断ひずみ

図 13.11　直方体の変形

x, y, z 方向の変位を u, v, w とする．面 ABCD が変形後に A′B′C′D′ になった状態を z 軸方向から見た状態を図 (b) に示す．x 方向の垂直ひずみ ε_x を AB と A′B′ の線分の長さの変化率から求める．この場合，A′B′ は斜めになっているが，変形が微小であるとして傾斜は影響しないとすると，ε_x は次式で表される．

$$\varepsilon_x = \frac{\mathrm{A'B'} - \mathrm{AB}}{\mathrm{AB}} = \frac{\mathrm{d}x + u + (\partial u/\partial x)\mathrm{d}x - u - \mathrm{d}x}{\mathrm{d}x} = \frac{\partial u}{\partial x} \quad (13.8)$$

同様に，y, z 方向の垂直ひずみ ε_y, ε_z は次式で表す．

$$\varepsilon_y = \frac{\partial v}{\partial y}, \quad \varepsilon_z = \frac{\partial w}{\partial z}$$

第13章 応力とひずみ

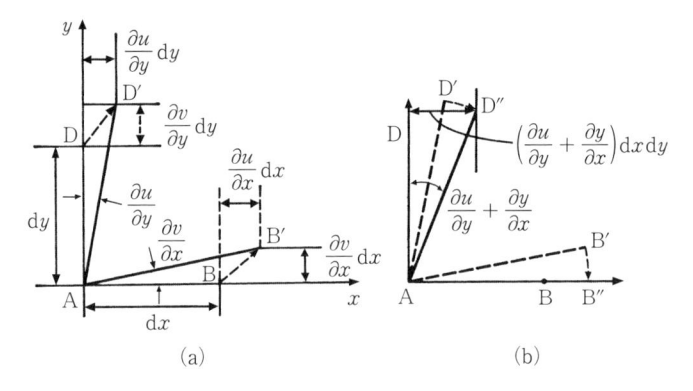

図 13.12 せん断ひずみ

　図 13.11(b) の点 A と点 A′ を一致させて図 13.12(a) のように示し，せん断ひずみを説明する．点 B′ は点 B から $(\partial v/\partial x)dx$ だけ y 方向にずれ，AB′ の傾きは $\partial v/\partial x$ になる．同様に AD′ の傾きは $\partial u/\partial y$ である．

　x-y 平面のせん断ひずみ γ_{xy} は ∠BAD の角度変化（∠BAD－∠B′AD′）であり，図 13.12(b) のように AB′ を AB″ に倒したときには ∠D″AD が γ_{xy} である．γ_{xy} は，線分 AB の y 方向の傾きと線分 AD の x 方向の傾きの和として次のように表す．

$$\gamma_{xy} = \frac{v+(\partial v/\partial x)dx - v}{dx} + \frac{u+(\partial u/\partial y)dx - v}{dy} = \frac{\partial v}{\partial x} + \frac{\partial u}{\partial y} \tag{13.9}$$

同様に，y-z 平面のせん断ひずみ γ_{yz} と，z-x 平面のせん断ひずみ γ_{zx} は次式で表す．

$$\gamma_{yz} = \frac{\partial w}{\partial y} + \frac{\partial v}{\partial z}, \quad \gamma_{zx} = \frac{\partial u}{\partial z} + \frac{\partial w}{\partial x}$$

以上のことから，工学的なひずみ成分は次のように定義される．

垂直ひずみ成分

$$\varepsilon_x = \frac{\partial u}{\partial x}, \quad \varepsilon_y = \frac{\partial v}{\partial y}, \quad \varepsilon_z = \frac{\partial w}{\partial z} \tag{13.10}_1$$

せん断ひずみ成分

$$\gamma_{xy} = \frac{\partial v}{\partial x} + \frac{\partial u}{\partial y}, \quad \gamma_{yz} = \frac{\partial w}{\partial y} + \frac{\partial v}{\partial z}, \quad \gamma_{zx} = \frac{\partial u}{\partial z} + \frac{\partial w}{\partial x} \quad (13.10)_2$$

垂直ひずみの符号は伸びを生じる場合が正，縮みを生じるときには-である．せん断ひずみは，図13.12に示したように点Aでの角度が小さくなる場合が+である．

塑性加工においても，実験的に変位 u, v, w を測定すれば，式(13.10)から変形に伴うひずみの成分を求めることができる．なお，ひずみについても主ひずみ方向が存在し，主ひずみ方向ではせん断ひずみ成分が0となる．式(13.10)のようなひずみと変位の関係式は，**ひずみの適合条件** と呼ばれることがある．

13.2.2 ひずみ増分とひずみ速度

塑性加工では，変形が大きいために，初期の形状を基準とするのではなく，現在の形状を基準とし，それからの微小変形を考える場合が多い．このときのひずみ増加量を **ひずみ増分** と呼び，その成分を $d\varepsilon_x, d\varepsilon_y, d\varepsilon_z, d\gamma_{xy}, d\gamma_{yz}, d\gamma_{zx}$ で表す．

微小変形が時間 dt で生じるものとすると，ひずみの変化する速度，すなわち **ひずみ速度** は

$$\left. \begin{array}{l} \dot{\varepsilon}_x = \dfrac{d\varepsilon_x}{dt}, \quad \dot{\varepsilon}_y = \dfrac{d\varepsilon_y}{dt}, \quad \dot{\varepsilon}_z = \dfrac{d\varepsilon_z}{dt} \\[6pt] \dot{\gamma}_{xy} = \dfrac{d\gamma_{xy}}{dt}, \quad \dot{\gamma}_{yz} = \dfrac{d\gamma_{yz}}{dt}, \quad \dot{\gamma}_{zx} = \dfrac{d\gamma_{zx}}{dt} \end{array} \right\} \quad (13.11)$$

と表される．本章では，ひずみ増分を用いて説明するが，ひずみ増分の代わりにひずみ速度を用いることもできる．

13.2.3 体積ひずみ

物体が変形をすると体積が変化することがあるが，その変化率が **体積ひずみ** である．図13.13に示すように，辺の長さが dx, dy, dz の直方体が dx', dy', dz' に変形したときを考える．それぞれの垂直ひずみを $\varepsilon_x, \varepsilon_y, \varepsilon_z$ とすると，変形後の長さは次のように表される．

$$dx' = (1+\varepsilon_x)dx, \quad dy' = (1+\varepsilon_y)dy, \quad dz' = (1+\varepsilon_z)dz \quad (13.12)$$

変形前後の体積変化から，体積ひずみ ε_v は次式で表される．

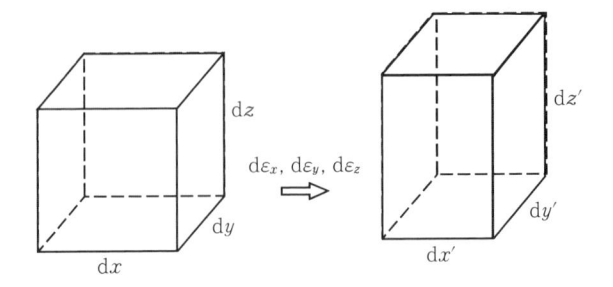

図 13.13　体積変化

$$\varepsilon_v = \frac{dx'\,dy'\,dz' - dx\,dy\,dz}{dx\,dy\,dz}$$

$$= \frac{(1+\varepsilon_x)(1+\varepsilon_y)(1+\varepsilon_z)dx\,dy\,dz - dx\,dy\,dz}{dx\,dy\,dz}$$

$$\approx \varepsilon_x + \varepsilon_y + \varepsilon_z \tag{13.13}$$

弾性変形では微小な体積変化を生じるが，通常の金属の塑性変形では体積はほぼ一定であり，塑性力学の解析では体積ひずみを 0 と仮定することが多い．体積一定の条件は，次のように表される．

$$\varepsilon_x + \varepsilon_y + \varepsilon_z = 0 \tag{13.14}$$

13.3　弾性変形における応力とひずみの関係

13.3.1　弾性における応力とひずみの関係

図 13.14 に示すように y 方向に引張応力 σ_y を加えるとき，弾性変形では y 方向の応力 σ_y とひずみ ε_y は**縦弾性係数** E を用いて次式により関係づけられる．

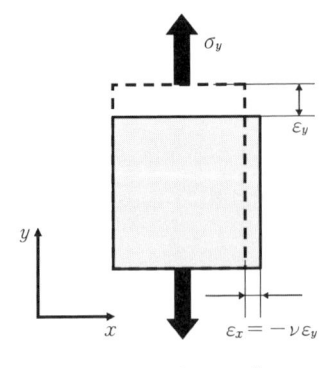

$$\varepsilon_y = \frac{1}{E}\sigma_y \tag{13.15}$$

このとき，x 方向は図のように $-\nu\varepsilon_y$ だけ縮み，x 方向のひずみ ε_y は

$$\varepsilon_x = -\nu\varepsilon_y = -\frac{\nu}{E}\sigma_y \tag{13.16}$$

図 13.14　ポアソン比

となる．ここで，ν を**ポアソン比**といい，

その値は，金属では 0.3 程度である．$\sigma_x, \sigma_y, \sigma_z$ が働くとき，弾性変形では，それぞれのひずみを加え合わすことができるため，ε_x は次のようになる．

$$\varepsilon_x = \frac{1}{E}(\sigma_x - \nu\sigma_y - \nu\sigma_z) \tag{13.17}$$

せん断変形では，**せん断弾性係数** を G とすると，せん断応力 τ_{xy} とせん断ひずみ γ_{xy} は

$$\gamma_{xy} = \frac{1}{G}\tau_{xy} \tag{13.18}$$

の関係がある．

等方性材料では，せん断応力は垂直ひずみには影響せず，垂直応力はせん断ひずみに影響しないので，応力成分とひずみ成分は次の**フックの法則**で関係づけられる．

$$\left.\begin{aligned}\varepsilon_x &= \frac{1}{E}\{\sigma_x - \nu(\sigma_y + \sigma_z)\}, \quad \gamma_{yz} = \frac{1}{G}\tau_{yz}\\ \varepsilon_y &= \frac{1}{E}\{\sigma_y - \nu(\sigma_z + \sigma_x)\}, \quad \gamma_{zx} = \frac{1}{G}\tau_{zx}\\ \varepsilon_z &= \frac{1}{E}\{\sigma_z - \nu(\sigma_x + \sigma_y)\}, \quad \gamma_{xy} = \frac{1}{G}\tau_{xy}\end{aligned}\right\} \tag{13.19}$$

縦弾性係数 E とせん断弾性係数間 G の間には，次の関係がある．

$$G = \frac{E}{2(1+\nu)} \tag{13.20}$$

圧力 $\sigma_x = \sigma_y = \sigma_z = -p$ が作用して弾性変形を生じるとき，式 (13.13) で定義された体積ひずみは，式 (13.19) を用いて次のように表される．

$$\varepsilon_v = \varepsilon_x + \varepsilon_y + \varepsilon_z = \frac{-3p}{E}(1 - 2\nu) \tag{13.21}$$

体積ひずみと圧力の関係は，**体積弾性係数** K により

$$\varepsilon_v = \frac{-p}{K} = \frac{\sigma_m}{K} \tag{13.22}$$

により与えられるものとすると，式 (13.21) と式 (13.22) を組み合わせると，K は次のように求められる．

$$K = \frac{E}{3(1-2\nu)} \tag{13.23}$$

13.3.2 弾性ひずみエネルギー

図 13.15 に示すように，1 辺の長さが l，体積が l^3 の立方体の材料に一方向の応力 σ を加えたあとで，さらに微小なひずみ増加 $d\varepsilon$ を生じさせるときの仕事の増加量を考えよう．仕事は「力×変位」で定義されるので，力 σl^2 で変位 $l d\varepsilon$ の場合の仕事は $\sigma l^3 d\varepsilon$ である．単位体積当たりの材料になした仕事増分 dW（比仕事増分）は，次のようになる．

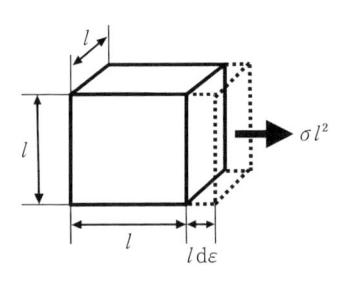

図 13.15 立方体を微小変形するための仕事

$$dW = \sigma l^3 \frac{d\varepsilon}{l^3} = \sigma d\varepsilon \tag{13.24}$$

外部からなされた仕事は，**弾性ひずみエネルギー**として蓄えられる．ひずみが ε_1 のときの弾性ひずみエネルギー W_1 は，仕事増分をひずみについて積分して

$$W_1 = \int_0^{\varepsilon_1} dW = \int_0^{\varepsilon_1} \sigma d\varepsilon = \int_0^{\varepsilon_1} E\varepsilon d\varepsilon = \frac{1}{2}E\varepsilon_1^2 = \frac{1}{2}\sigma_1 \varepsilon_1 \tag{13.25}$$

と求められる．

演習問題

1. 高さ 50 mm の圧縮試験片を 10 mm/s の一定速度で高さが 20 mm になるまで圧縮した．このときのひずみ速度の変化を求めよ．また，高さ方向の最終の対数ひずみはいくらになるか．
2. σ_x=750 MPa，σ_y=120 MPa，σ_z=0，τ_{xy}=150 MPa の平面応力状態の場合，主応力の大きさと方向を求めよ．
3. 二軸変形において，垂直応力の平均値である平均応力は最大せん断応力の作用する面に加わる垂直応力と一致することを示せ．
4. 縦弾性係数 E とせん断弾性係数 G の関係を表す式 (13.20) を導け．
5. 図 13.16 に示すような直径 D，厚さ t で両端が閉じられた薄肉円筒に内圧 p が作用している場合，円周方向および長さ方向の垂直応力を求めよ．

図 13.16

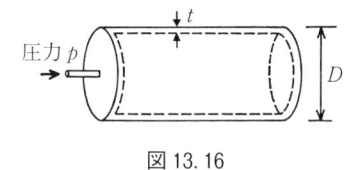

6. 縦弾性係数 E, ポアソン比 ν の材質の直径 d の棒材をトルク T でねじったときの最大せん断応力,最大せん断ひずみ,主応力とその方向の垂直ひずみの値を求めよ.
7. 奥行き方向に同じ断面形状であり,伸縮がない二次元変形を「平面ひずみ」という.この場合のフックの式を導け.

第14章　塑性力学

各種の塑性加工法における加工工程の設計に際しては，加工力などを解析やシミュレーションを用いて合理的に決定するのが望ましい．解析やシミュレーションの結果を有効に利用するには，塑性力学の基礎的な知識が不可欠である．本章では，塑性加工法の解析結果やシミュレーション結果の理解に必要な塑性力学の基礎について説明する．

14.1　降伏条件

14.1.1　金属の降伏

1.4節で説明したように，金属材料の引張試験で応力が増加していくと，弾性変形を生じたあと，応力が一定値を超えると塑性変形が始まる．塑性変形開始が降伏，このときの応力が降伏応力である．

通常の固体金属は，多くの結晶粒で構成されている多結晶である．各結晶粒では原子が規則正しく配列し，原子間には引力と斥力が作用し，無負荷状態ではそれらが釣り合っている．金属に力を加えると，まず図14.1(a)のように力に比例して原子間隔が変化し，巨視的には弾性変形を生じる．

金属の結晶には図(b)のような**転位**と呼ばれる欠陥が存在するが，単結晶では特定の金属格子面(滑り面)の特定方向(滑り方向)のせん断応力が一定値

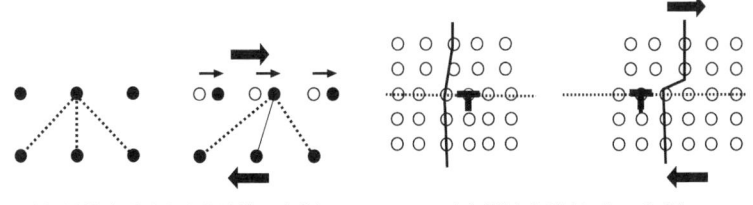

(a) 弾性変形(原子間距離の変化)　　(b) 塑性変形(転位の移動)

図14.1　弾性変形と塑性変形の原因

(**臨界せん断応力**) に達すると転位が動き始める．転位が移動すると原子配置がずれて原子レベルでの永久変形を生じるが，これが塑性変形の原因である．

このことから，降伏はせん断応力によって表されると考えられるが，多結晶金属では結晶の方位はランダム（ばらばら）であるので，一定応力状態でも各結晶の滑り面のせん断応力は異なる．また，塑性加工では一軸引張りや圧縮のような単純な応力状態ではなく，複雑な応力状態で塑性変形が進行する．このため，応力成分で表した降伏条件式が必要になる．

14.1.2 多軸応力状態における降伏

図 14.2(a) に示す一軸引張りで，主応力 σ_1 が一軸降伏応力 σ_Y に達すると，降伏すると考える．図 (b) のように，主応力 σ_1 と直交する方向に引張りの応力 σ_2 が作用していると，降伏には σ_Y よりも大きな σ_1 が必要になる．逆に，図 (c) のように引張軸に直交方向に圧縮応力が作用していると，σ_Y よりも小さな σ_1 で降伏が生じる．このように多軸応力状態で降伏を考えるためには，応力成分をすべて考慮する必要がある．

一般的には，13.1.2 項で説明した 6 個の独立な応力成分が降伏に影響を及ぼす．降伏を生じるときの応力成分の関係が **降伏条件式** である．

単結晶の降伏や塑性変形がせん断応力によって生じるため，単結晶の集合である多結晶の降伏条件もせん断応力で表されるはずである．降伏応力は静水圧（平均応力）に影響されないことが実験的に知られている．これは，静水圧によって影響されないせん断応力により降伏条件が記述されることを示唆している．

(a) 一軸引張り　$\sigma_1 = \sigma_Y$

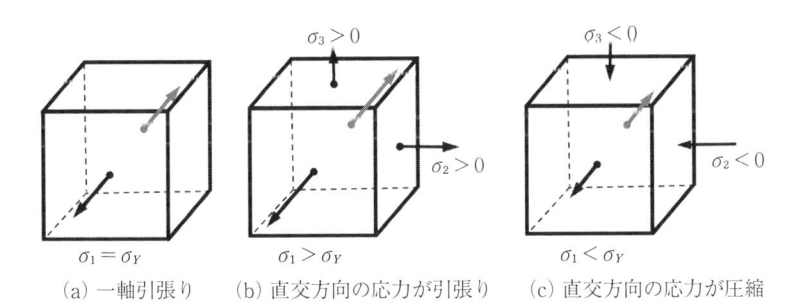

(b) 直交方向の応力が引張り　$\sigma_3 > 0$，$\sigma_2 > 0$，$\sigma_1 > \sigma_Y$

(c) 直交方向の応力が圧縮　$\sigma_3 < 0$，$\sigma_2 < 0$，$\sigma_1 < \sigma_Y$

図 14.2　応力の相違による降伏応力の相違

14.1.3 トレスカの降伏条件

1864 年にフランスのトレスカ (H. Tresca)[1] は最大せん断応力が一定値に達すると金属は塑性変形を生じると仮定した．この説は，**トレスカの降伏条件** あるいは **最大せん断応力説** と呼ばれている（トレスカの降伏条件は付録 19 参照）．

k を材料のせん断降伏応力とすると，トレスカの条件式は

$$\tau_{\max} = k \tag{14.1}$$

と表される．一軸引張りでの降伏時の応力は $\sigma_{\max} = \sigma_Y$, $\sigma_{\min} = 0$ であるので，式 (13.4) より次式が得られる．

$$\tau_{\max} = \frac{\sigma_{\max} - \sigma_{\min}}{2} = \frac{\sigma_Y}{2} = k \tag{14.2}$$

一般の応力成分 $\sigma_x, \sigma_y, \sigma_z, \tau_{xy}, \tau_{yz}, \tau_{zx}$ に対しては，座標変換によって主応力 $\sigma_1, \sigma_2, \sigma_3$ を求めたあと，降伏条件式 (14.2) を適用すればよい．

14.1.4 ミーゼスの降伏条件

20 世紀の初頭には最大せん断応力説が降伏条件として受け入れられていた．この説では 3 主応力 $\sigma_1, \sigma_2, \sigma_3$ の大小関係によって実際の条件式が異なってくるため数学的処理が面倒になるため，ミーゼス (R. von Mises)[2] は，1913 年に最大せん断応力説を近似し，主応力の大小関係を考慮することなく機械的に数学処理ができる降伏条件（**ミーゼスの降伏条件**）を提案し，その条件式が偏差応力の二次不変量で表されることを示した．ミーゼスの降伏条件の詳細については，付録 20 に説明がある．

1924 年に，ヘンキー (H. Hencky)[3] は，せん断弾性ひずみエネルギー（付録 18 参照）が一定値になると降伏すると仮定したが，これはミーゼスの降伏条件と同一になり，**せん断ひずみエネルギー説** とも呼ばれる．

1937 年に，ナダイ (A. Nadai)[4] は，主応力軸の方向から等角度の方位をもつ平面上のせん断応力（八面体せん断応力：図 14.3 の τ_{oct}）が一定値になると，

---

[1] H. Tresca : Comptes Rendus Acad. Sci. Paris, **59** (1864) p. 754.
[2] R. von Mises : Göttingen Nachrichten math. phys. Klasse, (1913) p. 582.
[3] H. Hencky : Zeits. Ang. Math. Mech. **4** (1924) p. 323.
[4] A. Nádai : J. Appl. Phys. **8** (1937) p. 205.

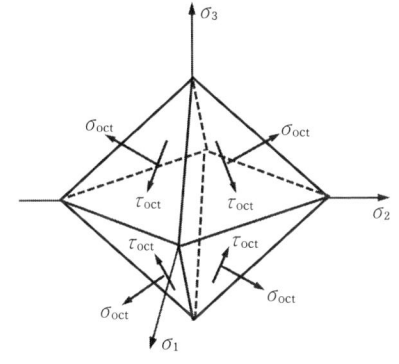

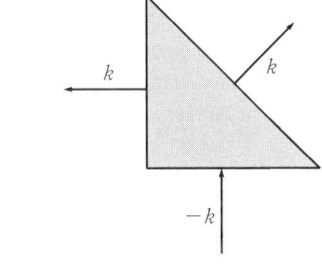

図 14.3 　主応力軸に頂点をもつ八面体と八面体せん断応力，八面体垂直応力

図 14.4 　単純せん断(紙面方向の垂直応力は 0)

降伏することと同じであることを指摘した．

ミーゼスの条件式は，主応力により次のように表される．

$$\bar{\sigma} = \left[\frac{1}{2}\{(\sigma_1-\sigma_2)^2+(\sigma_2-\sigma_3)^2+(\sigma_3-\sigma_1)^2\}\right]^{1/2} = \sigma_Y \qquad (14.3)$$

ここに，$\bar{\sigma}$ は一軸引張応力に相当する応力という意味で **相当応力** または **有効応力** と呼ばれる．ミーゼスの降伏条件式は，相当応力 $\bar{\sigma}$ が一軸の降伏応力 σ_Y に達すると降伏することを意味している．相当応力 $\bar{\sigma}$ が σ_Y 以下であれば，ミーゼスの降伏条件では塑性変形が生じない．弾塑性シミュレーションでは $\bar{\sigma}$ を **ミーゼス応力** と呼び，弾性応力状態がどの程度降伏に近いかを表す指標として用いる．

塑性変形開始後の相当応力はその時点での降伏応力と一致するが，このときの降伏応力を材料の側から見て変形抵抗と呼ぶ．加工硬化する材料では，相当応力は変形とともに次第に大きくなる．

単純せん断における降伏での応力状態は，図 14.4 のように $\sigma_1=k$，$\sigma_2=0$ (紙面垂直方向)，$\sigma_3=-k$ である．これを式 (14.3) に代入すると，

$$\sigma_Y = \sqrt{\frac{1}{2}(k^2+k^2+4k^2)} = \sqrt{3}\,k \qquad (14.4)$$

であるので，ミーゼスの説では引張降伏応力 σ_Y とせん断降伏応力 k の関係は

$k/\sigma_Y = 1/\sqrt{3} = 0.577$ となる．トレスカの説の場合〔式 (14.2) より得られる $k/\sigma_Y = 0.50$〕とは異なることに注意する必要がある．

14.1.5 降伏条件の比較

ミーゼスとトレスカの降伏条件を主応力で表示するとき，ミーゼスの降伏条件では中間主応力の影響があるのに対し，トレスカの降伏条件ではそれが影響しない点が異なっている．

両方の降伏条件を比較するため，図 14.5 の上に示すように薄肉円筒にねじりと引張りを組み合わせた実験が行われた．降伏したときの引張応力を σ，せん断応力を τ とし，90°回転した面の垂直（円周方向）応力を 0，せん断応力を $-\tau$ とすると，図 14.5 のモールの応力円で最大せん断応力，最大主応力 σ_1 と最小主応力 σ_2 が次式のように求められる．円筒の外向き垂直応力は 0 であるので，中間主応力である．

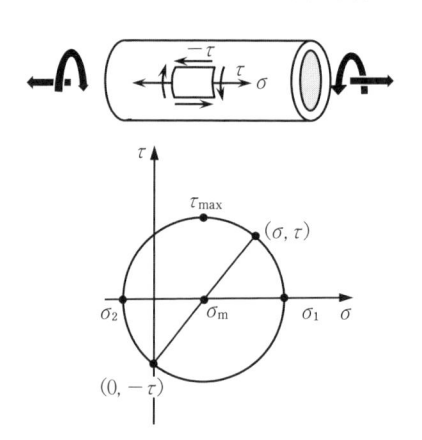

図 14.5　引張り・ねじり組合せ実験の応力状態

最大せん断応力：$\tau_{max} = \sqrt{(\sigma/2)^2 + \tau^2}$

最大主応力：$\sigma_1 = \sigma_m + \tau_{max} = \sigma/2 + \sqrt{(\sigma/2)^2 + \tau^2}$

最小主応力：$\sigma_2 = \sigma_m - \tau_{max} = \sigma/2 - \sqrt{(\sigma/2)^2 + \tau^2}$

中間主応力：$\sigma_3 = 0$

これらの値を降伏条件式に代入すると，次のようになる．

$$\text{トレスカ：} \sigma_Y^2 = 4\tau_{max}^2 = \sigma^2 + 4\tau^2 \tag{14.5}$$

$$\text{ミーゼス：} \sigma_Y^2 = \frac{1}{2}\{(\sigma_1 - \sigma_2)^2 + (\sigma_2 - \sigma_1)^2 + (\sigma_3 - \sigma_1)^2\}$$

$$= \frac{1}{2}(\sigma^2 + 4\tau^2 + \sigma^2 + 2\tau^2)$$

$$= \sigma^2 + 3\tau^2 \tag{14.6}$$

図 14.6 は，銅，アルミニウム，軟鋼の降伏時の σ/σ_Y と τ/σ_Y の関係を示したテイラー (G.I. Taylor) らの結果 (1928)[5] である．右端は，単純引張りにお

いて σ_Y の引張応力で降伏する場合であり、トレスカとミーゼスの降伏条件による差はない。差が最も大きくなるのは、$\sigma=0$ でせん断応力 $\tau=k$ のみが作用して降伏するときである。引張りでの降伏応力 σ_Y を基準にすると、このときトレスカ

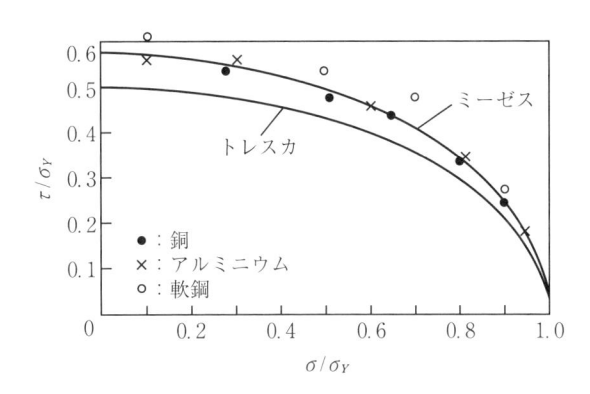

図14.6 引張り・ねじり組合せ応力実験による降伏条件の検証

の降伏条件では $k/\sigma_Y = 0.5$ であり、ミーゼスの降伏条件では $k/\sigma_Y = 0.577$ である。実験結果はミーゼスの降伏条件に近いことがわかる。

ミーゼスの降伏条件のほうが金属の降伏をよく表すことは、等方性材料について理論的にも示された。ザックス (G. Sachs) ら[6]は、単結晶の滑り面のせん断応力が臨界せん断応力に達すると降伏するという仮定をランダムな結晶方位をもつ結晶に適用し $k/\sigma_Y = 0.577$ を得た。テイラー (G. I. Talor) ら[7]は、結晶粒子間の拘束を考慮したより精密な解析を行って同じ結果を得た。

降伏条件式は塑性変形の開始を判断する条件であるが、塑性変形中もこの条件式が成り立っているため、塑性変形中の応力成分は降伏条件式を常に満足しなければならない。

14.2 応力とひずみ増分の関係

弾性変形においては、式 (13.19) のフックの法則により応力成分とひずみ成分の関係が与えられる。弾性変形においても、応力成分とひずみ成分の関係がある。

塑性域における応力とひずみの関係について説明するために、加工硬化し

---

[5] G. I. Taylor and H. Quinny : Phil. Trans. Roy. Soc. A, 230 (1931) p. 323.
[6] G. Sachs : 1928. Z. VDI, 72 (1928) p. 734.
[7] G. I. Taylor : J. Inst. Metals, 62 (1938) p. 307.

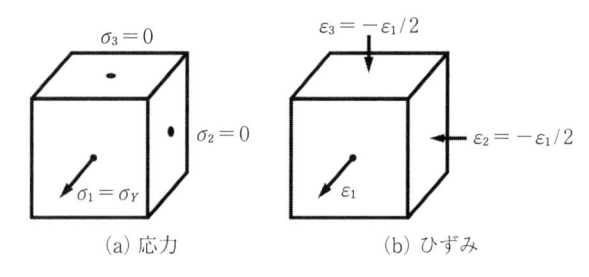

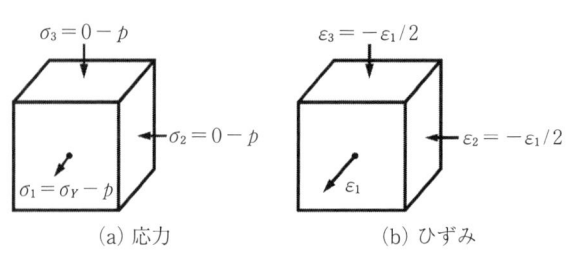

ない等方性材料の一軸引張り（図 14.7）における応力とひずみの関係を例にとって考える．主応力成分は，$\sigma_1=\sigma_Y$, $\sigma_2=\sigma_3=0$ である．この応力状態のとき，σ_1 の方向に塑性ひずみ ε_1 を生じたとすると，式 (13.14) の体積一定の条件から $\varepsilon_2=\varepsilon_3=-\varepsilon_1/2$ となる．一軸引張りにおける塑性ひずみの比は

$$\varepsilon_1:\varepsilon_2:\varepsilon_3=1:-1/2:-1/2 \tag{14.7}$$

となる．一方，一軸引張りにおける 3 個の主応力の比は次のようになる．

$$\sigma_1:\sigma_2:\sigma_3=\sigma_Y:0:0=1:0:0 \tag{14.8}$$

応力の比とひずみの比は一致しないので，応力とひずみを直接関係づけることはできない．そこで，塑性変形には圧力の影響がないことから，13.1.3 項に示した偏差応力を用いる．一軸引張りにおける静水圧応力は $\sigma_m=\sigma_Y/3$ であり，3 個の偏差応力の比は次のようになる．

$$\sigma_1':\sigma_2':\sigma_3'=2/3\sigma_Y:-1/3\sigma_Y:-1/3\sigma_Y=1:-1/2:-1/2 \tag{14.9}$$

これは，式 (14.7) の塑性ひずみの比と一致する．以下では，偏差応力の比と塑性ひずみの比とは一致すると仮定する．

一軸引張試験を圧力 p の高圧液体の中で行う場合，図 14.8 のように応力は σ_Y-p, $-p$, $-p$ になるが，生じる塑性ひずみの比は大気圧下と同じである．このときも偏差応力の比は $1:-1/2:-1/2$ となり，偏差応力の比と塑性ひずみ

の比は一致する．

　一般に，塑性加工では変形中の応力成分がこの例のように一定に保たれていることはほとんどなく，ひずみの増加の仕方も刻々と変化する．したがって，上の比例関係を一般化する際に変形初期からのひずみ(**全ひずみ**)ではなく，その応力状態が保たれている間の**ひずみ増分**の成分が，偏差応力成分に比例するとするのが妥当である．

　主応力を $\sigma_1, \sigma_2, \sigma_3$ とし，主応力の方向の垂直ひずみ増分を $d\varepsilon_1, d\varepsilon_2, d\varepsilon_3$ とすると，上に述べたことから，次の関係式を得る．

$$\frac{d\varepsilon_1}{\sigma_1 - \sigma_m} = \frac{d\varepsilon_2}{\sigma_2 - \sigma_m} = \frac{d\varepsilon_3}{\sigma_3 - \sigma_m} = d\lambda \tag{14.10}$$

ここで，$d\lambda$ は変形量によって異なる比例定数である．式(14.10)は，偏差ひずみ増分が偏差応力に比例することも意味している．このように，塑性変形においてひずみ増分が偏差応力に比例することは，1871年にレビー(M. Lévy)[*8]が，1913年にミーゼス(R. von Mises)[*2]が提案したもので，**レビー・ミーゼスの式**と呼ばれている．なお，レビー・ミーゼスの式のように，塑性変形における応力とひずみ増分の関係を与える式を**流れ則**と呼ぶ．

14.3　相当ひずみ増分

　さて，式(14.10)の $d\lambda$ の値について考えてみよう．加比の理を用いて，式(14.10)の分母，分子の引き算をすると，次式を得る．

$$\frac{d\varepsilon_1 - d\varepsilon_2}{\sigma_1 - \sigma_2} = \frac{d\varepsilon_2 - d\varepsilon_3}{\sigma_2 - \sigma_3} = \frac{d\varepsilon_3 - d\varepsilon_1}{\sigma_3 - \sigma_1} = d\lambda \tag{14.11}$$

主応力 $\sigma_1, \sigma_2, \sigma_3$ がミーゼスの降伏条件を満足しているとき，式(14.3)を用いて，

$$\begin{aligned}
\bar{\sigma}^2 &= \frac{1}{2}\{(\sigma_1 - \sigma_2)^2 + (\sigma_2 - \sigma_3)^2 + (\sigma_3 - \sigma_1)^2\} \\
&= \frac{1}{2(d\lambda)^2}\{(d\varepsilon_1 - d\varepsilon_2)^2 + (d\varepsilon_2 - d\varepsilon_3)^2 + (d\varepsilon_3 - d\varepsilon_1)^2\}
\end{aligned} \tag{14.12}$$

[*8]　M. Lévy：Comptes Rendus Acad. Sci. Paris, **70** (1870) p. 323；J. Math. pures Appl., **16** (1871) p. 360.

を得る．ここで，**相当ひずみ増分** $d\bar{\varepsilon}$ を

$$d\bar{\varepsilon}^2 = \frac{2}{9}\{(d\varepsilon_1 - d\varepsilon_2)^2 + (d\varepsilon_2 - d\varepsilon_3)^2 + (d\varepsilon_3 - d\varepsilon_1)^2\} \tag{14.13}$$

と定義する．次節で説明するように相当ひずみ増分は一軸引張りの引張方向のひずみの大きさに相当する値である．これを用いると，式 (14.12) は

$$\bar{\sigma}^2 = \frac{9}{4}\left(\frac{1}{d\lambda}\right)^2 d\bar{\varepsilon}^2 \tag{14.14}$$

となり，$d\lambda$ が次のように定められる．

$$d\lambda = \frac{3}{2}\frac{d\bar{\varepsilon}}{\bar{\sigma}} \tag{14.15}$$

この $d\lambda$ を用い，式 (14.10) を書き直すと，次のように表される．

$$\left.\begin{aligned} d\varepsilon_1 &= \frac{d\bar{\varepsilon}}{\bar{\sigma}}\left\{\sigma_1 - \frac{1}{2}(\sigma_2 + \sigma_3)\right\} \\ d\varepsilon_2 &= \frac{d\bar{\varepsilon}}{\bar{\sigma}}\left\{\sigma_2 - \frac{1}{2}(\sigma_3 + \sigma_1)\right\} \\ d\varepsilon_3 &= \frac{d\bar{\varepsilon}}{\bar{\sigma}}\left\{\sigma_3 - \frac{1}{2}(\sigma_1 + \sigma_2)\right\} \end{aligned}\right\} \tag{14.16}$$

ところで，以上のようなひずみ増分が時間 dt の間に生じるものとして，両辺を dt で割れば，ひずみ速度による定式化ができる．相当塑性ひずみ速度 $\dot{\bar{\varepsilon}}$ を，式 (14.13) を参考にして，次のように定義する．

$$\dot{\bar{\varepsilon}}^2 = \frac{2}{9}\{(\dot{\varepsilon}_1 - \dot{\varepsilon}_2)^2 + (\dot{\varepsilon}_2 - \dot{\varepsilon}_3)^2 + (\dot{\varepsilon}_3 - \dot{\varepsilon}_1)^2\} \tag{14.17}$$

式 (14.16) の $d\varepsilon_1, d\varepsilon_2, d\varepsilon_3, d\bar{\varepsilon}$ の代わりに $\dot{\varepsilon}_1, \dot{\varepsilon}_2, \dot{\varepsilon}_3, \dot{\bar{\varepsilon}}$ を用いれば，式 (14.16) の第 1 式は次のように表される．

$$\dot{\varepsilon}_1 = \frac{d\dot{\bar{\varepsilon}}}{\bar{\sigma}}\left\{\sigma_1 - \frac{1}{2}(\sigma_2 + \sigma_3)\right\} \tag{14.18}$$

変形抵抗の速度依存性を表すために 11.2.3 項で用いた $\dot{\varepsilon}$ は，ここで定義した $\dot{\bar{\varepsilon}}$ と同一である．

　主応力成分が与えられると，式 (14.16) から主ひずみ増分の比が計算できる．さらに，主ひずみ増分の成分のうち 1 個，または相当ひずみ増分 $d\bar{\varepsilon}$ が与

えられると，すべての主ひずみ増分を計算することができる．逆に，ひずみ増分の各成分がわかっても，応力成分を計算することはできない．これは，式(14.16)の両辺をおのおの加え合わせると $d\varepsilon_1+d\varepsilon_2+d\varepsilon_3=0$ が恒等的に成り立ち，3主ひずみ増分のうち独立な成分は2個だけであり，3個の主応力を決められないためである．主ひずみの増加から主応力が計算できるのは，主応力の値の一つが既知の場合に限られる．

以上では，主応力を用いてレビー・ミーゼスの式を説明したが，一般的な6応力成分の場合のレビー・ミーゼスの式および弾塑性変形での応力とひずみ増分の関係の**プラントル・ロイスの式**については付録21を参照されたい．

14.4 相当ひずみ

先に，式(14.13)において相当ひずみ増分を定義したが，これを書き直すと

$$d\bar{\varepsilon} = \frac{\sqrt{2}}{3}\{(d\varepsilon_1-d\varepsilon_2)^2+(d\varepsilon_2-d\varepsilon_3)^2+(d\varepsilon_3-d\varepsilon_1)^2\}^{1/2} \quad (14.19)$$

となる．ここで，相当ひずみ増分は塑性ひずみに対して定義されていることに注意する必要がある．一軸引張りでは，引張方向に $d\varepsilon_1$ の塑性ひずみ増分があると，他の2方向に $d\varepsilon_2=d\varepsilon_3=-d\varepsilon_1/2$ のひずみ増分が生じる．これを式(14.19)に代入すると，

$$d\bar{\varepsilon}=d\varepsilon_1 \quad (14.20)$$

となる．このように，相当ひずみ増分 $d\bar{\varepsilon}$ は一軸引張りでの引張方向のひずみ増分に相当する値であることを意味する．

各変形段階での相当ひずみ増分を積分することによって，**相当ひずみ**または**有効ひずみ**と呼ばれ，塑性変形の大きさの程度を表すひずみが次のように求められる．

$$\bar{\varepsilon}=\int d\bar{\varepsilon} \quad (14.21)$$

一軸引張りや一軸圧縮などの一方向変形において弾性ひずみを無視すると，対数ひずみの絶対値と相当ひずみは一致する．また，材料を伸ばしたあと，元の長さまで縮めたときの最終的な対数ひずみは0であるが，相当ひずみは伸ばしたときのひずみの2倍になる．相当ひずみは加工硬化の程度を表す量とし

て用いられる．

　塑性力学を用いた多くの解析方法では，一般的な多軸応力による塑性変形での変抵抗は，相当ひずみの関数であると仮定する．これは，一軸負荷（引張試験，圧縮試験）での実験によって得られる変形抵抗曲線が，どのような変形状態にも適用できることを意味する．変形抵抗が相当ひずみと 1:1 に対応すると仮定する説は，加工硬化が等方的に生じると仮定する **等方硬化説** に基づく．

　1.4.5 項で述べたように，一方向に塑性変形を与えたあとで逆方向に変形すると，バウシンガー効果によって降伏応力が低下する．これは，相当ひずみだけで変形抵抗が表されないことを意味する．板成形では，素材が曲げ，曲げ戻しを受けるなど変形方向が必ずしも一定でないので，厳密な解析にはバウシンガー効果を考慮することのできる **移動硬化説** などを使うことがある．

14.5　塑性変形仕事

　一辺が単位長さの立方体のおのおのの面に σ_1, σ_2, σ_3 の主応力が加わり，塑性変形をして $d\varepsilon_1$, $d\varepsilon_2$, $d\varepsilon_3$ のひずみ増分を生じたとすると，単位体積当たりの **塑性変形仕事** は，式 (14.16)，(14.3) を用いると次のように計算できる．

$$\begin{aligned}
dW &= \sigma_1 d\varepsilon_1 + \sigma_2 d\varepsilon_2 + \sigma_3 d\varepsilon_3 \\
&= \sigma_1 \frac{d\bar{\varepsilon}}{\bar{\sigma}}\left\{\sigma_1 - \frac{1}{2}(\sigma_2 + \sigma_3)\right\} + \sigma_2 \frac{d\bar{\varepsilon}}{\bar{\sigma}}\left\{\sigma_2 - \frac{1}{2}(\sigma_3 + \sigma_1)\right\} \\
&\quad + \sigma_3 \frac{d\bar{\varepsilon}}{\bar{\sigma}}\left\{\sigma_3 - \frac{1}{2}(\sigma_1 + \sigma_2)\right\} \\
&= \frac{d\bar{\varepsilon}}{2\bar{\sigma}}\left\{(\sigma_1 - \sigma_2)^2 + (\sigma_2 - \sigma_3)^2 + (\sigma_3 - \sigma_1)^2\right\} \\
&= \bar{\sigma} d\bar{\varepsilon}
\end{aligned} \qquad (14.22)$$

　塑性変形仕事は，塑性変形中の応力の履歴に関係なく，変形抵抗曲線と最終の相当ひずみから計算できる．すなわち，相当ひずみ $\bar{\varepsilon}_1$ までになされた単位体積当たりの塑性変形仕事は次のように求められる．

$$W = \int_0^{\bar{\varepsilon}_1} \bar{\sigma} d\bar{\varepsilon} \qquad (14.23)$$

　図 14.9 に示すように，W は変形抵抗曲線の下の面積を表す．

14.5 塑性変形仕事

塑性変形仕事の 90% 程度は熱エネルギーとして放出され，材料の温度上昇に用いられる．多くの塑性加工では数℃〜数百℃の温度上昇がある．塑性変形に伴う発熱(**加工発熱**)については付録 23 を参照されたい．

$$W = \int_0^{\bar{\varepsilon}_1} \bar{\sigma} d\bar{\varepsilon}$$

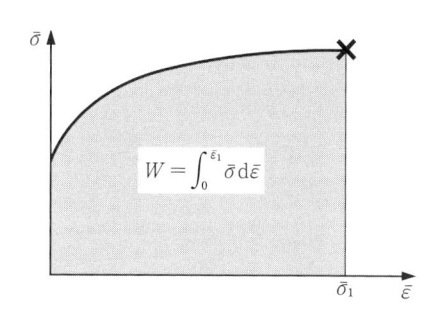

図 14.9 塑性変形による単位体積当たりのエネルギー消費量

【例題 1】 $\sigma_1 = 300$ MPa, $\sigma_2 = 100$ MPa, $\sigma_3 = -500$ MPa で塑性変形をしている物体で，σ_1 の作用する方向に 1%(0.01) の伸びがあった．他の方向のひずみ増分を求めよ．

《解答》題意から $\sigma_m = (300 + 100 - 500)/3 = -100/3$ であるから，式 (14.10) より，

$$\frac{0.01}{300-(-100/3)} = \frac{d\varepsilon_2}{100-(-100/3)} = \frac{d\varepsilon_3}{-500-(-100/3)}$$

となり，ひずみ増分は次のようになる．

$d\varepsilon_2 = 0.004, \quad d\varepsilon_3 = -0.014$

【例題 2】 変形抵抗 500 MPa の薄板を平面応力状態 $\sigma_3 = 0$ で加工したとき，板面上に描かれた正方格子の変形から $d\varepsilon_2 = 0.02$, $d\varepsilon_1 = -0.01$ であることがわかった．このときの応力状態を求めよ．

《解答》題意から

$d\varepsilon_3 = -0.02 + 0.01 = -0.01$

$d\varepsilon = \left[\frac{2}{9}\{(0.02+0.01)^2 + (-0.01-0.02)^2 + (-0.01+0.01)^2\}\right]^{1/2} = 0.02$

$\sigma_3 = 0$

であり，これらを式 (14.16) に代入すると

$0.02 = \frac{0.02}{500}\left(\sigma_1 - \frac{1}{2}\sigma_2\right), \quad -0.01 = \frac{0.02}{500}\left(\sigma_2 - \frac{1}{2}\sigma_1\right)$

となる．連立方程式を解くと，$\sigma_1 = 500$ MPa, $\sigma_2 = 0$ となる．

【例題 3】 図 14.10(a) のような変形抵抗曲線の材料に，図 (b) のような負荷を加えた．この場合の最終的なひずみ成分を求めよ (ただし，バウシンガー効果はないものとする)．

《解答》図 (b) を用いて相当応力の時間的経過を計算すると，図 (c) のようになる．$\bar{\sigma} = 100$ MPa になる点 A で塑性変形を開始し，点 B では $\bar{\sigma} = 265$ MPa であるから

164　第14章　塑性力学

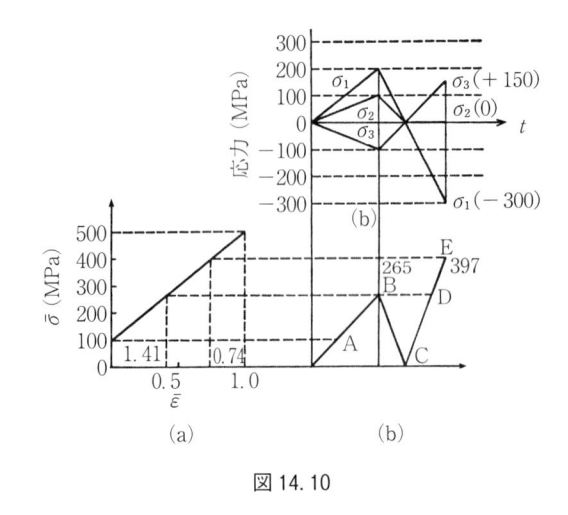

図 14.10

$\bar\varepsilon=0.41$ になる．BC は除荷時で塑性変形を生じず，C で再負荷が始まり，D で塑性変形を再開する．E では $\bar\sigma=397$ で $\bar\varepsilon=0.74$ になる．ひずみ増分理論を適用すると，

$$\varepsilon_1 = \int_{\bar\varepsilon=0}^{\bar\varepsilon=0.41} \frac{d\bar\varepsilon}{\bar\sigma}\left\{\sigma_1 - \frac{1}{2}(\sigma_2+\sigma_3)\right\} + \int_{\bar\varepsilon=0.41}^{\bar\varepsilon=0.74} \frac{d\bar\varepsilon}{\bar\sigma}\left\{\sigma_1 - \frac{1}{2}(\sigma_2+\sigma_3)\right\}$$

$$= \int_0^{0.41} \frac{200}{265} d\bar\varepsilon + \int_{0.41}^{0.74} \frac{-300-75}{397} d\bar\varepsilon = 0.31 - 0.31 = 0$$

$$\varepsilon_2 = 0.14, \quad \varepsilon_3 = -0.14$$

となる．

演習問題

1. $\sigma_x=200\,\mathrm{MPa}$，$\sigma_y=400\,\mathrm{MPa}$，$\tau_{xy}=50\,\mathrm{MPa}$ で平面応力状態（$\sigma_z=0$）の場合について相当応力を求めよ．
2. 第13章の演習問題5の両端を閉じた薄肉円筒に内圧 p を加える場合，この材料の降伏応力を σ_Y としたとき，円筒部分が降伏する圧力を求めよ．
3. 図 14.11 のような変形抵抗曲線をもつ材料に $\sigma_1(>0):\sigma_2:\sigma_3 = 3:1:-3$ の割合で応力を増加させ，相当ひずみが 0.5 になるところで変形を停止した．そのときの応力成分と，1辺が 10 mm の立方体であった素材の最終形状を求めよ．
4. 上の問題ような変形抵抗曲線をもつ材料に対して，図 14.12 の実線と破線のような2通りの負荷方法をとった．最終的な応力は，どちらも $\sigma_1=300\,\mathrm{MPa}$，$\sigma_2=0$，$\sigma_3=-200\,\mathrm{MPa}$ である．両者の最終的な全ひずみ $\varepsilon_1, \varepsilon_2, \varepsilon_3$ を求めよ．

図 14.11

図 14.12

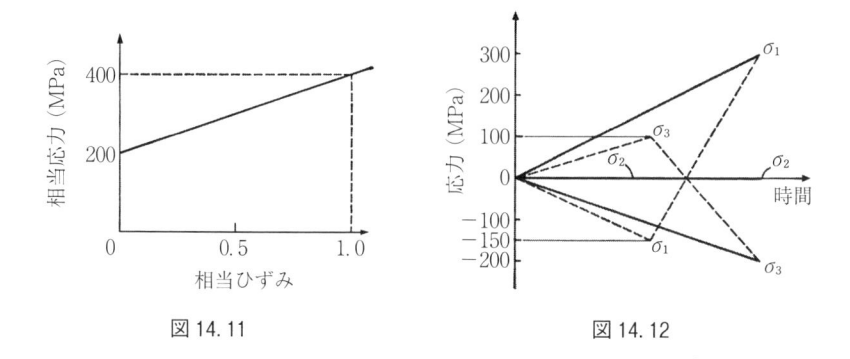

5. 質量 200 kg のドロップハンマを高さ 2 m から落として，直径 10 mm，高さ 15 mm の試験片を圧縮した．試験片の変形抵抗は，ひずみによらず 200 MPa 一定であるとする．ハンマの位置エネルギーがすべて試験片の塑性変形エネルギーに使われたと仮定して，試験片に生じる相当ひずみを求めよ．

第15章 スラブ法

塑性理論を適用して，加工力を計算する近似解法の一つとして**スラブ法**がある．この方法では，素材の変形領域を平面あるいは球面に沿う薄い板状要素（スラブ）に分割し，応力状態を単純化して解析を可能にしている．スラブ法は，解析結果を数式にして簡単に使用できるため，広く使われている．本章では，圧縮加工と圧延についてスラブ法解析の例を説明する．

15.1 平面ひずみ圧縮

15.1.1 平面ひずみ変形における降伏条件

図 15.1 のような直方体の素材を平らな工具で圧縮した場合，紙面に垂直方向（z 方向）ではどの断面においても同じ変形をし，z 方向に伸び縮みしない変形状態を**平面ひずみ変形**と呼ぶ．平面ひずみ変形の塑性加工問題を解析するため，その降伏条件式を求めておく．平面ひずみの仮定から，z 方向のひずみ成分をすべて 0 とおくと，次のようになる．

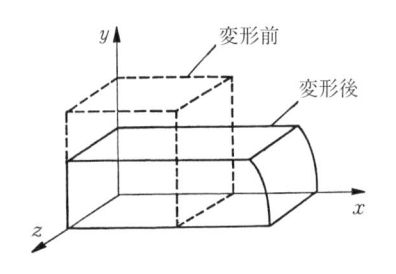

$$d\varepsilon_z = d\gamma_{zx} = d\gamma_{yz} = 0 \tag{15.1}$$

図 15.1　平面ひずみ変形

この式とレビー・ミーゼスの式 (14.16)（より一般的には付録 21）および式 (13.3) から

$$\tau_{zx} = \tau_{yz} = 0, \quad \sigma_z = \sigma_2 = \frac{\sigma_1 + \sigma_3}{2} = \frac{\sigma_x + \sigma_y}{2} \tag{15.2}$$

となる．これから，σ_z は中間主応力であることがわかる．そこで，ミーゼスの降伏条件式 (14.3) に最大主応力 σ_1，中間主応力 $\sigma_2 = (\sigma_1 + \sigma_3)/2$，および最小主応力 σ_3 を代入し，式 (14.4) を適用すると，次の平面ひずみ変形の降伏条件式が得られる．

$$\sigma_1 - \sigma_3 = \frac{2\bar{\sigma}}{\sqrt{3}} = 2k \tag{15.3}$$

15.1.2　ブロックの圧縮の解析

最も単純な加工の例として平面工具による直方体の素材のの圧縮を考える．図 15.2 (a) に示す素材の高さを h，幅を l，奥行きを b（紙面に垂直）とする．変形は，z 方向（紙面に垂直）の変位を拘束した平面ひずみとする．素材は変形抵抗 $\bar{\sigma} = \sigma_Y = \sqrt{3}\,k$ 一定の加工硬化のない剛完全塑性体，工具は剛体，工具と素材との間には摩擦係数 μ のクーロン摩擦が作用するものと仮定する．

二次元の力の釣合い式は，式 (13.7) のように偏微分方程式になり，解を得るのが困難であるので，スラブ法では図 (b) に示す板状要素スラブを考えて，一次元常微分問題に単純化する．この要素には，x 方向応力 σ_x，工具圧力 $p = -\sigma_y$ および摩擦応力 μp が作用している．応力は高さ方向には一定とし，x だけの関数とする．さらに，工具圧力 p および x 方向応力 σ_x を近似的に主応力とみなす．

以上の仮定のもとに，図 15.2 に示す要素の x 方向の力の釣合いを考えると，次のようになる．

$$(\sigma_x + d\sigma_x)bh - \sigma_x bh - 2\mu p b\,dx = 0 \tag{15.4}$$

これを整理すると

$$\frac{d\sigma_x}{dx} = \frac{2\mu p}{h} \tag{15.5}$$

となる．ここでは，ミーゼスの条件式 (15.3) によって降伏するものとすると，

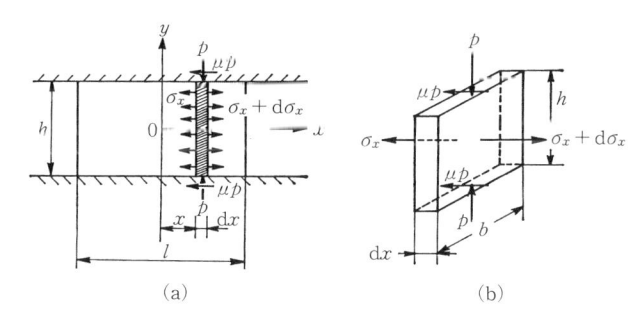

図 15.2　平面ひずみ圧縮

第15章 スラブ法

最大主応力は $\sigma_1 = \sigma_x$，最小主応力は $\sigma_3 = \sigma_y$ であるから，降伏条件は

$$\sigma_x - \sigma_y = \frac{2}{\sqrt{3}} \sigma_Y \tag{15.6}$$

となる．$\sigma_y = -p$ であるから，式(15.6)は

$$\sigma_x + p = \frac{2}{\sqrt{3}} \sigma_Y \tag{15.7}$$

となる．式(15.5)と式(15.7)とから，次の常微分方程式を得る．

$$\frac{dp}{dx} = -\frac{2\mu}{h} p \tag{15.8}$$

これを積分して

$$p = c_0 \exp\left(-\frac{2\mu}{h} x\right) \tag{15.9}$$

が得られる．ここに，c_0 は積分定数であり，これは $x = l/2$ において $\sigma_x = 0$，$p = 2\sigma_Y/\sqrt{3}$ となる境界条件から決められる．このようにして求めた積分定数を式(15.9)に代入して次式の圧力分布が得られる．

$$p = -\sigma_y = \frac{2}{\sqrt{3}} \sigma_Y \exp\left\{\frac{2\mu}{h}\left(\frac{l}{2} - x\right)\right\} \tag{15.10}$$

この圧力分布を図15.3に示す．摩擦が0のときには図(a)のように圧力は一定であるが，摩擦があると図(b)のように中央が最も高い山形となり，摩擦が大きいほど高くなる．このような圧力分布を**摩擦丘**(フリクションヒル)と呼ぶ．

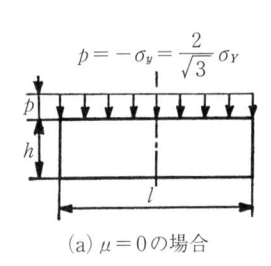

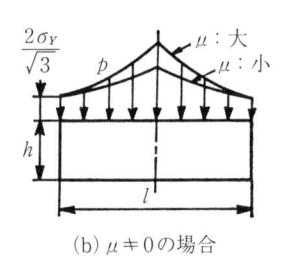

図15.3 平面ひずみ圧縮時の圧力分布

ブロック全体を圧縮変形させるために必要な荷重 P は，圧力分布を積分して

$$P = 2b \int_0^{l/2} p\, dx = \frac{2b}{\sqrt{3}} \frac{h}{\mu} \sigma_Y \left\{\exp\left(\frac{\mu l}{h}\right) - 1\right\} \tag{15.11}$$

となる．また，平均圧力 $\bar{p}$ は

$$\bar{p} = \frac{P}{lb}$$
$$= \frac{2}{\sqrt{3}} \sigma_Y \frac{h}{\mu l} \left\{ \exp\left(\frac{\mu l}{h}\right) - 1 \right\}$$
(15.12)

となる．式 (15.12) を計算し，l/h と $\bar{p}/\{(2/\sqrt{3})\sigma_Y\}$ の関係を求めた結果を図 15.4 に示す．図から，材料が薄くなると，また摩擦が大きくなると，平均圧力が増大して大きな加工力が必要となることがわかる．

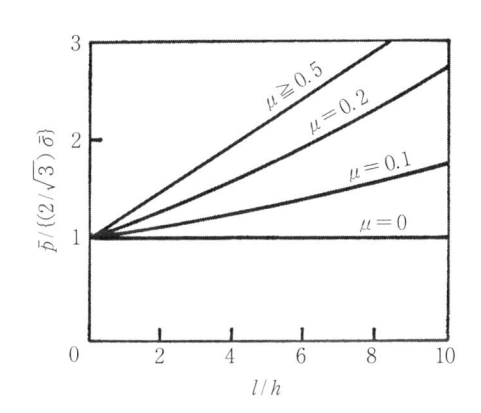

図 15.4 l/h および μ による平均圧力の変化（平面ひずみ圧縮）

15.2 円柱の軸対称圧縮

15.2.1 軸対称変形の応力とひずみ

円柱の圧縮問題は回転対称であるので，図 15.5 の**円柱座標**(r, z, θ) を使用して解析を行う．この座標においても局部的には直交座標になっており，直交 x, y, z 座標系における応力やひずみの定義をそのまま使うことができる．

垂直応力の成分は $\sigma_r, \sigma_z, \sigma_\theta$ であり，ねじり成分がない軸対称問題では，$\tau_{\theta z} = \tau_{r\theta} = 0$ である．せん断応力成分として τ_{rz} のみを考慮する．

材料の移動は，半径方向 r と上下方向 z のみである．r, z 方向への移動量を u, w とすると，r-z 断面上のひずみは式 (13.10) を参照すると，

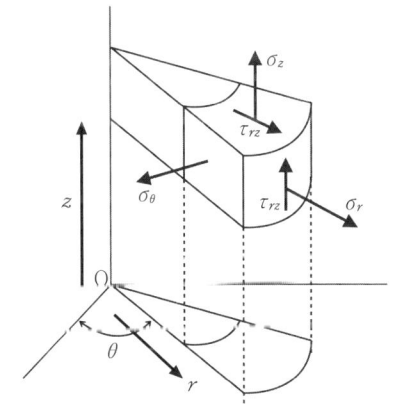

図 15.5 円柱座標における応力

$$\varepsilon_r = \frac{\partial u}{\partial r}, \quad \varepsilon_z = \frac{\partial w}{\partial z}, \quad \gamma_{rz} = \frac{\partial w}{\partial r} + \frac{\partial u}{\partial z} \tag{15.13}$$

となる．ねじり成分が0であることから，$\gamma_{\theta z} = \gamma_{r\theta} = 0$ である．

r-z 断面上で r 方向に u の変位があると，円周の長さは $2\pi r$ から $2\pi(r+u)$ になることを考えると，円周方向の垂直ひずみは

$$\varepsilon_\theta = \frac{2\pi(r+u) - 2\pi r}{2\pi r} = \frac{u}{r} \tag{15.14}$$

によって与えられる．

15.2.2　円柱圧縮のスラブ法解析

図 15.6 (a) に示すように，円柱形素材が平行工具間で圧縮される場合を考える．端面摩擦により素材は太鼓状に変形するが，円柱の高さが低い場合には均一変形に近いので，ここでは均一圧縮の変形状態を仮定する．また，応力成分については，主応力の方向を半径 (r) 方向，接線 (θ) 方向，軸 (z) 方向とする．

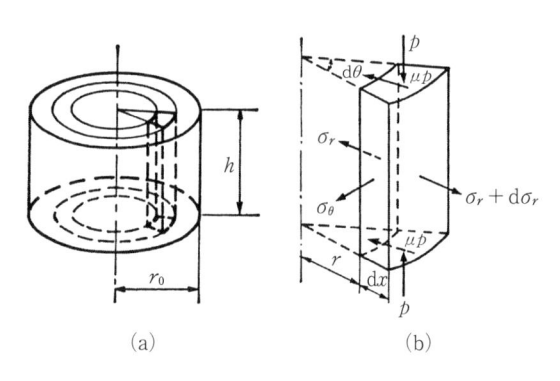

図 15.6　円柱の軸対称圧縮

高さ方向のひずみが $d\varepsilon_z$ とすると，体積一定の条件より半径方向ひずみ $d\varepsilon_r$，円周方向ひずみ $d\varepsilon_\theta$ は，

$$d\varepsilon_r = d\varepsilon_\theta = -\frac{1}{2} d\varepsilon_z \tag{15.15}$$

となる．したがって，式 (14.10) から

$$\sigma_\theta = \sigma_r \tag{15.16}$$

となる．z 方向への圧縮であることから σ_z が最小主応力であると考えられ，これを式 (14.3) のミーゼスの降伏条件式に代入すると

$$\sigma_r - \sigma_z = \sigma_Y \tag{15.17}$$

とおける．また $p = -\sigma_z$ であるから，式 (15.17) の降伏条件は

$$\sigma_r + p = \sigma_Y \tag{15.18}$$

となる.

図 15.6 (b) に示した微小な円筒状のスラブ要素の r 方向の力の釣合いを考えると,次のようになる.

$$(\sigma_r + \mathrm{d}\sigma_r)(r + \mathrm{d}r)\mathrm{d}\theta \cdot h - \sigma_r r \mathrm{d}\theta \cdot h - 2\mu p r \mathrm{d}\theta \cdot \mathrm{d}r$$
$$- 2\sigma_\theta \mathrm{d}r \cdot h \sin\frac{\mathrm{d}\theta}{2} = 0 \tag{15.19}$$

これを整理して,釣合い式は

$$\frac{\mathrm{d}\sigma_r}{\mathrm{d}r} + \frac{\sigma_r - \sigma_\theta}{r} - \frac{2\mu p}{h} = 0 \tag{15.20}$$

となる.

式 (15.17) を r について微分すると

$$\frac{\mathrm{d}\sigma_r}{\mathrm{d}r} = -\frac{\mathrm{d}p}{\mathrm{d}r} \tag{15.21}$$

となる.式 (15.16), (15.21) を式 (15.20) に代入すると

$$\frac{\mathrm{d}p}{\mathrm{d}r} + \frac{2\mu p}{h} = 0 \tag{15.22}$$

を得る.式 (15.22) を積分すると

$$p = c e^{-(2\mu/h)r} \tag{15.23}$$

が得られる.積分定数 c は $r = r_0$ で $\sigma_r = 0$,すなわち式 (15.17) から $p = \sigma_Y$ であることから求められる.このようにして求めた積分定数を式 (15.22) に代入して,結局,次の関係式が導かれる.

$$p = \sigma_Y e^{2\mu(r_0 - r)/h} \tag{15.24}$$

これから,円柱状素材を圧縮変形させるために必要な圧下力 P は

$$P = \int_0^{r_0} 2\pi r p \, \mathrm{d}r = \frac{\pi h^2 \sigma_Y}{2\mu^2} \left(e^{2\mu r_0/h} - \frac{2\mu r_0}{h} - 1 \right) \tag{15.25}$$

となる.また平均圧力 $\bar{p}$ は

$$\bar{p} = \frac{P}{\pi r_0^2} = 2\sigma_Y \left(\frac{h}{2\mu r_0} \right) \left(e^{2\mu r_0/h} - \frac{2\mu r_0}{h} - 1 \right) \tag{15.26}$$

となる.式 (15.26) を計算し,r_0/h に対する $\bar{p}/\sigma_Y$ の関係を求めた結果を図

15.7 に示す．

テイラー展開

$$e^x = \sum_{n=0}^{\infty} \frac{x^n}{n!}$$

$$\cong 1 + x + \frac{x^2}{2} + \frac{x^3}{6}$$

を用いると，式 (15.26) は次のように近似できる．

$$\bar{p} \cong \sigma_Y \left(1 + \frac{2\mu r_0}{3h}\right) \tag{15.27}$$

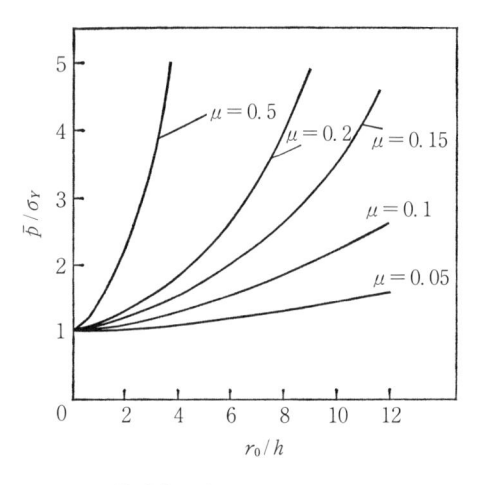

図 15.7 軸対称圧縮における r_0/h と μ による平均圧力の変化

15.3 板材の圧延

15.3.1 ロール間における板の速度および中立点

板の圧延では，板幅はほとんど変化しないので，板材の幅の両端近傍以外はほぼ平面ひずみとなっている．そこで，簡単のため圧延中板材は幅方向には広がらない平面ひずみ圧縮を仮定する．図 15.8 は，板材の圧延を模式的に示したもので，厚さ h_0 の板材は圧延されて h_1 になっている．ロール入口側の板材の速度を v_0，出口側の速度を v_1 とすると，体積一定の条件から

$$v_0 h_0 = vh = v_1 h_1 \tag{15.28}$$

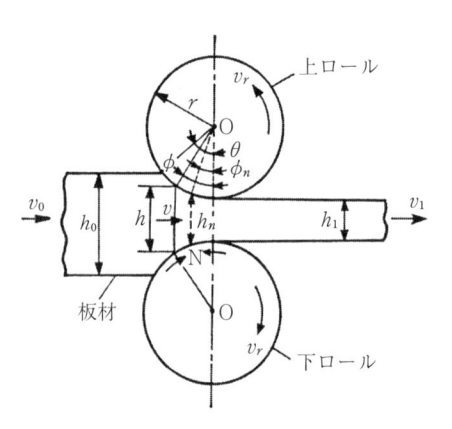

図 15.8 板の圧延の模式図

が成立する．板厚は $h_0 > h > h_1$ であるから，式 (15.28) から $v_0 < v < v_1$ となり，板材の速度はロール出口側に向かって増加する．出口から入口に向けて**ロール角** ϕ は増加する．ロール周速

を v_r とすると，$v_0 \leqq v_r \leqq v_1$ のとき板材表面に働く摩擦力の方向は，図15.8の下ロールに図示するようになり，板材は連続的にロールに引き込まれる．このとき，板材の速度が板材とロールとの接触弧のどこかでロールの周速と等しく，$v_r = v_n$ となる位置 ϕ_n が存在する．この位置(図15.8の点N)を**無滑り点**あるいは**中立点**，ϕ_n を**無滑り角**と呼んでいる．また，$(v_1 - v_r)/v_r$ は無滑り点の位置で変化し，**先進率**と呼ばれる．

式(15.28)から $v_0 h_0 = v_r h_n = v_1 h_1$，また幾何学的に $h_n = h_1 + 2r(1 - \cos\phi_n)$ であることから，入口と出口の板材の速度は次のようになる．

$$v_0 = \frac{v_r}{h_0}\{h_1 + 2r(1 - \cos\phi_n)\}, \quad v_1 = \frac{v_r}{h_1}\{h_1 + 2r(1 - \cos\phi_n)\} \tag{15.29}$$

15.3.2 カルマンの圧延方程式

次に圧延圧力を求めてみよう．厳密解を求めることは困難であるので，次のような仮定をおく．

(1) 圧延中にはクーロン摩擦が作用するものとし，摩擦係数 μ は一定とする．
(2) 板厚方向の応力変化はないものとする．
(3) 材料は剛完全塑性体，ロールは剛体とする．

まず $\phi \geqq \phi_n$ では，図15.9(a)を参考にして微小要素の x 方向の力の釣合いから次式が得られる．

$$(h + \mathrm{d}h)(\sigma_x + \mathrm{d}\sigma_x) - h\sigma_x - 2\mu p \cos\phi \frac{\mathrm{d}x}{\cos\phi} + 2p\sin\phi \frac{\mathrm{d}x}{\cos\phi} = 0 \tag{15.30}$$

これを整理して

$$\frac{\mathrm{d}(h\sigma_x)}{\mathrm{d}x} = 2p(-\tan\phi + \mu) \tag{15.31}$$

となる．

次に，$\phi < \phi_n$ では，摩擦力の作用する方向が逆となる．そこで式(15.31)は，一般に次のように表される．

$$\frac{\mathrm{d}(h\sigma_x)}{\mathrm{d}x} = 2p(-\tan\phi \pm \mu) \tag{15.32}$$

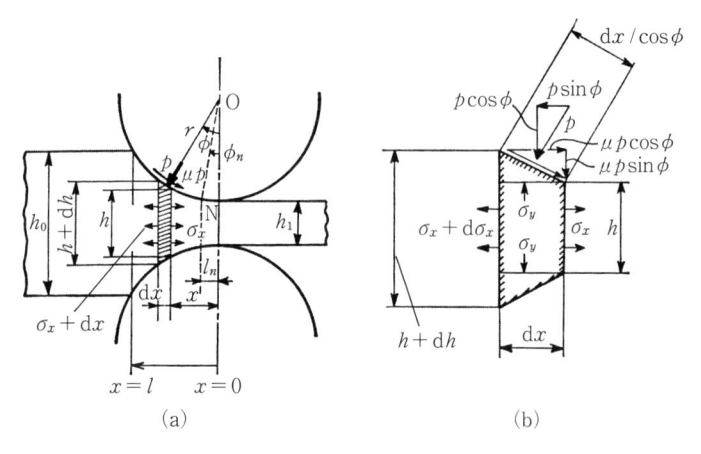

図 15.9 板の圧延時に微小要素に作用する応力

ここで，右辺カッコ内第 2 項の ＋ は入口側 ($\phi \geqq \phi_n$) に，－ は出口側 ($\phi < \phi_n$) に対応する．この方程式は，カルマン (Th. von Kármán) の **圧延方程式** と呼ばれ，圧延理論の基礎になっている．

一方，微小要素内の x 方向に垂直な方向の応力 σ_y は，図 15.9 (b) を参考にして，$\phi \geqq \phi_n$ では釣合いの式

$$\sigma_y \mathrm{d}x = -p\cos\phi \frac{\mathrm{d}x}{\cos\phi} - \mu p \sin\phi \frac{\mathrm{d}x}{\cos\phi}$$

から

$$\sigma_y = -p(1+\mu\tan\phi) \tag{15.33}$$

となる．

ここで，平面ひずみの降伏条件式 (15.3) を適用すると

$$\sigma_x - \sigma_y = \frac{2\sigma_Y}{\sqrt{3}} = 2k \tag{15.34}$$

となる．式 (15.33) と式 (15.34) から

$$p(1+\mu\tan\phi) + \sigma_x = \frac{2\sigma_Y}{\sqrt{3}} = 2k \tag{15.35}$$

を得る．

板圧延で，図 15.10 のように入口および出口から引張力を加えてロール圧

力や圧延速度の制御を行うが，これらは**後方張力，前方張力**という．これらの張力は，上の圧延の圧延方程式を解くときには σ_x の境界条件とする．

これらの式を解けばよいわけであるが，σ_x, σ_y, p，また ϕ, x, h は互いに独立ではないので取扱いが面倒である．まず，解法の概略を示すと次のようになる．

(1) 式(15.32)と式(15.35)を組み合わせて，変数を σ_x か p のいずれか一方にする．

(2) x, h, ϕ は互いに幾何学的に関連しているので，いずれか一つを変数に選んで表す．

(3) 入口側と出口側のそれぞれについて別個に微分方程式を解く(積分する)．

(4) 入口側と出口側について得られたそれぞれの式に，おのおのの後方張力および前方張力の境界条件を代入する．

(5) 両方の解が一致する位置を中立点とする．

(6) 前方張力，後方張力をかけた場合の荷重，中立点，先進率の変化を求める．

以上のことはコンピュータでは比較的容易にできるが，コンピュータがなかった時代には各種の近似を入れた多くの近似解法が提案された．

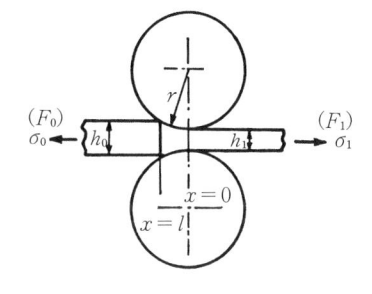

図 15.10 前方および後方張力が作用する板の圧延

図 15.11 に無次元化されたロール圧力 $p/(2k)$ をロール角 ϕ に対して示す．ロール入口 0 の境界条件 $\sigma_x=0$ を用いて微分方程式を解いた圧力とロール出口 1 の境界条件 $\sigma_x=0$ を用いて解いた圧力が一致する点 N が中立点になる．

図 15.12 は，張力付加圧延時の圧力分布を定性的に示したものであ

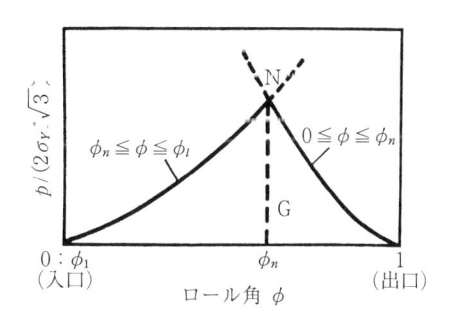

図 15.11 板の圧延時の圧力分布

る．前方張力，後方張力のいずれが作用しても圧延圧力 p は減少する．中立点は，前方あるいは後方張力が作用すると，それぞれ入口側および出口側に移動し，また等しい両張力が作用した場合には，図中に破線で示すように，張力の増加とともにわずかに出口側に移動する．

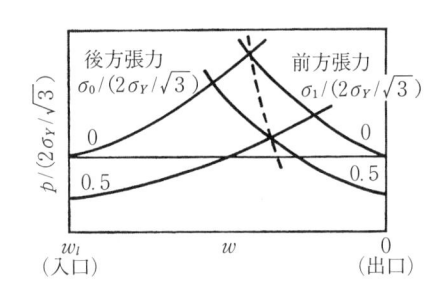

図 15.12 前方および後方張力が作用する板の圧延

演習問題

1. 図 15.13 のような平面ひずみ型鍛造における加工力を求めよ．ただし，奥行きを 1，材料のせん断変形抵抗を k とする．

図 15.13

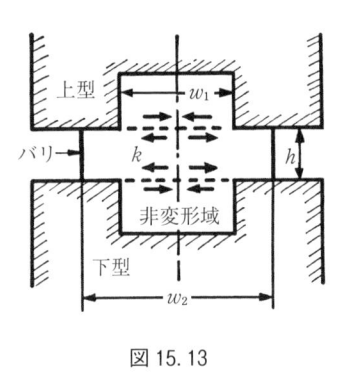

2. 図 15.14 に示すような部分据込みの平均型面圧力を求めよ．ただし，変形は平面ひずみ，型面の摩擦は付着摩擦とし，奥行きを 1，せん断変形抵抗を k とする．

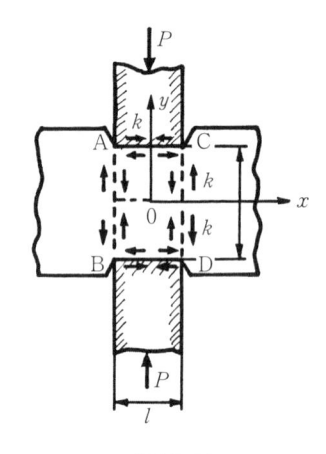

図 15.14

3. 図 15.15 に示すような円形固定ダイスによって変形抵抗が σ_Y 一定の板材を引き抜くとき，摩擦 0 の場合の引抜き応力を求めよ．ただし，奥行きは 1 とする．

5. 図 15.16 のように傾斜角 α のダイスを

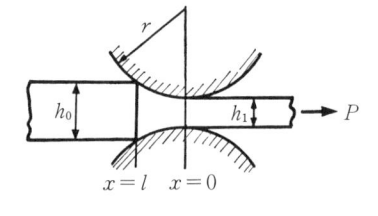

図 15.15

通して帯板を引き抜くとき，単位幅当たりの引抜き力を求めよ．ただし，摩擦はクーロン摩擦で摩擦係数 $\mu=$ 一定とし，材料のせん断変形抵抗を k とする．

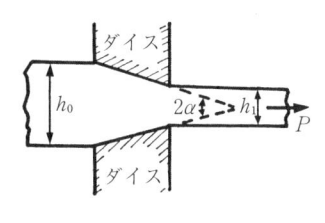

図 15.16

第16章　上界法

塑性変形を解析する際に，素材内の応力とひずみに関する条件式をすべて満足する解を求めることは，実際上は非常に困難である．そこで，これらの条件式のうちいくつかを満足する解を近似的に求めることが試みられている．本章では，剛完全塑性体を対象として，加工に要するエネルギーから加工力を近似計算する方法について説明する．

16.1　エネルギー法

加工機械によって加えられる力が素材に対して行う仕事量（与えるエネルギー量）は，材料の塑性変形エネルギーおよび工具と素材間の摩擦エネルギーとして費やされる．もし塑性変形エネルギー消費量と摩擦エネルギーの消費量が求められると，加工力を推定することが可能である．このように，エネルギー消費量から加工力を求める方法を **エネルギー法** と呼ぶ．

例として，図 16.1 のような型鍛造を考えてみよう．プレスにより与えられる力 P によって上型が微小量 dy だけ移動する間に，材料の塑性変形により dW_d のエネルギーと，型と素材間の摩擦により dW_f のエネルギーとが消費されるとする．与えられた仕事量 $P\,dy$ と消費された全エネルギー $dW\,(=dW_d+dW_f)$ とが等しいと考えると，P は

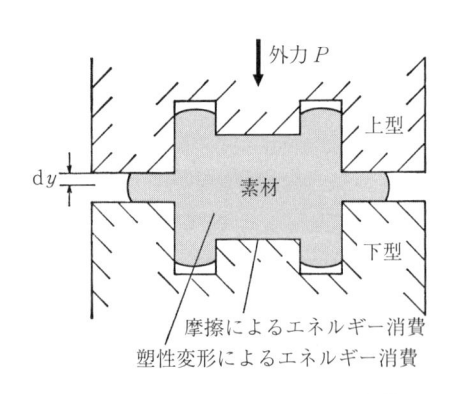

$$P = \frac{dW}{dy} = \frac{dW_d + dW_f}{dy} \qquad (16.1)$$

図 16.1　型鍛造における外力と消費エネルギー

となる.

微小時間 dt の間にこのような変形が生じたとすると，$\dot{W}=\mathrm{d}W/\mathrm{d}t$，$\dot{W}_d=\mathrm{d}W_d/\mathrm{d}t$，$\dot{W}_f=\mathrm{d}W_f/\mathrm{d}t$，$v=\mathrm{d}y/\mathrm{d}t$ として，エネルギー消費率や速度を用いて P を表すこともできる．すなわち，次のようになる．

$$P=\frac{\dot{W}}{v}=\frac{\dot{W}_d+\dot{W}_f}{v} \tag{16.2}$$

もし，$\dot{W}_d+\dot{W}_f$ が精度良く推定できると加工力 P が計算できるので，以下では $\dot{W}_d$ の具体的な推定方法について説明する．

図 16.2 に示すように，断面積 A_0 の材料が v_0 の速度で供給され，断面積 A_1，速度 v_1 で出ていく定常(連続)加工の場合を考えよう．変形の前後で体積変化はないから

$$v_1=\frac{A_0}{A_1}v_0 \tag{16.3}$$

である．左側から押出し力 P が加わる場合，P は式(16.2)より次のように塑性変形と摩擦によるエネルギー消費率で表される．

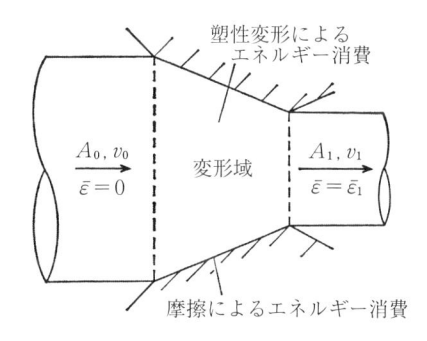

図 16.2 定常塑性加工

$$P=\frac{\dot{W}_d+\dot{W}_f}{v_0} \tag{16.4}$$

変形抵抗が一定値 $\bar{\sigma}=\sigma_Y$(完全塑性)の材料が変形域で相当塑性ひずみ $\bar{\varepsilon}_1$ を受けるとすると，式(14.23)より，加工されて出てくる材料が消費した塑性変形エネルギーは単位体積当たり $\bar{\varepsilon}_1\sigma_Y$ である．単位時間に加工される体積は $V=A_0v_0$ であるので，単位時間の塑性変形エネルギーは $\dot{W}_d=A_0v_0\bar{\varepsilon}_1\sigma_Y$ となる．摩擦エネルギー $\dot{W}_f$ を 0 であると仮定すると，押出し圧力 p は式(16.4)を用いると，

$$p=\frac{P}{A_0}=\frac{\dot{W}_d}{A_0v_0}=\frac{A_0v_0\bar{\varepsilon}_1\sigma_Y}{A_0v_0}=\sigma_Y\bar{\varepsilon}_1 \tag{16.5}$$

である．これより，摩擦がないときの押出し圧力 p と変形抵抗 σ_Y との比 p/σ_Y は材料がダイス入口から出口までに受ける相当塑性ひずみ $\bar{\varepsilon}_1$ を表していること

とがわかる．このように，材料が受ける塑性ひずみ ε_1 を推定できると，押出し圧力が計算できる．

断面積 A_0 の素材を断面積 A_1 に縮小すると，長さは $R = A_0/A_1$ 倍になる．押出しでは R を **押出し比** という．素材が引張試験のように均一に変形されたとすると，対数ひずみ〔式(1.5)参照〕は $\varepsilon_0 = \ln(A_0/A_1) = \ln R$ となり，これを **理想変形ひずみ** という．理想変形での押出し圧力 p_0 は，式(16.5)より，次のようになる．

$$p_0 = \sigma_Y \varepsilon_0 = \sigma_Y \ln R \qquad (16.6)$$

実際の押出しでは，材料はダイス入口と出口で方向変化をするための **余剰変形** を生じ，さらにダイス面上での摩擦により押出し圧力が高くなる．

図 16.3 に静水圧押出しにおける押出し圧力への各成分の寄与を示す．余剰変形のエネルギーはダイス角とともに増加する．素材とダイスの接触面積は，ダイス角が小さくなるほど急激に大きくなるため，ダイス半角 20° 以下では摩擦の影響が非常に大きくなる．

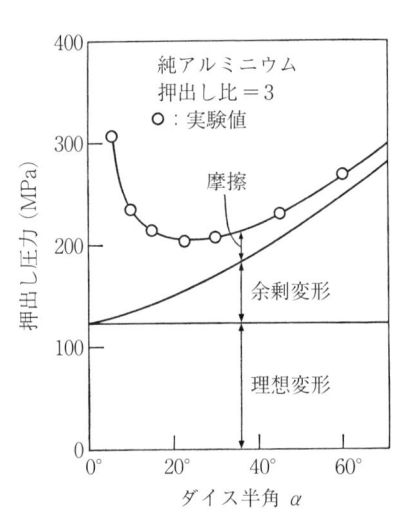

図 16.3 静水圧押出しにおける押出し圧力の構成

16.2　上界法の概要

16.2.1　上界法の概念

塑性変形している素材内での流れ，あるいは速度場が与えられると，その流れから消費されるエネルギーを計算することができる．もし実際の(正解の)流れがわかると，正しい加工力が求められるが，このような流れを予測することはきわめて困難である．そこで，実際の流れに近いと考えられる速度場で代用することにする．この場合，素材の大きさ，形状は実際と同一であることは当然であるが，工具の入口や出口での速度の大きさ，工具との接触面上で工具に侵入しない流れの方向などの速度境界条件もまた実際の条件と同じでなけれ

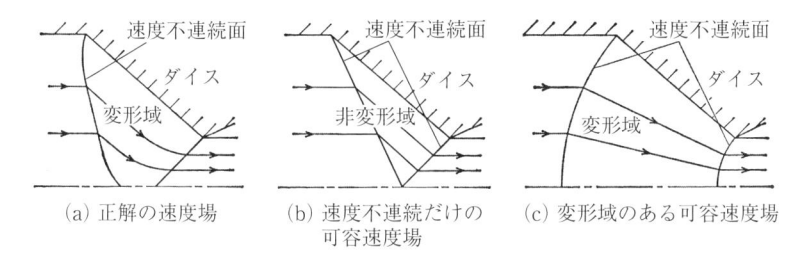

(a) 正解の速度場　(b) 速度不連続だけの可容速度場　(c) 変形域のある可容速度場

図 16.4 剛完全塑性材料の平面ひずみ押出しの速度場

ばならない．さらに，素材内部の全域で体積一定の条件も満足している必要がある．このような速度場を **運動学的可容速度場** と呼ぶ．以下では，これを **可容速度場** と略すことにする．

図 16.4 に，剛完全塑性材料を平面ひずみ押出しした場合の可容速度場の例を示す．図のように変形域の境界で流れが急変している面があるが，これを **速度不連続面** と呼び，速度場の構成にしばしば用いられる．

可容速度場 v^* に基づいて，速度不連続面におけるエネルギー消費率 $\dot{W}_s^*$，変形域におけるエネルギー消費率 $\dot{W}_d^*$，工具との摩擦などの外力に抗するためのエネルギー消費率 $\dot{W}_f^*$ を計算し，加工力を求めることができる．このような方法を **上界法** と呼ぶ．可容速度場から得られる全エネルギー消費率 $\dot{W}^*$ は，実際のエネルギー消費率 $\dot{W}$ より小さくはならないことが **上界定理** によって保証されている．すなわち

$$\dot{W}^* = \dot{W}_s^* + \dot{W}_d^* + \dot{W}_f^* \geq \dot{W} \tag{16.7}$$

となる．いい換えると，可容速度場から計算される加工力は，実際の加工力と等しいか，またはより大きくなり，加工力推定値の上界を与えることになる．以上のように，上界法は力の釣合い式を考慮しないのが特徴である．

以下では，簡単化のために可容速度場およびそれから導かれるひずみ速度を意味する添記号 $*$ は省略する．

16.2.2　速度不連続面の取扱い

平面ひずみ問題では，速度不連続面のみで構成される簡単な可容速度場を考えることができるが，これを 図 16.5 の平面ひずみ押出し（紙面方向厚さ 1）について説明する．入口側の素材幅の半分を h_0，出側を h_1，ダイス半角を α，ダ

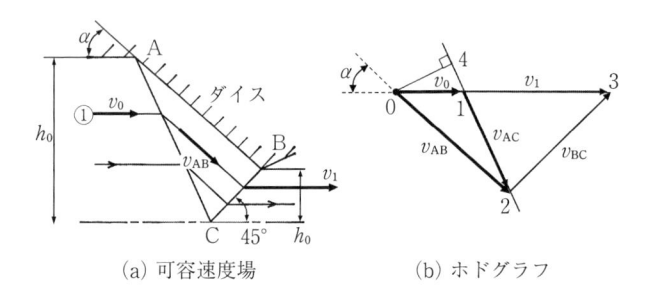

図16.5 平面ひずみ押出しにおける速度不連続線のみの可容速度場

イス面の摩擦は0とする．材料の入口速度をv_0とすると，体積一定より出口速度は$v_1 = v_0 h_0/h_1$になる．図中の①から出発する流線をたどると，材料は速度v_0で右方向に動いたあと，入口の速度不連続線ACで方向を変えてダイス面ABに平行に動き，出口の速度不連続線BCで再び方向を変えて速度v_1で右方向に流出すると仮定する．簡単のため，BCは中心線と45°の角度とする（この角度は自由に設定できる）．△ABCの内部では同方向に一定速度v_{AB}で流れるので非変形で体積一定であり，ABの境界に沿って流れるので速度の境界条件は満足されている．以上から，この速度場は可容速度場であることがわかる．

図(b)に速度ベクトルで構成される**ホドグラフ**を示す．$\overline{01}$が入口速度v_0，$\overline{03}$が出口を出た後の速度v_1である．△ABC内の速度は$\overline{02}$(v_{AB})であり図(a)のABと平行であるが，この速度の大きさは以下のように求める．

速度不連続線に入る材料体積と出てくる材料体積は，同一でなければならない．それをホドグラフで見ると，不連続線に垂直な速度成分は不連続線の両側で等しい．v_0の速度不連続面ACに垂直な成分$\overline{04}$は，v_{AB}の垂直成分でもある．したがって，ホドグラフ上でv_0を表す点1を通り，速度不連続線ACに平行な線分$\overline{14}$の延長上にv_{AB}がある．v_{AB}はダイス面ABに平行であるので，点0からABに平行に引いた直線と，点1から不連続線ACに平行に引いた線分との交点2としてv_{AB}が求められる．

速度不連続線に平行な速度成分は両側で異なる．不連続線に平行に$\overline{41}$の速度で入り，$\overline{42}$の速度で出てくるので，速度差$\overline{12} = v_{AC}$が速度不連続量である．

速度不連続面 AC でのせん断応力を τ とすると，滑りによるエネルギー消費率 $\dot{W}_{S(AC)}$ は $\tau \overline{AC} v_{AC}$ である．τ は通常未知であるが，せん断降伏応力 $k(=\bar{\sigma}/\sqrt{3})$ を越えることはない．上界法であるので，τ をとり得る値の最大値 k と等しくとる．

$$\dot{W}_{S(AC)} = k\overline{AC} v_{AC}$$

速度不連続線 BC でも同様の計算ができる．

$$\dot{W}_{S(BC)} = k\overline{BC} v_{BC}$$

押出し圧力を p とすると，

$$(\dot{W}_{S(AC)} + \dot{W}_{S(BC)}) = p h_0 v_0 \tag{16.8}$$

から次のようになる．

$$\frac{p}{2k} = \frac{1}{2h_0 v_0}(\overline{AC} v_{AC} + \overline{BC} v_{BC}) \tag{16.9}$$

ここで，$2k$ は平面ひずみ変形の場合の降伏応力である．

図 16.5 で $h_0/h_1 = 3$，$\alpha = 30°$ の場合の計算を行ってみよう．$\overline{AC} = 1.27 h_0$，$\overline{BC} = 0.47 h_0$，$v_{AC} = 1.97 v_0$，$v_{BC} = 1.41 v_0$ であるので，

$$\frac{p}{2k} = \frac{1}{2h_0 v_0}(1.27 h_0 \times 1.97 v_0 + 0.47 h_0 \times 1.41 v_0)$$

$$= \frac{1}{2}(2.50 + 0.664) = 1.58$$

が得られる．

16.2.3 変形域の取扱い

塑性変形域内において，速度成分がわかればひずみ速度はひずみ速度-速度関係式 (13.10)，(13.11) から計算することができる．二次元問題において，可容速度場の速度分布 v_x，v_y が与えられるときには，速度場からひずみ速度成分が計算される．

$$\dot{\varepsilon}_x = \frac{\partial v_x}{\partial x}, \quad \dot{\varepsilon}_y = \frac{\partial v_y}{\partial y}, \quad \dot{\gamma}_{xy} = \frac{\partial v_x}{\partial y} + \frac{\partial v_y}{\partial x} \tag{16.10}$$

さらに，式 (14.17) より相当ひずみ速度 $\dot{\bar{\varepsilon}}$ が

$$\dot{\bar{\varepsilon}} = \frac{\sqrt{2}}{3}\left\{(\dot{\varepsilon}_x - \dot{\varepsilon}_y)^2 + \dot{\varepsilon}_x^2 + \dot{\varepsilon}_y^2 + \frac{6}{4}\dot{\gamma}_{xy}^2\right\}^{1/2} \tag{16.11}$$

と求められる．これを用いて，塑性変形エネルギー消費率 $\dot{W}_d$ が

$$\dot{W}_d = \int_V \bar{\sigma}\,\dot{\bar{\varepsilon}}\,dV \tag{16.12}$$

と得られる．

一方，可容速度場は体積一定の条件を満足するため，

$$\dot{\varepsilon}_x + \dot{\varepsilon}_y = \frac{\partial v_x}{\partial x} + \frac{\partial v_y}{\partial y} = 0 \tag{16.13}$$

である必要がある．平面ひずみ押出しの場合には，式 (16.13) を満足する速度場として図 16.6 のような速度場が提案されている．ダイス面の交点 O を中心とした円弧状の速度不連続面 S_A, S_B と，それらに囲まれた領域からなる速度場を考える．この領域内では材料は円弧の中心 O に向かって流れるため，この部分は変形域になる．変形域内の点 P の座標を中心 O からの距離 r と角度 θ で表すとき，O に向かう速度を

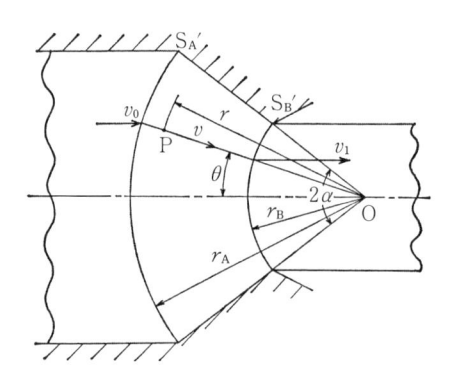

図 16.6　変形域のある平面ひずみ押出しの可容速度場

$$v = -\frac{r_A}{r} v_0 \cos\theta \tag{16.14}$$

とすると，

$$\dot{\varepsilon}_r = \frac{\partial v}{\partial r} = \frac{r_A}{r^2} v_0 \cos\theta, \quad \dot{\varepsilon}_\theta = \frac{v}{r} = -\frac{r_A}{r^2} v_0 \cos\theta \tag{16.15}$$

であるので，体積一定の条件 $\dot{\varepsilon}_r + \dot{\varepsilon}_\theta = 0$ が満足され，この速度場は可容速度場であることがわかる．

16.2.4　表面外力と摩擦力の扱い

押出しにおいて，図 3.1 のように出口表面に張力や背圧を加えることがある．出口から引っ張ると，押出し力は減り，逆に出口に圧力を加えると増加する．面積 A の表面に加わる単位面積当たりの外力 T を表面に垂直（外向きを

正)な成分 T_n と平行な成分 T_p に分け，表面速度成分を v_n, v_p とすると，外力のなす仕事率は $\dot{W} = \int_A (T_n v_n + T_p v_p) dA$ になる．

式(16.7)で示した外部からの仕事率 $\dot{W}$ は，厳密にいうと物体表面に加わる外力がなす仕事率であり，これは加工力がなす仕事率 $\dot{W}_a$ と背圧のように既知の境界の力のなす仕事率 $\dot{W}_t$ からなり，$\dot{W} = \dot{W}_a + \dot{W}_t$ である．加工力の仕事率の上界値 $\dot{W}_a^*$ は式(16.7)を次のように変形して得られる．

$$\dot{W}_a^* = \dot{W}_s^* + \dot{W}_d^* + \dot{W}_f^* - \dot{W}_t^* \geq \dot{W}_a \tag{16.16}$$

背圧は，押出し材先端表面外向きに対して反対に加えわる負の力 ($T_n < 0$) で，先端表面の移動方向は表面法線の方向 ($v_n > 0$) であるので $\dot{W}_t = T_n v_n$ は負になる．このため，背圧が加わると式(16.16)の加工仕事 $\dot{W}_a$ は増大する．入口と出口の断面積が A_0, A_1，速度が $v_0, v_1 (= v_0 A_0 / A_1)$ の摩擦のない押出しで，出口から p_b の背圧を加えると，押出し圧力は次のように背圧と同じだけ増加する．

$$\Delta p = \frac{p_b A_1 v_1}{A_0 v_0} = p_b \tag{16.17}$$

摩擦力を表面に平行な動きに反対方向に作用する外力 T_p として扱うことも可能である．すなわち，摩擦力 τ_f の方向と面の移動方向は反対であるので摩擦力による仕事率 $\dot{W}_t$ は負であるが，式(16.16)のように，これは加工仕事 $\dot{W}_a$ を増大させる．通常摩擦を考えるときには摩擦応力 τ_f と相対滑り速度 v_f を両方 + として

$$\dot{W}_f = \int_{S_f} \tau_f v_f dS \tag{16.18}$$

と表している．S_f は摩擦の生じている素材表面積である．

上界法では，ダイス面での接触面圧が未知であるため，摩擦係数を用いて摩擦応力を与えることができない．このため，せん断摩擦係数 m [式(9.8)参照]を用いて，次のように表す場合が多い．

$$\tau_f = mk \quad (1 \geq m \geq 0) \tag{16.19}$$

16.3 速度場の最適化

16.2.1項で述べたように，上界法で得られる加工力は正解と等しいか，あ

(a) 可容速度場　　(b) ホドグラフ

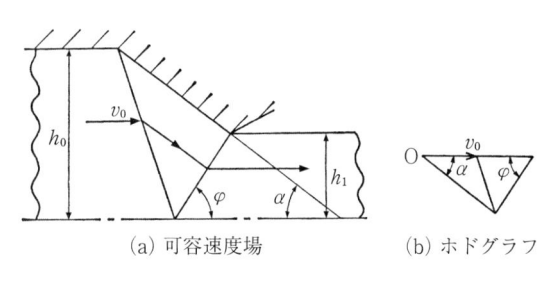

図 16.7　角度 φ を可変量とした平面ひずみ押出しの可容速度場

るいはより大きな値である．一つの問題について無数の可容速度場が考えられるが，これらの中で最も低い上界値が正解に最も近いことになる．そこで，一つの速度場の中に可変量を入れておき，その値を変化させて極小の加工力を計算することもできる．上界法では，このような速度場を最適化する方法を**上界接近法**という．

たとえば，図 16.7 のような摩擦のない平面ひずみ押出しの可容速度場において，角度 φ を可変量として押出し圧力 p は次のように表される．

$$\frac{p}{2k} = \frac{\tan\varphi \tan\alpha}{2R(\tan\varphi + \tan\alpha)}\left\{\left(\frac{R-1}{\tan\alpha} - \frac{1}{\tan\varphi}\right)^2 + R^2 + \frac{R}{\sin^2\varphi}\right\} \quad (16.20)$$

ここで，R は押出し比で，$R = h_0/h_1$ である．$R = 2$，$\alpha = 30°$ の場合の $p/2k$ と φ の関係を図 16.8 に示す．$p/2k$ は $\varphi \cong 42°$ のとき極小となる．

図からわかるように，この問題は $f = p/2k$ が最小となる φ を求める問題である．数学的には f の曲線の勾配が 0 となる角度 φ が f を最小にするとして扱う．

$$\frac{\partial f}{\partial \varphi} = 0 \quad (16.21)$$

すなわち，式 (16.20) を φ により偏微分した式を導き，その式が 0 となる φ を求めることになる．この例では変数は 1 個であるが，多くの変数を含む場合であっても，おのおのの変数で偏微分した式を導いて 0 とした連立方程式を作成して，連立方程式を解くことになる．

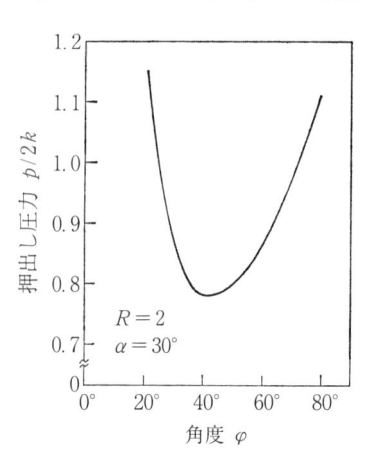

図 16.8　押出し圧力の計算値と φ （図 16.7）の関係

上界接近法を有限要素法で最適化する方法(付録26)が,剛塑性有限要素法(付録27)に発展した.

演習問題

1. 図 16.9 のような摩擦のない平面ひずみ加工の可容速度場に対するホドグラフを描き,加工圧力を求めよ.

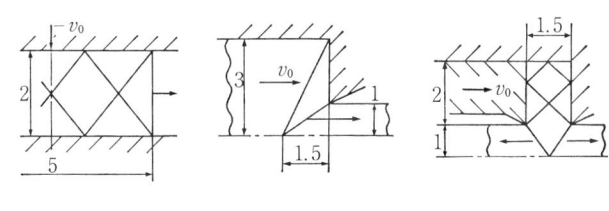

図 16.9

2. 押出しにおいて,出口から張力を加えた場合には押出し圧力はどうなるか.
3. 図 16.3 のデータから,この実験に用いられた材料の変形抵抗を推定せよ.ただし,変形抵抗はひずみによらず一定であるとする.
4. 図 16.10 のような摩擦のない平面ひずみ非対称押出しの押出し圧力および傾き角 θ を求めよ.

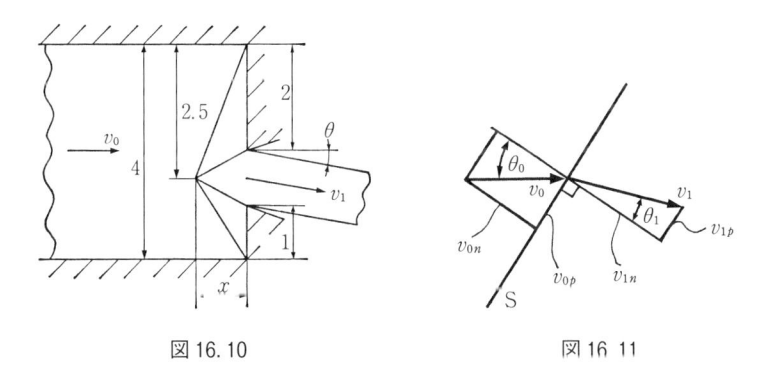

図 16.10

図 16.11

5. 図 16.11 のように,材料が速度不連続面 S に θ_0 の角度で入り θ_1 の角度で出ていくとき,速度不連続面で受けるせん断ひずみ γ を求めよ.

第17章　有限要素法

塑性加工中の素材の応力状態を求めるには，滑り線場法(付録22参照)以外には計算方法がなかった．計算機の発達とともに，塑性加工においても，有限要素法のソフトが市販されるようになって，実用的な条件で応力計算ができるようになった．本章では，塑性加工用有限要素法の概要を説明するとともに，有限要素法の原理の理解を助けるために弾性有限要素法の基礎式を示す．

17.1　有限要素法の概要

17.1.1　要素分割

有限要素法(FEM：Finite Element Method)では，**図17.1**のように物体を小さい**要素**に分割し，要素の角の**節点**における速度(または変位)を未知数としている．弾性変形では節点変位を，塑性変形では節点速度を変数とすることが多い．弾性変形や塑性変形の厳密な基礎式は偏微分方程式で表されるが，FEMでは**変分原理**を用いて，偏微分方程式を連立方程式に変換している．各節点で速度成分がx, y, z方向の3個(三次元解析)またはr, z方向の2個(軸対称解析)あるため，塑性加工問題の解析では1000〜10000変数もある．

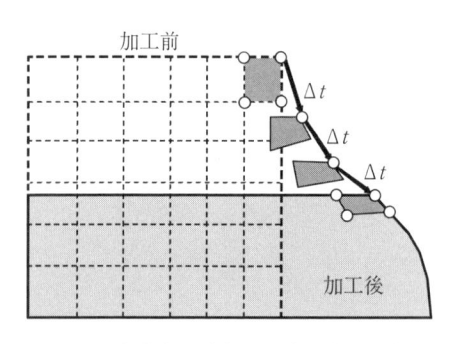

図17.1　塑性加工素材の要素分割と大変形の扱い

塑性変形のFEM解析の原理は，節点速度のx, y, z方向の成分を未知変数にして，各節点でx, y, z方向について力の釣合い式を作成し，得られた連立方程式を解くことである．要素内部の速度は節点速度からの内挿により，ひずみ速度は要素内部の速度分布から求める．ひずみ速度成分から応力成分の変化

速度(後述の弾塑性FEM)または応力成分(剛塑性FEM)が得られる.

塑性加工では,素材の形状変化を求める必要がある.図17.1のモデルに示すように連立方程式を解いて得られた節点速度から,時間増分 Δt 後の節点座標を推定する.増分変形後の要素を用いて連立方程式を計算する作業を繰り返し,形状変化を追跡する.

17.1.2　塑性変形解析の有限要素法の概要

弾性変形の FEM は,航空機の設計のために 1950 年代に中頃に提案され,1960 年代に確立された.日本では,企業に大型コンピュータが導入され始めた 1980 年代から構造物の解析に使われるようになった.2000 年頃から,パーソナルコンピュータで FEM の計算が可能になり,塑性加工においても広く用いられるようになった.

弾塑性有限要素法(付録 24 参照)は,図 17.2 の中に示す弾塑性の曲線のように弾性変形に続き塑性変形を生じる場合を扱う.弾塑性 FEM の開発初期には,構造物の解析が中心であり,形状変化を無視した微小変形弾塑性 FEM が用いられた.その後,塑性加工では不可欠な形状変化の影響を考慮した大変形弾塑性 FEM が開発され,残留応力やスプリングバックなど弾性変形を無視できない塑性加工問題で使用されている.

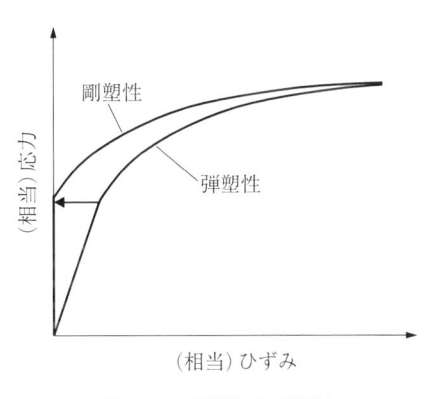

図 17.2　弾塑性と剛塑性

弾塑性 FEM における計算時間の大部分は,線形連立方程式の行列計算である.三次元計算の変数の個数は数千もあって膨大な計算になるため,大変形を弾塑性 FEM で計算するには長い計算時間が必要である.

動的陽解法(付録 25)は,節点で(静的な)力の釣合いを考える代わりに,要素内の質量を節点に集中させ,加速度を考えた(動的な)運動方程式つくって節点毎に個別計算をする.力の釣合いを無視することで生じる誤差は,次の段階の計算において節点に仮想的な外力を加えて補正する.動的陽解法では 1 回の計算時間は非常に短くなるが,非常に小さいステップにして誤差累積を避け

るため計算回数は多くなる．誤差の程度と計算時間とを考慮して，時間増分の大きさを決めている．

剛塑性解析は，図 17.2 の剛塑性曲線が示すように材料の弾性変形を無視し，塑性変形だけを取り扱う．上解法の最適化手法（付録 26 参照）として剛塑性体の有限要素法解析が始まった．上解法では応力計算ができないが，いくつかの方法で応力計算を可能にしたものが**剛塑性有限要素法**（付録 27 参照）になった．弾性を無視することにより基礎式が簡略化され，計算時間を大幅に減らすことが可能であるため，鍛造や圧延の解析には多く用いられている．

17.1.3 計算速度と計算精度

節点変位を内挿して得られる要素内部の点の変位は，正しい解とはいくらかの差があるため，要素が細かく，数が多くなるほど計算精度は高くなる．一方，連立方程式を解くための行列計算では，係数の個数は変数の個数の自乗に比例して増加し，要素数増加とともに計算時間は大幅に長くなる．

計算機のメモリー容量の増大や計算速度の高速化により細かい要素分割を使用できるようになり，計算精度は高くなった．しかし，実際の現象のシミュレーション精度は，変形抵抗曲線や摩擦条件などの入力データの精度によっても左右されるため，入力条件や得られた結果の検証を十分に行う必要がある．

17.1.4 塑性加工の FEM シミュレーション

塑性加工へ FEM を適用する場合，次のようなデータを入力する．

(1) 素材および工具形状
(2) 素材の変形抵抗（加工硬化，ひずみ速度依存性，異方性，温度依存性）
(3) 素材・工具間の摩擦特性（摩擦係数，摩擦せん断係数などの摩擦特性式）
(4) プレス速度または運動特性

以上のほか，工具応力の計算には工具の弾性特性を，また温度計算には素材と工具の温度と各種熱特性も入力する．素材の材質変化を求めるためには，金属組織変化の理論を FEM に組み込み，金属毎のパラメータを用意する必要がある．

FEM を用いて直接的に予測されている項目は次のようなものである．

(1) 素材の変形形状，形状欠陥の発生
(2) 素材内部の材料流動，応力・ひずみ分布，残留応力，スプリングバック

(3) 加工力，金型接触圧力，金型の応力状態
(4) 加工中の素材と金型の温度分布

　FEM の計算結果は，素材の破壊発生や製品の硬さ分布，金型の変形や疲労寿命の予測にも応用されている．鍛造では歩留りの大きい素材形状が，また深絞りにおいては欠陥発生のない板形状が FEM を用いて決められている．
　FEM を塑性加工に利用する実務的なメリットには，次のようなことが挙げられる．
(1) CAD/CAM とのデータ互換による生産システム全体の統合
(2) 試行錯誤実験の削減による設計や開発での時間短縮
(3) 生産現場での加工条件の最適化および実生産で生じた問題の原因解明

17.1.5　FEM シミュレーションの注意事項

　FEM 自体の計算精度は高いが，計算結果が現実と一致するとは限らない．FEM を実際に役立てるにはいくつかの注意事項がある．原理をよく理解せずに正しい方法でシミュレーションを行わなかったため，役に立つ結果が得られなかった例も少なくない．以下のようなことを理解してシミュレーションを行う必要がある．

（1）入力データの信頼性

　シミュレーションは，入力されたデータに基づいてプログラムのとおりに計算するだけであるので，正しいデータを入力しなければ正しい結果は得られない．100% 正しいデータはほとんど手に入らないので，計算結果の裏づけのためには，実測データとの比較が必要である．

（2）簡単なモデリング

　複雑なモデルほど計算時間が長くなり，重要なパラータを見失いやすい．単純なモデリングは，計算時間の節約，結果分析での無駄な努力の回避，データ設定ミスなどにより起こる問題の排除などにつながる．

（3）徹底した分析

　シミュレーション結果を眺めるだけでは問題を解決できない．FEM では，実験では得られない材料内部の応力やひずみなども求められるため，計算結果の物理的な意味を明確に理解し，総合的に分析・判断をする必要がある．このためには，塑性力学の知識が不可欠である．

17.2 平面ひずみ弾性有限要素法

17.2.1 三角形要素

図17.3に示すような平坦な工具によって四角形断面の素材を圧縮する場合を考える．素材が奥行き方向に変形しない平面ひずみ変形を仮定し，二次元問題として処理する．また，上下左右対称問題である場合を考え，素材の1/4だけを計算領域とする．

まず，素材を有限な個数の要素に分割する．一般的に，要素形状は三角形か四角形である．ここでは最も単純な三角形要素に分割している．おのおのの要素は三角形の頂点である節点で結合されている．

有限要素法では素材は多数の要素に分割されるが，その中の1個の要素を取り出したものが図17.4である．任意形状に要素分割したため，3個の節点の座標 (x_i, y_i), (x_j, y_j), (x_m, y_m) は既知である．また，節点の変位量 (u_{xi}, u_{yi}), (u_{xj}, u_{yj}), (u_{xm}, u_{ym}) は未知とする．三角形要素内の変位分布は一次式で近似する．

$$\left.\begin{array}{l} u_x = \alpha_1 + \alpha_2 x + \alpha_3 y \\ u_y = \alpha_4 + \alpha_5 x + \alpha_6 y \end{array}\right\} \tag{17.1}$$

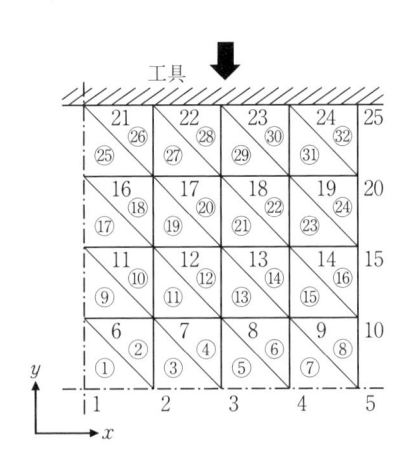

図17.3 平坦な工具による平面ひずみ圧縮における素材の節点三角形要素による分割

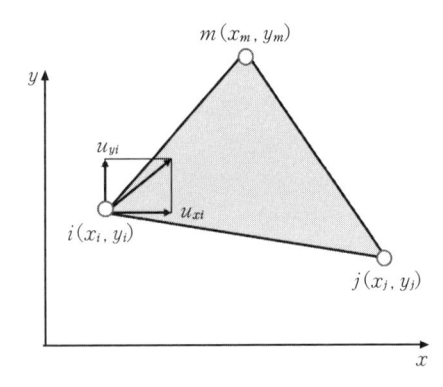

図17.4 三角形平面ひずみ要素における座標と節点速度

式(17.1)に節点変位および節点座標を代入する．

17.2　平面ひずみ弾性有限要素法

$$\left.\begin{array}{ll} u_{xi} = \alpha_1 + \alpha_2 x_i + \alpha_3 y_i, & u_{xj} = \alpha_1 + \alpha_2 x_j + \alpha_3 y_j \\ u_{xm} = \alpha_1 + \alpha_2 x_m + \alpha_3 y_m, & u_{yi} = \alpha_4 + \alpha_5 x_i + \alpha_6 y_i \\ u_{yj} = \alpha_4 + \alpha_5 x_j + \alpha_6 y_j, & u_{ym} = \alpha_4 + \alpha_5 x_m + \alpha_6 y_m \end{array}\right\} \quad (17.2)$$

式(17.2)を解いて求めた係数 $\alpha_1, \cdots, \alpha_6$ を式(17.1)に代入する.

$$\left.\begin{array}{l} u_x = \dfrac{1}{2A} \{(a_i + b_i x + c_i y) u_{xi} + (a_j + b_j x + c_j y) u_{xj} \\ \qquad + (a_m + b_m x + c_m y) u_{xm}\} \\ u_y = \dfrac{1}{2A} \{(a_i + b_i x + c_i y) u_{yi} + (a_j + b_j x + c_j y) u_{yj} \\ \qquad + (a_m + b_m x + c_m y) u_{ym}\} \end{array}\right\} \quad (17.3)$$

$$a_i = x_j y_m - x_m y_j, \quad b_i = y_j - y_m, \quad c_i = x_m - x_j$$

$$A = \frac{1}{2}(x_i y_j + x_j y_m + x_m y_i - x_i y_m - x_j y_i - x_m y_j)$$

ここで, A は三角形要素の断面積である. 式(17.3)で変位分布が求められると, それを微分することにより要素内のひずみが決定される〔式(13.10)参照〕.

$$\{\varepsilon\} = \left\{\begin{array}{c} \varepsilon_x \\ \varepsilon_y \\ \gamma_{xy} \end{array}\right\} = \left\{\begin{array}{c} \dfrac{\partial u_x}{\partial x} \\ \dfrac{\partial u_y}{\partial y} \\ \dfrac{\partial u_y}{\partial x} + \dfrac{\partial u_x}{\partial y} \end{array}\right\} = \left\{\begin{array}{c} \alpha_2 \\ \alpha_6 \\ \alpha_3 + \alpha_5 \end{array}\right\}$$

$$= \frac{1}{2A} \underbrace{\begin{bmatrix} b_i & 0 & b_j & 0 & b_m & 0 \\ 0 & c_i & 0 & c_j & 0 & c_m \\ c_i & b_i & c_j & b_j & c_m & b_m \end{bmatrix}}_{[B]} \underbrace{\left\{\begin{array}{c} u_{xi} \\ u_{yi} \\ u_{xj} \\ u_{yj} \\ u_{xm} \\ u_{ym} \end{array}\right\}}_{\{u\}} = [B]\{u\} \quad (17.4)$$

　有限要素法では, 要素内のひずみは節点変位 $\{u\}$ の一次関数として表される. また三角形要素では, 係数 $b_i, c_i, b_j, c_j, b_m, c_m$ が座標 x, y を含まないため, ひずみは要素内で一定になり, 積分が容易になる.

17.2.2 弾性変形における応力とひずみの関係

弾性変形では，ひずみと応力の関係はフックの法則で支配され，平面ひずみ変形 ($\varepsilon_z = \gamma_{yz} = \gamma_{zx} = 0$) では次のように表される（第13章の演習問題7参照）．

$$\{\varepsilon\} = \begin{Bmatrix} \varepsilon_x \\ \varepsilon_y \\ \gamma_{xy} \end{Bmatrix} = \frac{1}{E} \begin{bmatrix} (1-\nu^2) & -\nu(1+\nu) & 0 \\ -\nu(1+\nu) & (1-\nu^2) & 0 \\ 0 & 0 & 2(1+\nu) \end{bmatrix} \begin{Bmatrix} \sigma_x \\ \sigma_y \\ \tau_{xy} \end{Bmatrix} \quad (17.5)$$

ここで，E はヤング率，ν はポアソン比である．行列の逆変換を行って応力をひずみで表すと，次式が得られる．

$$\{\sigma\} = \begin{Bmatrix} \sigma_x \\ \sigma_y \\ \tau_{xy} \end{Bmatrix} = \underbrace{\frac{E(1-\nu)}{(1+\nu)(1-2\nu)} \begin{bmatrix} 1 & \nu/(1-\nu) & 0 \\ \nu/(1-\nu) & 1 & 0 \\ 0 & 0 & (1-2\nu)/2(1-\nu) \end{bmatrix}}_{[\mathrm{D}^e]} \begin{Bmatrix} \varepsilon_x \\ \varepsilon_y \\ \gamma_{xy} \end{Bmatrix}$$

$$= [\mathrm{D}^e]\{\varepsilon\} \quad (17.6)$$

式 (17.6) に式 (17.4) を代入すると，

$$\{\sigma\} = [\mathrm{D}^e][\mathrm{B}]\{u\} \quad (17.7)$$

要素内の応力は節点変位の一次関数として表される．

17.2.3 節点力と応力の関係

実際の変形では変位は連続的に変化して無限に大きい自由度をもち，物体内のすべての点で力が釣り合っている．有限要素法では，有限個の節点変位を未知数とし，節点においてのみ力の釣合いを考える．

要素内の応力がわかっているとき，要素の辺上に作用する力は応力成分により次のように表される．

$$\left. \begin{matrix} T_x = \sigma_x l\cos\theta_x + \tau_{xy} l\cos\theta_y \\ T_y = \sigma_y l\cos\theta_y + \tau_{xy} l\cos\theta_x \end{matrix} \right\} \quad (17.8)$$

ここで，l は要素の辺の長さ，θ_x, θ_y は x, y 軸と法線の角度である．式 (17.8) を用いて，図 17.5 における要素の辺上に作用する力を要素内部の応力で表す．

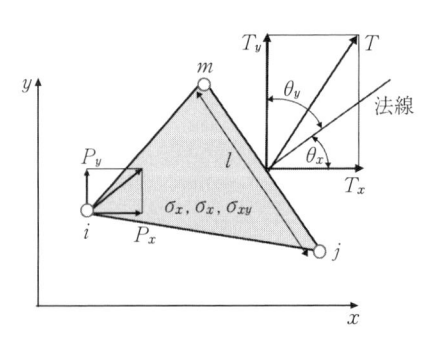

図 17.5　要素内の応力と辺上に作用する力

17.2 平面ひずみ弾性有限要素法　195

$$\left.\begin{aligned}(T_x)_{ij} &= \sigma_x(y_j - y_i) - \tau_{xy}(x_j - x_i)\\(T_y)_{ij} &= -\sigma_y(x_j - x_i) + \tau_{xy}(y_j - y_i)\\(T_x)_{jm} &= \sigma_x(y_m - y_j) - \tau_{xy}(x_m - x_j)\\(T_y)_{jm} &= -\sigma_y(x_m - x_j) + \tau_{xy}(y_m - y_j)\\(T_x)_{mi} &= \sigma_x(y_i - y_m) - \tau_{xy}(x_i - x_m)\\(T_y)_{mi} &= -\sigma_y(x_i - x_m) + \tau_{xy}(y_i - y_m)\end{aligned}\right\} \quad (17.9)$$

ここで，$(T_x)_{ij}$ は辺 ij に作用する x 方向の力である．

有限要素法では，節点でのみ力が伝えられると仮定する．このため，上で求めた辺に作用すべき力を隣接する節点に振り分ける．すなわち，式 (17.9) の辺に作用する力の半分ずつを隣接する節点に与え，節点力を求める．たとえば，節点 i の節点力は次のようになる．

$$\left.\begin{aligned}P_{xi} &= \frac{(T_x)_{ij} + (T_x)_{mi}}{2} = \frac{\sigma_x(y_j - y_m) + \tau_{xy}(x_m - x_j)}{2}\\P_{yi} &= \frac{(T_y)_{ij} + (T_y)_{mi}}{2} = \frac{\sigma_y(x_m - x_j) + \tau_{xy}(y_j - y_m)}{2}\end{aligned}\right\} \quad (17.10)$$

節点力を行列表示すると，次のようになる．

$$\{P\} = \begin{Bmatrix} P_{xi} \\ P_{yi} \\ P_{xj} \\ P_{yj} \\ P_{xm} \\ P_{ym} \end{Bmatrix} = \frac{1}{2} \begin{bmatrix} b_i & 0 & c_i \\ 0 & c_i & b_i \\ b_j & 0 & c_j \\ 0 & c_j & b_j \\ b_m & 0 & c_m \\ 0 & c_m & b_m \end{bmatrix} \begin{Bmatrix} \sigma_x \\ \sigma_y \\ \tau_{xy} \end{Bmatrix} = A[B]^T\{\sigma\} \quad (17.11)$$

式 (17.11) に式 (17.7) を代入すると，

$$\{P\} = A[B]^T[D^e][B]\{u\} \quad (17.12)$$

節点力も節点変位 $\{u\}$ の一次関数として表される．

17.2.4 節点力の釣合い

前述においては，1 個の要素について定式を行ってきたが，これを全体の方程式にする．節点においては数個の要素が属しているため，式 (17.12) の節点力を属している要素に関して加え合わせた力が外力と釣り合うことになる．

$$\sum_{j=1}^{n_{e1}} P_{xij} = \begin{cases} 0 & (\text{素材内部}) \\ F_{xi} & (\text{素材表面}) \end{cases} \quad (i=1,\cdots,n_p) \tag{17.13}$$

$$\sum_{j=1}^{n_{e1}} P_{yij} = \begin{cases} 0 & (\text{素材内部}) \\ F_{yi} & (\text{素材表面}) \end{cases}$$

ここで，n_{e1} は節点 i を含む要素の数，n_p は全節点数である．F_{xi}, F_{yi} は節点 i に作用する外力であり，物体の表面節点で境界条件として与えられる．たとえば，節点7における釣合い式は次のようになる．

$$\left. \begin{array}{l} P_{x7②} + P_{x7③} + P_{x7④} + P_{x7⑨} + P_{x7⑩} + P_{x7⑪} = 0 \\ P_{y7②} + P_{y7③} + P_{y7④} + P_{y7⑨} + P_{y7⑩} + P_{y7⑪} = 0 \end{array} \right\} \tag{17.14}$$

変数の個数を $N=2n_p$ とすると，式(17.13)は，節点変位を変数とする N 行の線形連立方程式として表される．

$$\begin{bmatrix} A_{11} & A_{12} & A_{13} & A_{14} & \cdots & A_{1N} \\ A_{21} & A_{22} & A_{23} & A_{24} & \cdots & A_{2N} \\ \cdots & \cdots & \cdots & \cdots & & \cdots \\ \cdots & \cdots & \cdots & \cdots & & \cdots \\ A_{N1} & A_{N2} & A_{N3} & A_{N4} & \cdots & A_{NN} \end{bmatrix} \begin{Bmatrix} u_{x1} \\ u_{y1} \\ \\ \\ u_{yn_p} \end{Bmatrix} = \begin{Bmatrix} F_{x1} \\ F_{y1} \\ \\ \\ F_{yn_p} \end{Bmatrix} \tag{17.15}$$

上式では，式の数と変数(節点変位)の数がそれぞれ等しく $N=2n_p$ 個であるため，連立方程式を解くことができる．得られた節点変位より，式(17.4)を用いてひずみが求められ，式(17.6)を用いて応力が計算できる．

式(17.15)の連立方程式では，境界条件は外力として与えられるとしたが，境界条件として変位が与えられている場合もある．たとえば，平坦な工具において工具の変位量 u_t が与えられているとき，工具と接触している節点においては次のような境界条件が与えられる．

$$u_{yi} = u_t \quad (i=1,\cdots,n_{p1}) \tag{17.16}$$

ここで，n_{p1} は工具と接触している節点の数である．この場合，接触境界の節点で変位が与えられているため，変数の数が n_{p1} 個だけ減少したようにみえる．しかしながら，変位が与えられている節点では外力 F が未知数になり，変数の数は $2n_p$ 個になって式の数と一致する．境界条件としては，ある表面節点において同じ方向に外力と変位を同時に与えることはできないが，どちらか一方を必ず与えなければならない．

連立方程式の解法には，ガウスの消去法やLU分解法，コレスキー分解法などがある．式(17.15)の係数行列は0を多く含む疎行列となるので，この性質を利用して記憶容量や計算量を削減することができる．有限

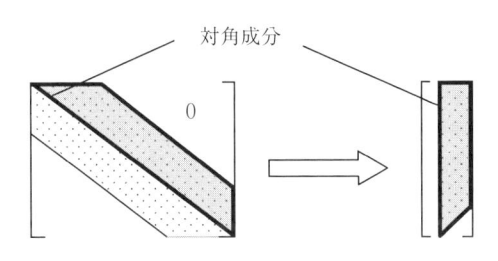

図17.6　対称バンド行列のメモリ格納方法

要素法で得られる連立方程式の係数行列は，行と列が対称である対称行列になる．また，節点の番号の付け方の最適化により図17.6の左側に示すように，対角成分から一定幅以上離れた領域の係数が0である**バンド行列**にすることもできる．対称バンド行列の場合は，図の右側のように，バンドの半分の領域のみをメモリに格納して計算することが可能となる．また，バンド幅が一定でない場合はスカイライン法が適する．

最近では，係数を格納する複数の配列を動的に構築しながら消去計算を進めるマルチフロンタル法など，並列処理に適した解法が開発されている．これらの解法の前処理として，係数行列の行と列を入れ換えることによって計算量を削減するオーダーリング手法が提案されており，一連の手法をパッケージ化した疎行列ソルバーがライブラリとして利用可能となってきている．

演習問題

1. CAD，CAM，CAEの関係について調査せよ．
2. シミュレーション法として用いられる有限要素法と差分法について調査し，有限要素法が塑性加工シミュレーションに多く用いられている理由を考えよ．
3. 塑性加工の有限要素法シミュレーション事例を探し，シミュレーションを行った目的，成果，問題点などを調査せよ．
4. 図17.3の奥行き1の素材の1/4モデルにおいて，幅を40 mm，高さを40 mmとし，等間隔に要素分割を行うとき，要素①の[B]を求めよ．
5. 塑性加工のシミュレーションに用いられる弾塑性有限要素法と剛塑性有限要素法の長所，短所を調べよ．

付　　録

付録 1　製造システムにおける塑性加工

塑性加工は，切削，鋳造，溶接などの加工方法と競合することがあるが，多くの場合は他の加工法と組み合わせて一つの製品をつくっている．以下では，塑性加工と他の加工方法との関係の例を紹介する．

（1）切削・研削

硬い工具材料で金属を削り，精度の高い表面をつくり出す切削や，砥石で表面を磨く研削などを除去加工という．少量生産では切削加工が使用され，生産量の増大とともに冷間鍛造などの精密塑性加工におき換えられることが多い．通常，塑性加工で製作された素材は切削や研削により精度の高い製品に仕上げられる．図 1-1 は，かさ歯車の製造工程の例である．

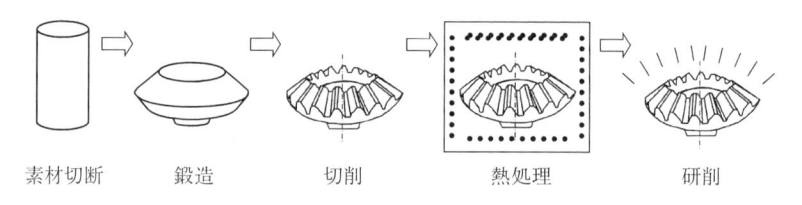

図 1-1　かさ歯車の製造過程

素材切断　鍛造　切削　熱処理　研削

（2）鋳造

砂型鋳造やダイカストは溶けた金属を型に入れて固めて製品をつくる方法であり，熱間鍛造などの塑性加工と競合することもある．鋳造では，塑性加工より細かい形状を作成することが可能であるのに対し，塑性加工は材質や加工速度で勝っている．熱間の塑性加工では，加工中の再結晶により材質変化を生じる．発電機ロータなど重量が数百トンもある大型品は，品質の信頼性が求められるため，大型鋳造品を熱間鍛造により仕上げている．

（3）溶接

スポット溶接では，2 枚の板材（被溶接材料）を電極で挟んで電流を流し，板間の界面における電気抵抗で接触部分の金属を溶かして接合する．プレス加工された薄板製品は，スポット溶接により一体化されて自動車のボデーなどに組み立てられる．プレス加工製品の形状が適切でないと，溶接が困難になるため，高精度のプレス加工が不可欠である．

付録2　塑性加工の工程例

塑性加工では，一度の加工で所定の形状にできないことも多く，加工荷重や工具圧力が過大になったり，加工中に素材が割れたりすることを避けるためにも，多くの工程で最終製品をつくっている．

（1）型圧延

図2-1は，レール圧延の工程例である．型圧延では摩擦によりロール間にかみ込むことのできる形状に制約が大きく，1回の圧延によって与えることのできる変形量は小さい．このため，多くの工程を使って，少しずつ変形を与える．

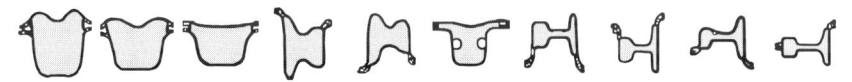

図2-1　レールの孔型圧延における工程

（2）冷間鍛造

図2-2は，中空部品の冷間鍛造の工程例である．冷間鍛造では，素材を一度で大きく変形すると工具面圧が過大になり，工具が破壊する．工具面圧を下げるため，1回に与える変形量を小さくして，多くの工程を用いて少しずつ加工する．

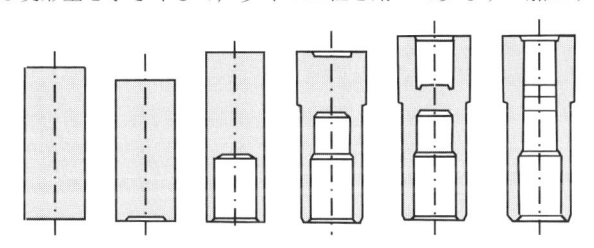

図2-2　冷間鍛造の工程例

（3）板成形

図2-3は，容器状製品の板成形の例である．板成形では，加工中に板の割れやしわが発生しやすい．割れやしわが発生しない程度の小さい加工度に分けて加工を進める．

図2-3　板プレス成形の工程例

付録3 塑性加工の実務

図 3-1 に，塑性加工製品の設計・生産の作業過程の概要を示す．製品に応じて加工工程が設計され，工程毎の工具が設計される．工具設計図に従い工具が製作され，それを用いて製品が試作される．試作で問題が見つかると，**製品設計** や **工程設計，工具設計** にフィードバックされる．生産が始まっても，問題があれば設計にフィードバックされる．生産開始までの時間（リードタイム）を短縮するため，CAD，CAM，CAE など多くの情報技術が利用されている．

図 3-2 に，塑性加工の **生産システム** の概略を示す．

加工現場では，素材が加工機械内に設置された工具によって加圧される．それぞれの機械には，材料加熱装置，搬送装置，潤滑装置などの周辺装置が付属しており，作業者が運転，監視している．

多くの塑性加工工程では，加工前の熱処理，表面処理，素材切断，予加工が行われ，さらに加工後には整形，バリ取り，冷却，熱処理，検査などの後工程があり，全体として塑性加工システムを形成している．加工システムの生産管理を適切に行うことによって生産能率を向上させるとともに，製品品質を安定化している．

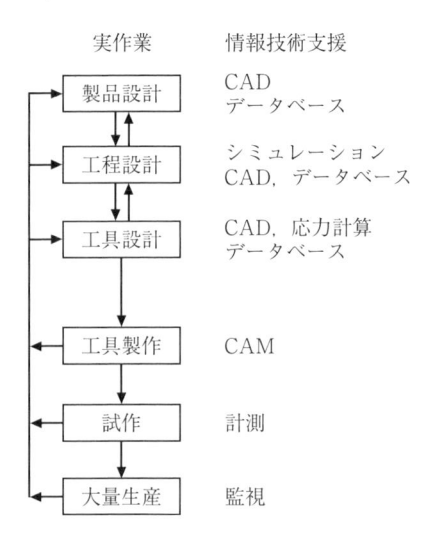

図 3-1 塑性加工の設計・生産と情報技術による支援

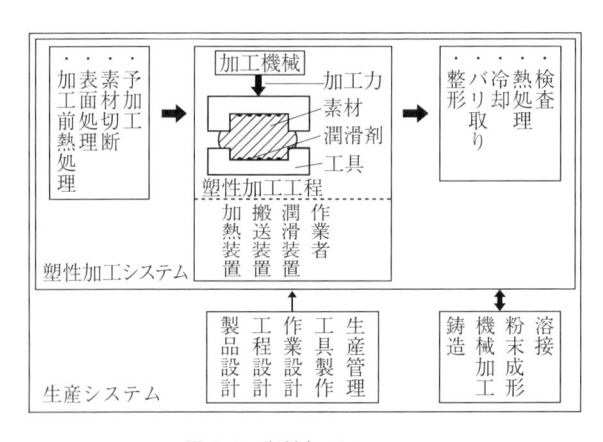

図 3-2 塑性加工システム

付録4　継目なし管の圧延

継目なし鋼管の用途は，油井管，ラインパイプ，メカニカルチューブ，特殊管（ボイラ，化学用）などがある．**継目なし鋼管**の圧延による製造工程を図4-1に示す．

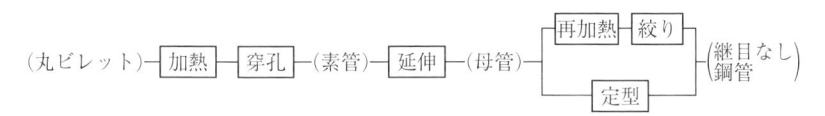

（丸ビレット）→ 加熱 → 穿孔 →（素管）→ 延伸 →（母管）→ 再加熱 → 絞り → （継目なし鋼管）
　　　　　　　　　　　　　　　　　　　　　　　　　　　　　定型

図4-1　継目なし鋼管の製造工程

継目なし鋼管の製造方法の最も大きい特徴は，中実の棒材に圧延により連続的に穴をあけることである．図4-2に，1885年ドイツのマンネスマン兄弟によって発明された**穿孔圧延機**（ピアサ）を示す．二つの対向するたる形のロールを互いに傾斜させ回転し，丸鋼に回転と推進力を与え，ロール中央に位置したプラグに向かって押し込み，中空素管を成形する．

丸鋼は，プラグに当たる前にロールより繰返し圧縮を受け，図4-3に示すように圧縮方向に対して直角方向には引張応力を受ける．この効果によりより穴のあきやすい状態ができると解釈されており，これを**マンネスマン効果**（回転鍛造効果）という．ロール形状にも工夫が凝らされ，近年は，図4-4に示すように出口側に向かってロール径が増大するコーン（円すい）型ロールが用いられる．

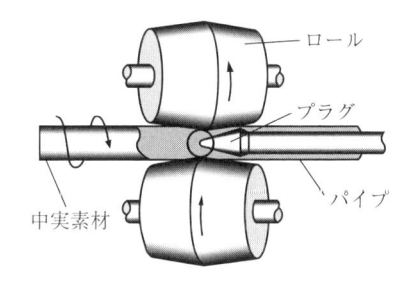

図4-2　マンネスマンピアサ

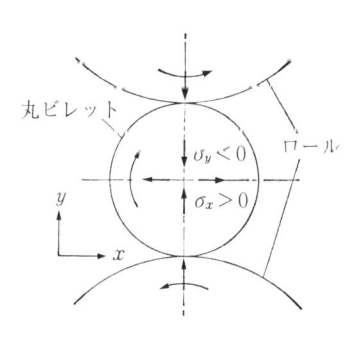

図4-3　ピアサの穿孔原理

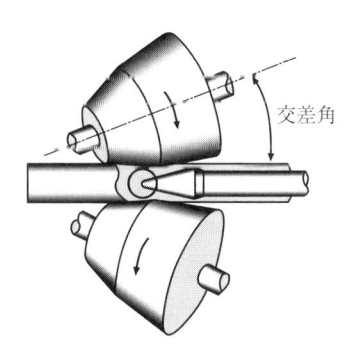

図4-4　コーンピアサ

付録5 コンフォーム押出し

コンフォーム押出しは，英国原子力公社(UKAEA)で開発された連続押出し法である．連続加工であるという利点や複雑形状の押出しが可能であるという特長を生かし，主に成形性の良いアルミニウムの押出し用としてアルミ皮覆鋼線や多孔扁平管の製造に使用されている．アルミニウムよりも硬質な金属では，工具強度，製品品質などの問題から実用化が進まなかったが，近年，装置の改良などにより銅の押出し用としても量産に使われるようになっている．

図 5-1[*1]に，コンフォーム押出し機を示す．ホイールには溝が付いており，加工される線材が回転するホイールの溝に挿入されて機械内に引き込まれる．固定されたシューがホイールの溝に線材を押し付けることで，被加工材である線材はホイールから受ける摩擦力により送り込まれる．シューとの摩擦により高温になった線材は溝を塞いだアバットメントに突き当たり，材料溜りに入ったあと，任意の形状をもったダイスの穴から押し出される．材料溜りでは，ホイールやシューとのすき間から材料が一部の漏れ出てバリとなる．素材である線材を溶接することで連続加工が行え，製品の長さに制限がない．

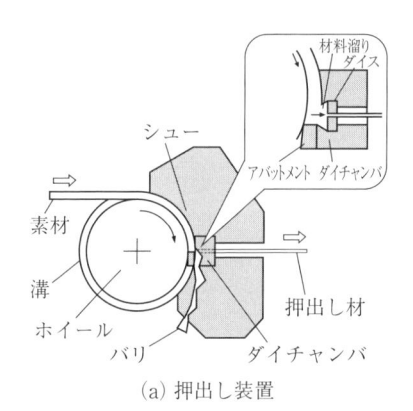

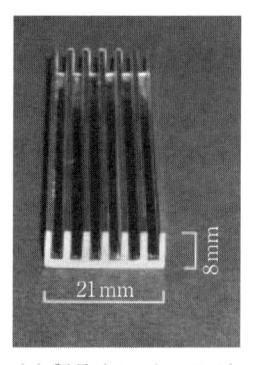

(a) 押出し装置　　(b) 製品（ヒートシンク）

図 5-1　コンフォーム押出し機と製品

[*1] 外木達也 ほか：日立電線, No. 21 (2002-1) p. 103.

付録6　精密鍛造方法

（1）分流鍛造

大きな断面減少率での後方カップ押出しにおいて，図6-1のように前方に軸を押し出すと，押出し圧力が低下する．前方の押出し軸（捨て軸）は鍛造後に切断される．この方法の材料流れを見ると，外向き流れと内向き流れに分かれている．このように流れを分けて加工圧力を低減する鍛造方法を**分流鍛造**と呼んでいる．

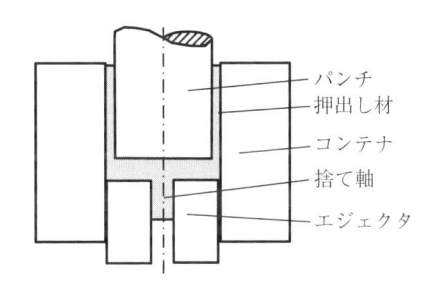

図6-1　分流鍛造の原理

（2）背圧鍛造

複数または細長い押出し出口の場合，押出し長さが均一にならない．図6-2のように出口から背圧をかけた対向パンチを押し付けながら押出しを行う**背圧鍛造**により押出し長さを同一にすることが可能である．図に，この方法で製作されているスクロールコンプレッサ用の部品を示す．

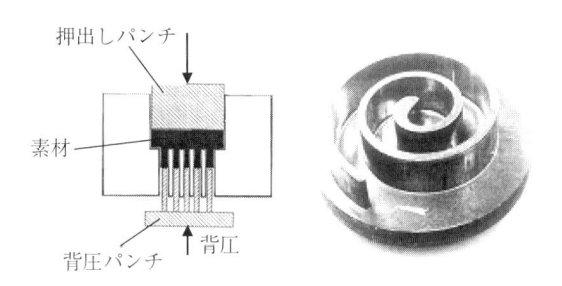

図6-2　背圧押出しと製品

（3）板鍛造

厚板の深絞りなど板成形と冷間鍛造を組み合わせた加工法を**板鍛造**という．図6-3は，深絞りしたカップ状品の内部に冷間鍛造により歯型を成形した例である．

図6-3　板鍛造の例 [2]

---

[2]　中野隆志：塑性と加工, **42**, 484 (2001) p.22.

付録7　冷温間鍛造工具

図7-1は，冷間後方押出しの金型の構造の例である．冷温間鍛造では非常に高い面圧になるため，強度の高い工具材料を用い，高い面圧に耐えるような工具形状や構造にしている．

(1) パンチ

押出しパンチのように軸方向に大きな圧縮力が加わる棒状工具の場合，長さが直径に比べて大きくなると座屈する恐れがある．直径 d，長さ l，縦弾性係数 E の柱に関する**オイラーの座屈応力** p_{cr} は次式で与えられる．

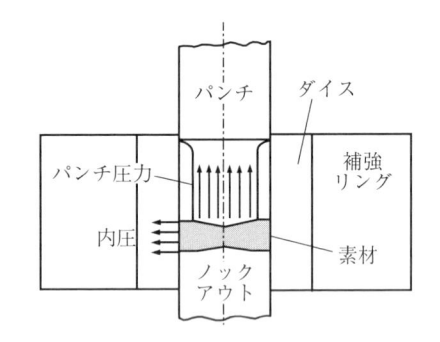

図7-1　後方押出しの金型構造例

$$p_{cr} = \frac{\pi^2}{64} E \left(\frac{d}{l}\right)^2 \tag{7-1}$$

たとえば，工具鋼 ($E = 200\,\mathrm{GPa}$) の場合には，使用限界の圧縮圧力を $2\,\mathrm{GPa}$ とすると，l/d が 3.9 以下のパンチでは座屈を生じない．座屈限界圧力が弾性係数に比例して大きくなるため，l/d の大きい長いパンチの場合には，弾性係数が鋼の2倍以上ある超硬合金を使用することがある．

(2) 内圧を受ける円筒状ダイス

内圧を受ける円筒状ダイスでは，内径における円周方向応力が大きな引張りとなって破壊の原因となる．そこで，図7-1のように**補強リング**で締め付けて補強し，内径に作用する引張応力を低減する．補強リングの内径はダイス外径より 0.5％ 程度小さく作成し，補強リングだけを加熱膨張させて挿入する方法（焼きばめ）などで一体化する．補強リングの使用により 1.5 倍程度の内圧に耐えることができるようになる．補強リングを2重にして，締付け圧力を増やすと，さらに高い内圧に耐えるようにできる．

付録8　管の特殊曲げ加工

長い管の曲げにおいて，管に曲げモーメントを加えると，内径がつぶれて管の使用目的を達することできない．このため，できるだけ短い部分で曲げるようにして，つぶれを防ぐ方法が開発された．

(1) 高周波加熱曲げ

図8-1の**高周波加熱曲げ**は，曲げ型は用いないで，高周波で局部的に加熱・軟化させた部分だけを曲げ変形させる．図のように回転アームの先端で管をクランプし，テールストックで素材を押すことにより曲げモーメントを生じさせる．断面のつぶれを防ぐため，加熱コイルの直後で冷却して，加熱・軟化部を小さくする．曲げ型を用いないので，多品種少量生産に適し，大径薄肉円管の曲げに用いられている．

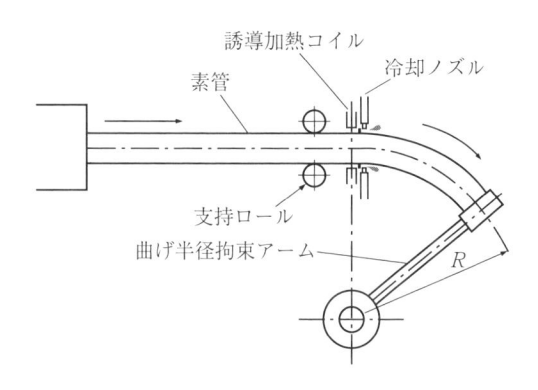

図 8-1 高周波加熱曲げ

(2) CNC押通し曲げ

図8-2の**CNC押通し曲げ**は，ダイスの中で管の直径を縮めながら自由な形状に曲げる方法である．直径の変化する部分で曲げ変形も生じるため内径のつぶれはない．

管の中心軸と押通しダイスの中心軸を偏心させ，さらにダイスを傾け，管をダイスに押し通すことにより曲げの方向と曲率を変化できる．このため，CNCによりダイスの位置を制御することにより，プログラムどおり任意の形状に曲げることができる．

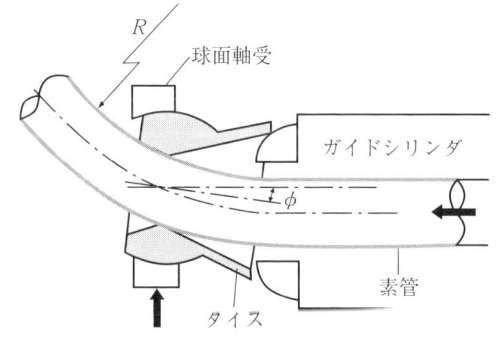

図 8-2 CNC押通し曲げ

付録9　板材の成形性試験

(1) 深絞り性試験

第6章の図6.1に示したような工具を用いて円筒深絞りを行い，**限界絞り比 (LDR)** を求めて材料の深絞り性を比較する試験を**深絞り性試験**という．絞り限界

近傍の直径をもった円形素板を大小いくつか準備し，必要最小限のしわ押え力〔式(6.1)参照〕をかけて深絞りを行い，絞込みが可能となる最大の素板径 D_0 を求める．この最大素板径 D_0 をパンチ径 d_p で割ったものが LDR である．LDR (Limiting Drawing Ratio) は，一般に 2.0 前後の値である．

(2) 張出し性試験

図 9-1 に示す**エリクセン試験**は，直径 20 mm の球頭パンチを用いて張出しを行い，板の裏面に達するクラックが生じた時点でのパンチストロークを測定して張出し性を評価する．板押えと素板の間に 0.05 mm の初期すき間を与える場合 (A 法) と，しわ押え力をかける場合 (B 法) とがある．

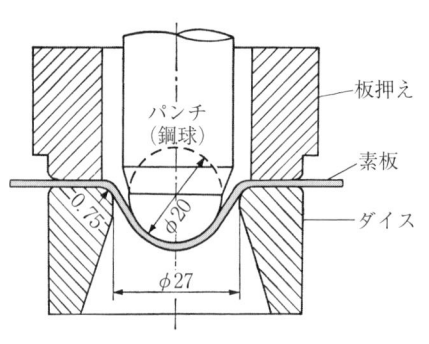

図 9-1 エリクセン試験用工具

(3) 複合成形性試験

図 9-2 に示すような円すい型のダイスと球頭パンチを用いて，張出しと深絞りの複合成形性を調べようとする試験法を**コニカルカップ試験**あるいは福井テストと呼ぶ．

絞抜けやしわが発生しないように，板厚 t_0 に応じて定められた直径 D_0 の素板をコニカルカップにセットしたのち，パンチを押し込んでいくとパンチ頭部の張出し変形部で破断する．破断したカップの上縁部における外径 d_0 の最大値と最小値を測定し，両者を平均した値をコニカルカップ値 (CCV：Conical Cup Value) と呼ぶ．CCV が小さい材料ほど複合成形性がよいとみなす．

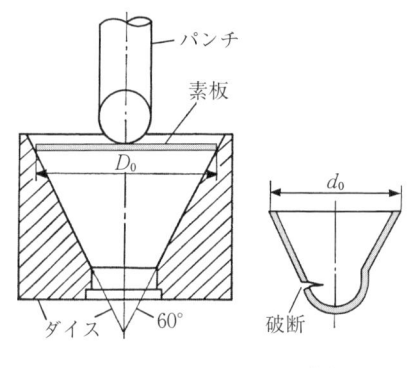

図 9-2 コニカルカップ試験

付録 10　ダイレス逐次板成形

逐次成形は，局部的な変形を繰り返すために生産性は低いが，成形荷重は小さく成形限界は大きく，試作，少ロット生産に適している．最近，板材の逐次成形において，金型を使用しないで複雑な形状に成形する**ダイレス逐次成形** (SPIF：Single

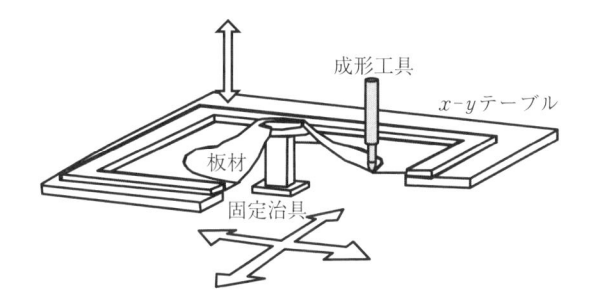

図 10-1 三次元形状のダイレス逐次成形の原理

Point Incremental Forming) が開発された．本技術は日本で開発されたもので，ダイレス NC フォーミングとして成形機械が販売されている．

図 10-1 に示すように，板材の周囲を x-y テーブルに固定して板材が平面的に動けるようにし，テーブルを垂直方向に移動して成形工具によって板材を少しずつ伸ばしながら三次元に成形する．テーブルおよび成形工具は NC 制御されており，一つの工具で 図 10-2 のような複雑な三次元形状が成形できる．

図 10-2 ダイレス逐次成形の製品例〔(株)アミノ HP〕

付録 11 炭素鋼の熱処理

800～900℃以上の高温の炭素鋼では，炭素が均一な濃度で固溶しており，オーステノイトまたは γ 鉄と呼ばれる面心立方晶である．γ 鉄を冷却していくと 800～723℃で変態を生じ，体心立方晶の**フェライト**(α 鉄)と析出した**セメンタイト** (Fe_3C) の混じった組織になる．セメンタイトの析出には時間が必要であるため，冷却速度の大小によってセメンタイトの形状が変化する．

図 11-1 は 0.8％C の炭素鋼の連続冷却曲線である．図中 ⓐ のように高温からゆっくり冷却することを**焼なまし**といい，フェライトと**パーライト**(セメンタイトとフェライトの層状組織)の混合組織が得られる．強度が低く延性に富む材質であるので，塑性加工前または工程の途中の熱処理として用いられる．

208　付　録

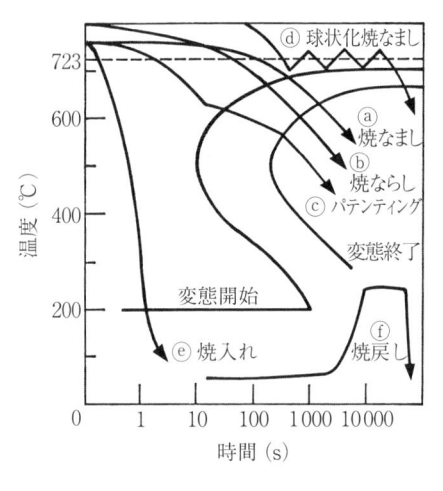

図 11-1　0.8%C 炭素鋼の熱処理

高温の材料を空気中で自然に冷却する（図中 ⓑ）と焼なましより速く冷却されるが，これを **焼ならし** という．生じるパーライト組織が細かく，焼なましより強度はやや高いが，延性があるので，実用上は最もよく用いられている．

0.8%C 程度の高炭素鋼の線材（ピアノ線）を引き抜くときには，溶融した鉛の中を熱した線を通して冷却して延性を向上させ，製品の強度も高くする．このような処理を **パテンティング**（図中 ⓒ）と呼んでいる．これは，焼ならしよりさらに速く冷却し，パーライトを微細化するための処理である．

高炭素鋼では，冷間塑性加工における延性を向上させるとともに変形抵抗を下げるため，図中 ⓓ のように変態点近傍で長時間保持してセメンタイトを球状に分散させる **球状化焼なまし** を行うことがある．

加熱した材料を水の中に投入すると，図中 ⓔ のように急速に冷却され，炭素が過飽和に固溶した **マルテンサイト** 組織になる．この熱処理を **焼入れ** と呼ぶ．マルテンサイトは非常に硬くてもろいので，これを 200〜300℃ に再加熱する（図 ⓕ）と，微細な炭化物が析出して延性を増す．この処理を **焼戻し** という．

付録 12　摩擦の測定方法

（1）直接測定法

図 12-1 は，接触圧力を変化させて摩擦を測定するリング拘束試験[*3]である．コンテナ内のリング状試験片を上下から圧縮して塑性変形させて内側の棒状工具に押し付け，棒状工具を滑らせて摩擦力を測る．図 12-2 は，これで測定した各種金属の新生面と超硬合金の摩擦応力の圧力依存性である．この方法では，素材は塑性応力状態であるが，塑性変形が進行しないことが問題である．

（2）素材の変形から摩擦を推定する方法

図 12-3 に示すリング状の試験片を平行工具間で圧縮するリング圧縮では，摩擦

[*3]　小坂田宏造，村山文明：塑性と加工, 24, 265 (1983) p.195.

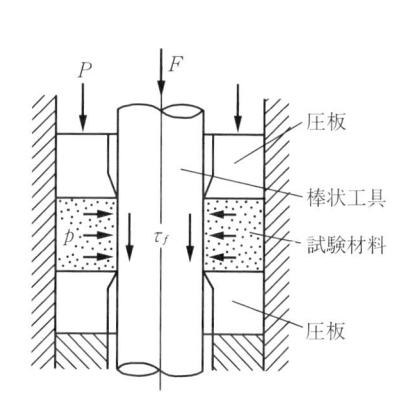

図 12-1　リング拘束式摩擦試験

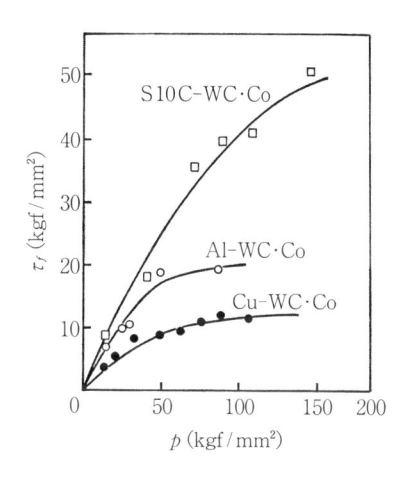

図 12-2　リング拘束圧縮における新生面の摩擦応力の接触圧力の関係

が小さい場合にはリング内径が広がるが，摩擦が大きい場合には逆に小さくなる．図 12-4 は，摩擦係数 μ の相違によるリング内径の変化の計算結果である．内径の変化を測定し，これを計算結果と比較して摩擦係数を決定できる．

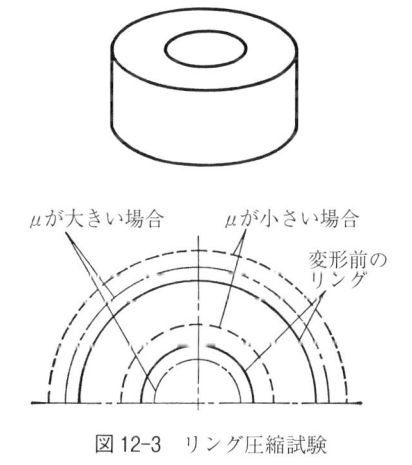

図 12-3　リング圧縮試験

図 12-4　摩擦係数とリング内径の変化

付録 13　サーボプレス

機械プレスのモータをサーボモータに変更した**サーボプレス**が日本で開発され，西暦 2000 年以後，急速に大型化して普及した[*4]．サーボプレスは，高出力モータですべての動きを制御するため，フライホール，クラッチ，ブレーキが不要であり，簡単な構造になっている．

図 13-1(a)は，ボールねじを用いたサーボプレスの原理である．スライドの位置を測定しモータにフィードバックすることで，精度良くスライドの位置制御ができる．図(b)は下死点位置の時間変化である．通常のプレスでは加工中に温度変化を生じて下死点位置が変化するが，サーボプレスでは狭い範囲に制御されている．また，偏心荷重によるスライドの傾きも補正される．

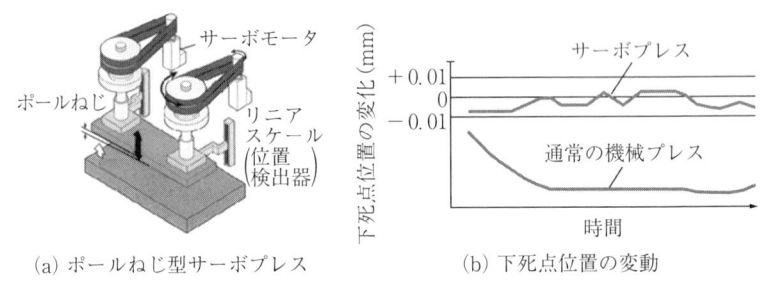

(a) ボールねじ型サーボプレス　　(b) 下死点位置の変動

図 13-1　ボールねじ型のサーボプレスと下死点位置制御特性(コマツ産機)

図 13-2(a)は，加工時のスライドの動きは従来のプレスとほぼ同じでありながら，戻りの速度を上げてサイクル時間を短くした例である．また，図(b)は前進と後退を繰り返して加工するモーションで，後退時に潤滑が補給されて加工限界の向上や荷重の低下が可能になる．

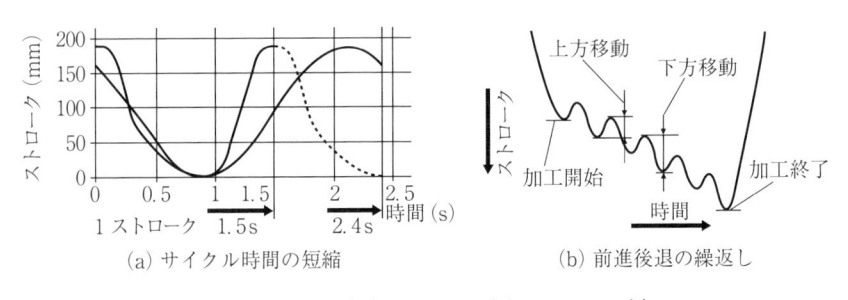

(a) サイクル時間の短縮　　(b) 前進後退の繰返し

図 13-2　サーボプレスのスライドモーション例

[*4]　K. Osakada, K. Mori, T. Altan and P. Groche：CIRP Annals, **60** (2011) pp. 651-672.

付録 14　端面拘束圧縮試験

端面拘束圧縮試験は，冷間鍛造用材料の据込み加工性を評価するために，日本塑性加工学会冷間鍛造分科会で制定された．この方法は，図 14-1 に示す同心円溝付き圧板により高さと直径の比 $h_0/d_0 = 1.5$ の円筒試験片を圧縮し，側面に割れが発生する圧縮率を限界据込み率として評価基準にする．

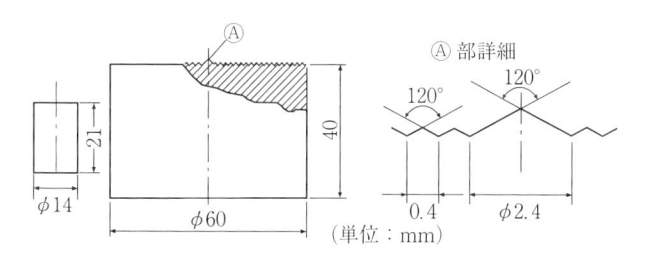

図 14-1　端面拘束圧縮試験用標準試験片と圧板

この試験方法では，圧縮荷重 P とそのときの圧縮率 e を測定して，次の式により荷重 P を試験片内部の平均変形抵抗 $\bar{\sigma}$ に，圧縮率 e を平均相当ひずみ $\bar{\varepsilon}$ に変換できる*5．これらの変換式は剛塑性有限要素解析による結果から求められたものである．

$$\bar{\sigma} = \frac{1}{f} \frac{P}{A_0} \tag{14-1}$$

$$\bar{\varepsilon} = F(e) = F\left(\frac{h_0 - h}{h_0}\right) \tag{14-2}$$

ここで，A_0 は試験片の初期断面積，P/A_0 は公称応力である．見かけの拘束係数 f および平均塑性ひずみ ε は，圧縮率 e の関数であり，図 14-2 に示してある．

この方法は，ロードセルからの荷重信号と変位計からの変位信号をコンピュータやデータ収録機に取り込むことにより，1 回の圧縮で，容易に変形抵抗を求めることが可能であり，誤差は 5％ 以内であることが確かめられている．

引張試験や圧縮試験では，高速大変形の実加工での変形抵抗を求めるのは困難である．精度を多少犠牲にしても，実加工条件で測定できる端面拘束圧縮試験を用いた方法が開発された．

---

*5　K. Osakada et al.：Annals of the CIRP, 30, 1 (1981) p. 135.

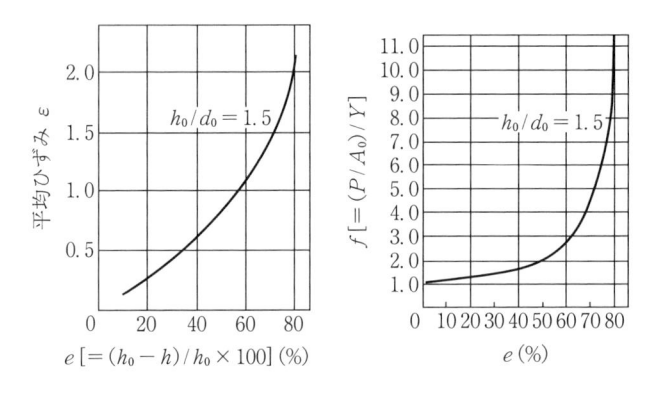

図 14-2　端面拘束圧縮試験における平均ひずみ ε と拘束係数 f

付録 15　延性破壊条件式

(1) 周囲圧力を考慮した延性破壊条件式

第 12 章の図 12.15 のように破壊ひずみ ε_f が周囲圧力 p とともに直線的に増加する場合,

$$\varepsilon_f = a + bp \tag{15-1}$$

となる. Cockcroft ら[6]は, 変形中の応力変化の影響を考えて最大主応力 σ_{max} を相当ひずみについて積分する次の**延性破壊条件式**を提案した.

$$\int_0^{\varepsilon_f} \sigma_{max} \, d\varepsilon = a \tag{15-2}$$

大矢根ら[7]は, 微小孔 (**ボイド**) 成長が破壊過程であることを考慮し, 密度が一定値に低下すると破壊を生じるという考えから次の条件式を導いた.

$$\int_{\varepsilon_i}^{\varepsilon_f} \left(1 + b_1 \frac{\sigma_m}{\bar{\sigma}}\right) d\varepsilon = b_2 \tag{15-3}$$

ここで, σ_m は静水圧応力で, ε_i はボイドの発生ひずみ, $\bar{\sigma}$ は変形抵抗である.

小坂田らは, 炭素鋼に関する実験からボイドの発生ひずみを測定し, ボイドの発生と成長の両方を含むとして, 次の式を提案している[8].

$$\int_0^{\varepsilon_f} \left\langle \varepsilon + c_1 \frac{\sigma_m}{\bar{\sigma}} - c_2 \right\rangle d\varepsilon = c_3, \quad \langle x \rangle = \begin{cases} x & (x \geq 0) \\ 0 & (x < 0) \end{cases} \tag{15-4}$$

ここで, $x \geq 0$ では $\langle x \rangle = x$, $x < 0$ では 0 であり, $\langle x \rangle$ の値が正になるまでは破壊

---

[6]　M. G. Cockcroft and D. J. Latham：J. Inst. Metals, 96 (1968) p. 33.
[7]　大矢根守哉：機会学会誌, 75 (1972) p. 596.
[8]　小坂田宏造ほか：機械学会論文集 I, 43 (1977) p. 1251.

の核が発生しない．

（2）塑性不安定を考慮した条件式

延性破壊の最終段階はボイド間の局部くびれやせん断変形の集中など塑性不安定によって材料が分離する．Thomason[*9]は，図15-1のような簡単な二次元モデルで局部くびれの条件を導いている．

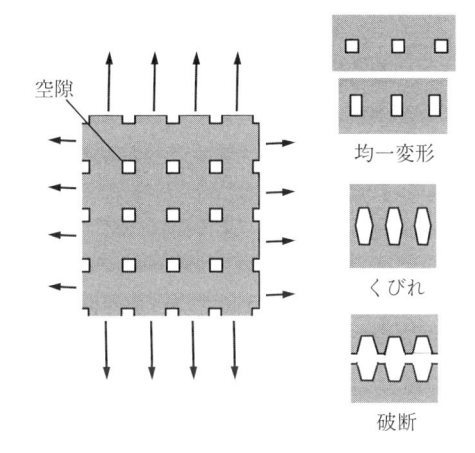

図15-1　内部くびれモデル

付録16　応力の釣合い式

図16-1に示すような微小な直方体に作用する力の釣合いを考える．いま，物体力(重力や慣性力など)を無視すると，**三次元直交座標** における各座標軸方向の力の **釣合い式** は次のように表される．

$$\left.\begin{array}{l}\dfrac{\partial \sigma_x}{\partial x}+\dfrac{\partial \tau_{xy}}{\partial y}+\dfrac{\partial \tau_{zx}}{\partial z}=0 \\ \dfrac{\partial \tau_{xy}}{\partial x}+\dfrac{\partial \sigma_y}{\partial y}+\dfrac{\partial \tau_{yz}}{\partial z}=0 \\ \dfrac{\partial \tau_{zx}}{\partial x}+\dfrac{\partial \tau_{yz}}{\partial y}+\dfrac{\partial \sigma_z}{\partial z}=0\end{array}\right\}$$

(16 1)

1点における応力は，上に述べた直交座標のほかに，**円柱座標** や **極座標** を用いて表すこともできる．たとえば，第15章の図15.5に示した円柱座標 (r, z, θ) をとると，応力成分は

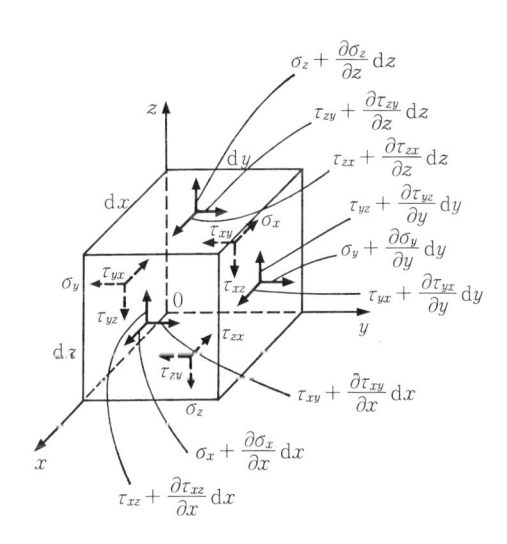

図16-1　微小な直方体に作用する応力

[*9] P. F. Thomason : J. Inst. Metals, **96** (1968) p. 360.

$\sigma_r, \sigma_z, \sigma_\theta, \tau_{rz}, \tau_{z\theta}, \tau_{\theta r}$ となる．円柱の圧縮，線材の引抜き，丸棒の押出しなどの**軸対称変形**では，円柱座標において，円周方向の応力変化がないとして次の釣合い式を用いる．

$$\left.\begin{array}{l}\dfrac{\partial \sigma_r}{\partial r}+\dfrac{\partial \tau_{rz}}{\partial z}+\dfrac{1}{r}(\sigma_r-\sigma_\theta)=0 \\ \dfrac{\partial \tau_{rz}}{\partial r}+\dfrac{\partial \sigma_z}{\partial z}+\dfrac{1}{r}\tau_{rz}=0\end{array}\right\} \quad (16\text{-}2)$$

付録 17　応力の不変量

任意の面の向きを表すため，面の法線の方向余弦を用いる．x, y, z 座標において，面の法線と各座標軸とのなす角度が $\theta_x, \theta_y, \theta_z$ のとき，$l=\cos\theta_x, m=\cos\theta_y, n=\cos\theta_z$ を方向余弦といい，$l^2+m^2+n^2=1$ である．

図 17-1 の面 B'C'D' の法線方向を主応力方向とし，面積 A とすると，まず x 方向の力の釣合いを考えて

$$\sigma Al=\sigma_x lA+\tau_{xy}mA+\tau_{xz}nA$$

を得る．y 方向，z 方向についても同様に考えると，次式が成り立つ．

$$\left.\begin{array}{l}(\sigma_x-\sigma)l+\tau_{xy}m+\tau_{zx}n=0 \\ \tau_{xy}l+(\sigma_y-\sigma)m+\tau_{yz}n=0 \\ \tau_{zx}l+\tau_{yz}m+(\sigma_z-\sigma)n=0\end{array}\right\} \quad (17\text{-}1)$$

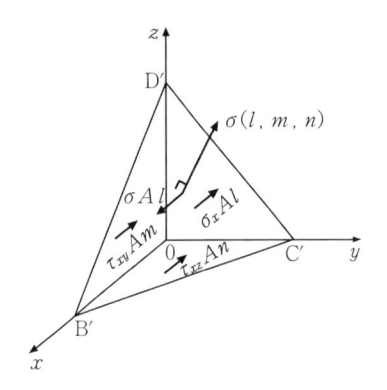

図 17-1　四面体に作用する力の釣合い(任意の直交座標系)

式 (17-1) が l, m, n のすべてが 0 以外の解をもつ条件は，係数行列が 0 になることである，すなわち

$$\begin{vmatrix}\sigma_x-\sigma & \tau_{xy} & \tau_{zx} \\ \tau_{xy} & \sigma_y-\sigma & \tau_{yz} \\ \tau_{zx} & \tau_{yz} & \sigma_z-\sigma\end{vmatrix}=0 \quad (17\text{-}2)$$

である．式 (17-2) を書き換えると，σ を変数とする三次方程式

$$\sigma^3-(\sigma_x+\sigma_y+\sigma_z)\sigma^2+(\sigma_x\sigma_y+\sigma_y\sigma_z+\sigma_z\sigma_x-\tau_{xy}^2-\tau_{yz}^2-\tau_{zx}^2)\sigma \\ -\sigma_x\sigma_y\sigma_z-2\tau_{xy}\tau_{yz}\tau_{zx}+\sigma_x\tau_{yz}^2+\sigma_y\tau_{zx}^2+\sigma_z\tau_{xy}^2=0 \quad (17\text{-}3)$$

となり，この三つの根が主応力の値となる．

主応力の値を $\sigma_1, \sigma_2, \sigma_3$ とすると，せん断応力成分はすべて 0 となるから，式 (17-3) は

$$(\sigma - \sigma_1)(\sigma - \sigma_2)(\sigma - \sigma_3)$$
$$= \sigma^3 - (\sigma_1 + \sigma_2 + \sigma_3)\sigma^2 + (\sigma_1\sigma_2 + \sigma_2\sigma_3 + \sigma_3\sigma_1)\sigma - \sigma_1\sigma_2\sigma_3$$
$$= \sigma^3 - J_1\sigma^2 - J_2\sigma - J_3 = 0 \qquad (17\text{-}4)$$

と表される.

主応力の値は座標の取り方によって変わらないため,式 (17-3) と式 (17-4) は恒等的に同じ解をもつ.すなわち,これらの式の係数は,座標の取り方によらない不変量である. J_1, J_2, J_3 をそれぞれ一次,二次,三次の不変量と呼ぶ.

$$\left. \begin{array}{l} J_1 = \sigma_x + \sigma_y + \sigma_z = \sigma_1 + \sigma_2 + \sigma_3 \\ J_2 = -(\sigma_x\sigma_y + \sigma_y\sigma_z + \sigma_z\sigma_x - \tau_{xy}^2 - \tau_{yz}^2 - \tau_{zx}^2) = -(\sigma_1\sigma_2 + \sigma_2\sigma_3 + \sigma_3\sigma_1) \\ J_3 = \sigma_x\sigma_y\sigma_z + 2\tau_{xy}\tau_{yz}\tau_{zx} - \sigma_x\tau_{yz}^2 - \sigma_y\tau_{zx}^2 - \sigma_z\tau_{xy}^2 = \sigma_1\sigma_2\sigma_3 \end{array} \right\}$$
$$(17\text{-}5)$$

応力の不変量は,降伏条件を表示する場合に重要な意味をもつものであり,主応力で表示された降伏条件を一般座標における応力成分による表示に変換する場合にも,応力不変量を介して行うことができる.

等方性材料の降伏条件は材料によって定まり,座漂系には依存しないから,これを不変量で表すのは妥当なことといえる.

付録 18 弾性ひずみエネルギー

主応力が $\sigma_1, \sigma_2, \sigma_3$ のとき,**弾性ひずみエネルギー**は次のように表される.

$$W = \frac{1}{2}(\sigma_1\varepsilon_1 + \sigma_2\varepsilon_2 + \sigma_3\varepsilon_3)$$
$$= \frac{1}{2E}[\sigma_1\{\sigma_1 - \nu(\sigma_2 + \sigma_3)\} + \sigma_2\{\sigma_2 - \nu(\sigma_3 + \sigma_1)\} + \sigma_3\{\sigma_3 - \nu(\sigma_1 + \sigma_2)\}]$$
$$= \frac{1}{2E}\{\sigma_1^2 + \sigma_2^2 + \sigma_3^2 - 2\nu(\sigma_1\sigma_2 + \sigma_2\sigma_3 + \sigma_3\sigma_1)\}$$

この式を第13章の式 (13.20) の**せん断弾性係数** G と式 (13.23) の**体積弾性係数** K を用いて表すため,次のように変形する.

$$W = \frac{1}{2E}\left[\frac{1}{3}(\sigma_1 + \sigma_2 + \sigma_3)^2 + \frac{1}{3}\{(\sigma_1 - \sigma_2)^2 + (\sigma_2 - \sigma_3)^2 + (\sigma_3 - \sigma_1)^2\}\right]$$
$$+ \frac{1}{2E}\left[-\frac{2}{3}\nu(\sigma_1 + \sigma_2 + \sigma_3)^2 + \frac{1}{3}\nu\{(\sigma_1 - \sigma_2)^2 + (\sigma_2 - \sigma_3)^2 + (\sigma_3 - \sigma_1)^2\}\right]$$
$$= \frac{3(1 - 2\nu)}{2E}\left(\frac{\sigma_1 + \sigma_2 + \sigma_3}{3}\right)^2 + \frac{1 + \nu}{6E}\{(\sigma_1 - \sigma_2)^2 + (\sigma_2 - \sigma_3)^2 + (\sigma_3 - \sigma_1)^2\}$$

$$= \frac{1}{2K}\left(\frac{\sigma_1+\sigma_2+\sigma_3}{3}\right)^2 + \frac{1}{12G}\{(\sigma_1-\sigma_2)^2+(\sigma_2-\sigma_3)^2+(\sigma_3-\sigma_1)^2\} \tag{18-1}$$

この式の第1項は,次のように静水圧応力と体積ひずみとの積で表される **体積ひずみエネルギー** である.

$$W_\mathrm{v} = \frac{1}{2K}\left(\frac{\sigma_1+\sigma_2+\sigma_3}{3}\right)^2 = \frac{1}{2K}\sigma_\mathrm{m}{}^2 = \frac{1}{2}\sigma_\mathrm{m}\varepsilon_\mathrm{v} \tag{18-2}$$

第2項は **せん断ひずみエネルギー** であり,ミーゼスの降伏条件における降伏条件式に関係している.

$$W_\mathrm{s} = \frac{1}{12G}\{(\sigma_1-\sigma_2)^2+(\sigma_2-\sigma_3)^2+(\sigma_3-\sigma_1)^2\} \tag{18-3}$$

付録19　トレスカの降伏条件

フランスのトレスカ (H. E. Tresca, 図 19-1) は,図 19-2 のような金属素材の押出しや圧縮などの実験を行い,流体力学を応用して加工力を計算した.加工力の測定値と計算値の比較から,塑性変形は最大せん断応力一定で進行することを見出して 1864 年に発表した[*10].せん断変形抵抗を k とすると,トレスカによる塑性変形(降伏)の条件は次のように表される.

図 19-1　H. E. Tresca

図 19-2　トレスカの実験（押出し）

[*10]　K. Osakada：Journal of Materials Processing Technology, 210 (2010) p. 1436.

$$\frac{\sigma_1 - \sigma_3}{2} = k \qquad (19\text{-}1)$$

19世紀後半にドレスデン工科大学のモール(O. Mohl)は,1点における応力状態を垂直応力 σ を横軸にせん断応力 τ を縦軸にとった座標上の円により表す方法を考案した.彼は鋳鉄の圧縮,せん断,引張破損時の応力を図19-3のように**応力円**で表し,外接する直線を破損(破壊・降伏)条件とした.降伏時の最大せん断応力が圧力

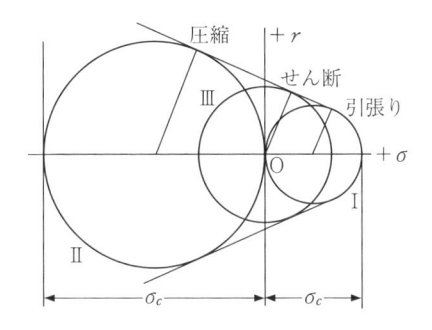

図 19-3 モールの応力円による鋳鉄の破損条件

により線形に変化する(外接線が傾斜している)モールの降伏条件において,傾斜が0(圧力依存性0)の場合にはモールの降伏条件は最大せん断応力説と一致する.

1900年に,英国のゲスト(J. Guest)は内圧円筒の引張りやねじり試験による多軸応力実験を行い,軟鋼などの延性材料の降伏条件について調べ,最大せん断応力が一定になるとで降伏すると結論づけている.

付録20　ミーゼスの降伏条件

(1) 歴史的展開

電磁方程式で有名なマクスウェル(J. C. Maxwell)は,1856年の手紙の中で「せん断ひずみエネルギーがある一定値に達したとき要素は破損を始めるということを信じてよい確証がある」と述べている.ポーランドのフーバー(M. T. Huber)は,1904年に静水圧応力が圧縮のときはせん断ひずみエネルギー一定で降伏するとした.ヘンキー(H. Hencky)は,1921年の論文でせん断ひずみエネルギー説を完成した[*11].

オーストリア出身の数学者ミーゼス(R. von Mises,図 20-1)は,1913年の論文で降伏条件を数学的な観点から提案した.3主応力が作用するとき,おのおのの主応力の組合せに対する最大せん断応力:

図 20-1 R. von Mises

[*11] K. Osakada: Journal of Materials Processing Technology, 210 (2010) p. 1436.

$$\tau_1 = \frac{(\sigma_2 - \sigma_3)}{2}, \quad \tau_2 = \frac{(\sigma_3 - \sigma_1)}{2}, \quad \tau_3 = \frac{(\sigma_1 - \sigma_2)}{2} \tag{20-1}$$

を変数として降伏条件を扱った．最大せん断応力説の降伏条件

$$\left.\begin{array}{l}|\tau_1| \leq k \\ |\tau_2| \leq k \\ |\tau_3| \leq k\end{array}\right\} \tag{20-2}$$

を τ_1, τ_2, τ_3 を座標軸にとって表すと **図 20-2** 中の立方体となる．一方，式 (20-1) からせん断応力の和が 0 であること：

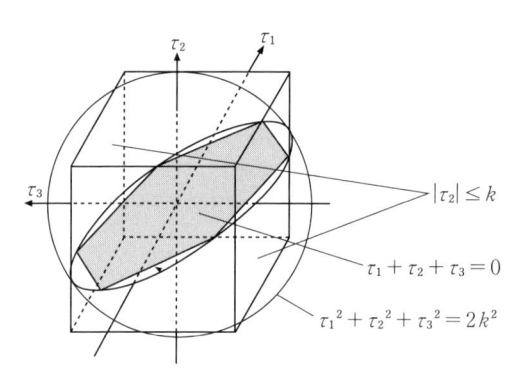

図 20-2 最大せん断を座標軸にとった降伏条件

$$\tau_1 + \tau_2 + \tau_3 = 0 \tag{20-3}$$

は常に成り立ち，この式を表す平面と立方体との交差する図中の六角形が最大せん断応力説の降伏条件である．彼は，次に半径 $\sqrt{2}\,k$ の球：

$$\tau_1^2 + \tau_2^2 + \tau_3^2 = \frac{1}{4}\{(\sigma_1-\sigma_2)^2 + (\sigma_2-\sigma_3)^2 + (\sigma_3-\sigma_1)^2\} = 2k^2 \tag{20-4}$$

と式 (20-3) の平面との交差する円は六角形の良い近似になると考えた．この円は，せん断ひずみエネルギー説の降伏条件〔第 14 章の式 (14.3)〕と一致する．

（2）ミーゼスの降伏条件の各種表示

ミーゼスの降伏条件式の第 14 章の式 (14.3) または式 (20-4) は，主応力方向を座標軸に一致させた場合の表示である．いま，式 (14.3) を次のように変形する．

$$\begin{aligned}\bar{\sigma}^2 &= \frac{1}{2}\{(\sigma_1-\sigma_2)^2 + (\sigma_2-\sigma_3)^2 + (\sigma_3-\sigma_1)^2\} \\ &= (\sigma_1^2 + \sigma_2^2 + \sigma_3^2) - (\sigma_1\sigma_2 + \sigma_2\sigma_3 + \sigma_3\sigma_1) \\ &= (\sigma_1 + \sigma_2 + \sigma_3)^2 - 3(\sigma_1\sigma_2 + \sigma_2\sigma_3 + \sigma_3\sigma_1) \\ &= J_1^2 + 3J_2\end{aligned} \tag{20-5}$$

式 (17-5) の応力の不変量を用いると，ミーゼスの降伏条件の一般座標系での表示は次のようになる．

$$\begin{aligned}\bar{\sigma}^2 &= (\sigma_x + \sigma_y + \sigma_z)^2 - 3(\sigma_x\sigma_y + \sigma_y\sigma_z + \sigma_z\sigma_x - \tau_{xy}^2 - \tau_{yz}^2 - \tau_{zx}^2) \\ &= \frac{1}{2}\{(\sigma_x-\sigma_y)^2 + (\sigma_y-\sigma_z)^2 + (\sigma_z-\sigma_x)^2 + 6(\tau_{xy}^2 + \tau_{yz}^2 + \tau_{zx}^2)\}\end{aligned} \tag{20-6}$$

偏差応力の定義式 (17-5) からわかるように，式 (20-6) の右辺の各応力成分にダッシュを付けた式が成り立つ．式 (17-5) の応力成分 σ_x, σ_y, σ_z の代わりに第 13 章の式 (13.6) の偏差応力 σ_x', σ_y', σ_z' を用いて定義した J_1', J_2', J_3' も不変量であり，次のように表される．

$$\left.\begin{array}{l} J_1' = \sigma_x' + \sigma_y' + \sigma_z' = 0 \\ J_2' = (-\sigma_x'\sigma_y' + \sigma_y'\sigma_z' + \sigma_z'\sigma_x' - \tau_{xy}^2 - \tau_{yz}^2 - \tau_{zx}^2) \\ J_3' = \sigma_x'\sigma_y'\sigma_z' + 2\tau_{xy}\tau_{yz}\tau_{zx} - \sigma_x'\tau_{yz}^2 - \sigma_y'\tau_{zx}^2 - \sigma_z'\tau_{xy}^2 \end{array}\right\} \quad (20\text{-}7)$$

$J_1' = 0$ であることを考慮すると，式 (20-5) から

$$J_2' = \frac{1}{3}(\bar{\sigma}^2 - J_1'^2) = \frac{1}{3}\bar{\sigma}^2 \quad (20\text{-}8)$$

となる．これから，ミーゼスの降伏条件は偏差応力の二次不変量が一定値に達すると，降伏するという条件と等価であることがわかる．また

$$(\sigma_x - \sigma_y)^2 + (\sigma_y - \sigma_z)^2 + (\sigma_z - \sigma_x)^2 = (\sigma_x' - \sigma_y')^2 + (\sigma_y' - \sigma_z')^2 + (\sigma_z' - \sigma_x')^2$$
$$= 3(\sigma_x'^2 + \sigma_y'^2 + \sigma_z'^2) - (\sigma_x' + \sigma_y' + \sigma_z')^2 = 3(\sigma_x'^2 + \sigma_y'^2 + \sigma_z'^2)$$

であるから，ミーゼスの降伏条件は次のように表されることもある．

$$\bar{\sigma}^2 = \frac{3}{2}\{\sigma_x'^2 + \sigma_y'^2 + \sigma_z'^2 + 2\tau_{xy}^2 + 2\tau_{yz}^2 + 2\tau_{zx}^2\} \quad (20\text{-}9)$$

付録 21　塑性変形における応力とひずみ増分の関係

(1) レビー・ミーゼスの式の一般形

一般の応力状態に対する **レビー・ミーゼスの式** を以下にまとめて示しておく．

$$\left.\begin{array}{l} d\varepsilon_x = \dfrac{d\bar{\varepsilon}}{\bar{\sigma}}\left\{\sigma_x - \dfrac{1}{2}(\sigma_y + \sigma_z)\right\} = \dfrac{3}{2}\dfrac{d\bar{\varepsilon}}{\bar{\sigma}}\sigma_x' \\[4pt] d\varepsilon_y = \dfrac{d\bar{\varepsilon}}{\bar{\sigma}}\left\{\sigma_y - \dfrac{1}{2}(\sigma_z + \sigma_x)\right\} = \dfrac{3}{2}\dfrac{d\bar{\varepsilon}}{\bar{\sigma}}\sigma_y' \\[4pt] d\varepsilon_z = \dfrac{d\bar{\varepsilon}}{\bar{\sigma}}\left\{\sigma_z - \dfrac{1}{2}(\sigma_x + \sigma_y)\right\} = \dfrac{3}{2}\dfrac{d\bar{\varepsilon}}{\bar{\sigma}}\sigma_z' \\[4pt] \dfrac{1}{2}d\gamma_{xy} = d\varepsilon_{xy} = \dfrac{3}{2}\dfrac{d\bar{\varepsilon}}{\bar{\sigma}}\tau_{xy} \\[4pt] \dfrac{1}{2}d\gamma_{yz} = d\varepsilon_{yz} = \dfrac{3}{2}\dfrac{d\bar{\varepsilon}}{\bar{\sigma}}\tau_{yz} \\[4pt] \dfrac{1}{2}d\gamma_{zx} = d\varepsilon_{zx} = \dfrac{3}{2}\dfrac{d\bar{\varepsilon}}{\bar{\sigma}}\tau_{zx} \end{array}\right\} \quad (21\text{-}1)$$

ここに，

$$(d\bar{\varepsilon})^2 = \frac{2}{9}\Big[(d\varepsilon_x - d\varepsilon_y)^2 + (d\varepsilon_y - d\varepsilon_z)^2 + (d\varepsilon_z - d\varepsilon_x)^2$$
$$+ 6\Big\{\Big(\frac{d\gamma_{xy}}{2}\Big)^2 + \Big(\frac{d\gamma_{yz}}{2}\Big)^2 + \Big(\frac{d\gamma_{zx}}{2}\Big)^2\Big\}\Big] \tag{21-2}$$

である．

（2）プラントル・ロイスの式

弾性変形量と塑性変形量の大きさが同程度の場合には，両者を考慮した応力-ひずみ増分関係式が必要である．弾塑性変形のひずみ増分 $d\varepsilon$ は，弾性ひずみの増分 $d\varepsilon^e$ と塑性ひずみの増分 $d\varepsilon^p$ との和として表される．第13章の式(13.19)，(21-1)から

$$\left.\begin{array}{l} d\varepsilon_x{}^e = \dfrac{1}{E}\{d\sigma_x - \nu(d\sigma_y + d\sigma_z)\}, \cdots\cdots, d\gamma_{xy}{}^e = \dfrac{d\tau_{xy}}{G} \\[6pt] d\varepsilon_x{}^p = \dfrac{d\bar{\varepsilon}}{\bar{\sigma}}\Big\{\sigma_x - \dfrac{1}{2}(\sigma_y + \sigma_z)\Big\}, \cdots\cdots, d\gamma_{xy}{}^p = 3\dfrac{d\bar{\varepsilon}}{\bar{\sigma}}\tau_{xy} \end{array}\right\} \tag{21-3}$$

となるので，次の関係が導かれる．

$$\left.\begin{array}{l} d\varepsilon_x = d\varepsilon_x{}^e + d\varepsilon_x{}^p = \dfrac{1}{E}\{d\sigma_x - \nu(d\sigma_y + d\sigma_z)\} + \dfrac{d\bar{\varepsilon}}{\bar{\sigma}}\Big\{\sigma_x - \dfrac{1}{2}(\sigma_y + \sigma_z)\Big\} \\[6pt] d\varepsilon_y = d\varepsilon_y{}^e + d\varepsilon_y{}^p = \dfrac{1}{E}\{d\sigma_y - \nu(d\sigma_z + d\sigma_x)\} + \dfrac{d\bar{\varepsilon}}{\bar{\sigma}}\Big\{\sigma_y - \dfrac{1}{2}(\sigma_z + \sigma_x)\Big\} \\[6pt] d\varepsilon_z = d\varepsilon_z{}^e + d\varepsilon_z{}^p = \dfrac{1}{E}\{d\sigma_z - \nu(d\sigma_x + d\sigma_y)\} + \dfrac{d\bar{\varepsilon}}{\bar{\sigma}}\Big\{\sigma_z - \dfrac{1}{2}(\sigma_x + \sigma_y)\Big\} \\[6pt] d\gamma_{xy} = d\gamma_{xy}{}^e + d\gamma_{xy}{}^p = \dfrac{d\tau_{xy}}{G} + 3\dfrac{d\bar{\varepsilon}}{\bar{\sigma}}\tau_{xy} \\[6pt] d\gamma_{yz} = d\gamma_{yz}{}^e + d\gamma_{yz}{}^p = \dfrac{d\tau_{yz}}{G} + 3\dfrac{d\bar{\varepsilon}}{\bar{\sigma}}\tau_{yz} \\[6pt] d\gamma_{zx} = d\gamma_{zx}{}^e + d\gamma_{zx}{}^p = \dfrac{d\tau_{zx}}{G} + 3\dfrac{d\bar{\varepsilon}}{\bar{\sigma}}\tau_{zx} \end{array}\right\} \tag{21-4}$$

このような弾塑性変形に対する応力とひずみ増分の関係式は，1924年にプラントル[12]により平面問題に対して提案され，1930年にロイス[13]により上記の一般形にされたため，**プラントル・ロイスの式** と呼ばれる．

＊12　L. Prandtl：Proc. 1 st Int. Congr. Appl. Mech. Delft (1924) p. 43.
＊13　A. Reuss：Zeits. Ang. Math. Mech. **10** (1930) p. 266.

付録22　滑り線場法

塑性変形をしている物体内部の応力状態を求めるには，釣合い式，降伏条件，力の境界条件を満足する解を求める必要がある．1920年に，ドイツのプラントル(L. Prandtl)は，平面ひずみ塑性変形に関する双曲線型偏微分方程式の解を求めた．この偏微分方程式の特性曲線は，最大せん断応力の方向を結んだ直交線群(**滑り線**)になる．図22-1[14]は平頭パンチの押込みにおける特性曲線である．この場合，パンチ圧力は平面ひずみ降伏応力$2k$の約2.5倍になることを正しく求めた．

1923年に，ドイツのヘンキー(H. Hencky)は，剛完全塑性体の平面ひずみ変形における応力分布を偏微分方程式を解くことなく，工具面や自由面での境界条件を満足するように直交線場(滑り線場)を描くだけで計算ができることを示した[15]．

ケンブリッジ大学のヒル(R. Hill)は，滑り線場の研究が発達したドイツから英国に移ったオロワン(E. Orowan)の指導を受け，滑り線場理論を薄板の圧縮，板の引抜きなどの塑性加工に応用して実用的にも有用な成果を得た(図22-2)[16]．

1970年代まで塑性加工における素材内の正確な応力計算を行う方法は滑り線場法以外にはなかったため，引抜き，押出し，鍛造などの応力計算に多く用いられたが，有限要素法の出現以降，その利用は減っていった．

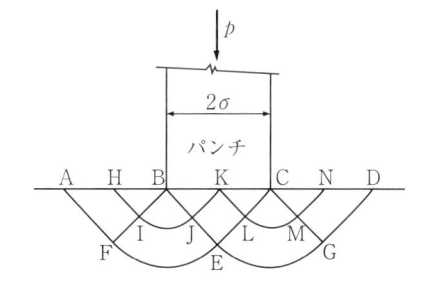

図22-1　プラントルによるパンチ押込みの滑り線場[14]

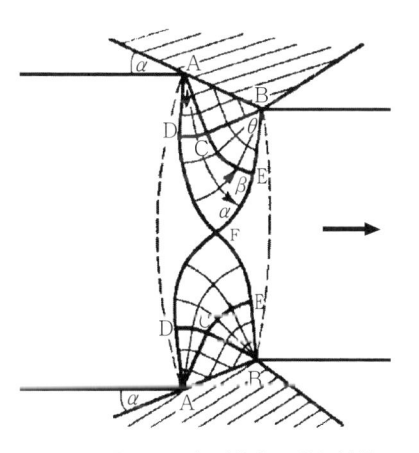

図22-2　板引抜きの滑り線場

---

* 14　L. Prandtl : Proc. 1st Int. Congr. Appl. Mech. Delft (1924) p. 43.
* 15　H. Hencky : Zeits. Ang. Math. Mech. 4 (1924) p. 323.
* 16　R. Hill : The Mathematical Theory of Plasticity, Oxford (1950); (鷲津・山田・工藤訳)：塑性学，培風館(1954)．

付録23 塑性変形による発熱

塑性変形仕事は熱に変換され，これにより材料温度が上昇する．これを **加工発熱** と呼ぶ．単位体積当たりの塑性変形仕事 W の 90% 程度（$\beta \cong 0.9$）が断熱的な温度上昇 ΔT に使われるとすると，

$$\Delta T = \frac{\beta W}{JmC} = \frac{\beta w}{J\rho C} \tag{23-1}$$

となる．ただし，$w = W \times$ 単位体積，m は単位体積の質量 $= \rho$（密度）$\times$ 単位体積，C は比熱，J は熱の仕事当量 $0.427\,\text{kgf·m/cal}$ である．

まず，変形抵抗 $\sigma_Y = 100\,\text{kgf/mm}^2 = 980\,\text{MPa} = 9.8 \times 100 \times 10^6\,\text{N/m}^2$ 一定の鋼（$\rho = 7800\,\text{kg/m}^3$，$C = 0.11\,\text{cal/(g·K)}$）をひずみ $\varepsilon = 1.0$ まで塑性変形したときの温度上昇 ΔT_0 を求める．

$w = 9.8 \times 100 \times 10^6\,\text{N/m}^2 \times 1.0 \times 1\,\text{m}^3 = 9.8 \times 100 \times 10^6\,\text{N/m}$，

$J = 0.247 \times 10^3\,\text{kgf·mm/cal} = 0.247 \times 9.8/4.18\,\text{N·m/J}$，

$\rho = 7800\,\text{kg/m}^3$，$C = 0.11\,\text{cal/(g·K)} = 0.11 \times 10^3 \times 4.18\,\text{J/(kg·K)}$

である．これらを式(23-1)に代入する．

$$\Delta T_0 = \frac{0.9 \times 9.8 \times 100 \times 10^6\,\text{N·m}}{0.247 \times 9.8/4.18\,\text{N·m/J} \times 7800\,\text{kg/m}^3 \times 0.11 \times 10^3 \times 4.18\,\text{J/(kg·K)}}$$
$$= 246\,\text{K}$$

一般的な条件 (ε, ρ, C) での温度上昇は，上の条件とのひずみの比 $\varepsilon/1.0$，変形抵抗 (kgf/mm^2) の比 $A = \sigma_Y/100$，密度×比熱の比 $B = \rho C/(7.8 \times 0.11)$ を，$\Delta T_0 = 246\,\text{K}$ に掛けた $\Delta T = \Delta T_0 \times \varepsilon \times A \times B$ により推定できる．表23-1 に，鉄，アルミニウム，銅，チタンの密度と比熱の値を示す．

表 23-1 塑性変形による発熱に関係する材料特性

	密度 ρ (g/cm^3)	比熱 C (cal/(g·K))	ρC (cal/(K·cm^3))	$\rho \times C$ の比 B
鉄	7.8	0.11	0.86	1.0
アルミニウム	2.7	0.22	0.59	1.45
銅	8.9	0.09	0.80	1.08
チタン	4.5	0.126	0.57	1.51

【例題】変形抵抗が $\sigma_Y = 70\,\text{kgf/mm}^2$ 一定の純チタンをひずみ 1.5 まで断熱的に圧縮したときの温度上昇を推定せよ．

$$\varepsilon = 1.5,\ \ A = \frac{70}{100},\ \ B = 1.51,\ \ \Delta T = 246 \times 1.5 \times \frac{70}{100} \times 1.51 = 390\,\text{K}$$

付録 24　弾塑性有限要素法

1960年代前半に航空機の設計に対して開発された**弾性有限要素法**は，1960年代の後半に弾塑性構成式を用いて塑性変形の解析に拡張された．その後，1970年代の前半に大変形理論に基づく**弾塑性有限要素法**が確立された．弾塑性有限要素法は素材を弾塑性体としてモデル化する方法であり，負荷時の塑性変形だけでなく除荷後の弾性変形も計算できる．しかしながら，この方法では変形段階ごとに応力の増分を求めて加え合わせているため，1回の変形量を非常に小さくする必要があり，計算時間が長くなる．また，厳しい変形における要素の再分割が問題になる．現在，市販の塑性変形解析用汎用ソフトウェアは，弾塑性有限要素法を基礎としたものが多い．

塑性変形は材料非線形性があるため，ひずみ増分理論に基づき，変形を多くの微小な変形ステップに分割して計算を行う．それぞれのステップにおいて節点速度を求め，節点速度と変形ステップの時間増分から次のステップの節点座標を求め，それを繰り返すことによって大きな塑性変形を計算する．弾性有限要素法と比較すると，弾塑性有限要素法では，変位を速度に，応力を応力速度に，ひずみをひずみ速度に，節点力を節点力速度に代えた定式になる．

弾塑性体では，ひずみ速度と応力速度の関係は式 (21-4) のプラントル・ロイスの式で表される．これは，テンソル表示では次のようになる．

$$\dot{\varepsilon}_{ij} = \dot{\varepsilon}_{ij}{}^e + \dot{\varepsilon}_{ij}{}^p = \frac{\dot{\sigma}_{ij}'}{2G} + \frac{(1-2\nu)\dot{\sigma}_\mathrm{m}}{E}\delta_{ij} + \frac{3}{2}\frac{\dot{\bar{\varepsilon}}}{\bar{\sigma}}\sigma_{ij} \qquad (24\text{-}1)$$

弾塑性有限要素法では，大変形座標更新形式の定式化が多く用いられており，公称応力速度 $\dot{S}_{ij}$ を用いた仮想仕事の原理は，次のように表される．

$$\int_V \dot{S}_{ij}\,\delta\!\left(\frac{\partial v_j}{\partial x_i}\right)\mathrm{d}V = \int_{S_t}\dot{T}_i\,\delta v_i\,\mathrm{d}S \qquad (24\text{-}2)$$

ここで，$\dot{T}_i$ は単位面積当たりの表面力速度，v_i は速度である．式 (24-2) において客観性のある応力速度を用いて構成式と関係づけて剛性方程式が導かれている．

付録 25　動的陽解法

動的陽解法は，1980年代に自動車の衝突問題のような衝撃解析に対して開発されたが，板成形問題にも適用されるようになった．この方法は弾塑性有限要素法の一種であるが，通常の有限要素法と違って連立方程式を解かないため，大規模な三次元問題のシミュレーションに適しており，板材成形を中心とした実加工への適用が盛んになりつつある．

動的陽解法では，仮想仕事の原理に慣性力の項が含まれる．

$$\int_V \rho \ddot{u}_i \, \delta u_i \, \mathrm{d}V + \int_V \sigma_{ij} \, \delta \varepsilon_{ij} \, \mathrm{d}V = \int_{S_t} T_i \, \delta u_i \, \mathrm{d}S \tag{25-1}$$

ここで，u_i は変位，$\ddot{u}_i$ は加速度である．陽解法では，現在の時刻で応力が既知とし，式(25-1)の慣性力を表す左辺第1項だけを考え，力の釣合いを表す第2項を無視する．要素の質量を節点に集中させ，加速度を差分近似により節点変位で表す．得られた節点変位に関する連立方程式の行列は対角成分だけに係数が現れ，単純な計算で解が求められる．動的陽解法では行列を解くことなしに解が求められるため，要素数が非常に多くなっても1回の計算時間が急激に増大せず，大規模な三次元問題の解析に適している．しかしながら，実加工の成形時間は衝撃問題のように極端に短くないため，実際の加工速度で計算すると時間が長くなる．そこで，実際の10～100倍大きな速度で加速計算が行われている．

付録26　有限要素法による上解法の最適化

塑性変形エネルギー消散率 $\dot{W}_d$ は式(16.12)で表され，この式に摩擦エネルギー消散率を加えた全エネルギー消散率は次のように表される．

$$\dot{W} = \dot{W}_d + \dot{W}_f = \int_V \bar{\sigma} \, \dot{\bar{\varepsilon}} \, \mathrm{d}V + \int_{S_f} \tau_f \, v_f \, \mathrm{d}S \tag{26-1}$$

ここで，$\bar{\sigma}$ は変形抵抗，$\dot{\bar{\varepsilon}}$ は相当ひずみ速度，τ_f は摩擦せん断応力，v_f は相対滑り速度である．

速度場の最適化は，式(26-1)を最小にする速度場を見つけることと等価である．図26-1 は平面ひずみ押出し素材を三角形と四角形の要素に分割した図であるが，要素の角点である節点の速度を未知数として，エネルギー消散率を最小にする節点速度を求める．

節点速度の x 成分と y 成分は独立の変数であるため，二次元問題の変数は節点数 n_p の2倍ある．素材左端の節点の x 方向速度成分は押出し速度として与えられた値であり，下の端の上下中心軸上では y 方向速度は0である．ダイス面上の速度はダイス面に平行となるため x, y 方向の速度比はダイスの傾きと一致する．

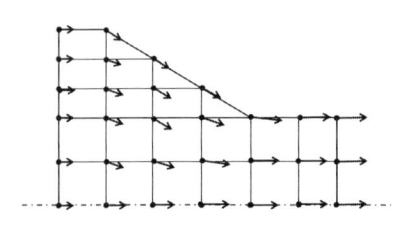

図26-1　有限要素法により得られた平面ひずみ押出しの最適化可容速度場

有限要素法で，上界法を最適化することは「速度の境界条件とすべての要素で

体積一定 $\dot{V}=0$ の条件を満たし，塑性変形エネルギー消散率 $\dot{W}_d$ を最小化する節点速度の組合せを探す」問題ということになる．

図 26-2 に示すように三角形要素の回りの節点を i, j, m，それらの節点速度を $v_{xi}, v_{yi}, v_{xj}, v_{yj}, v_{xm}, v_{ym}$ とする．要素内部の座標 (x, y) での速度は，

$$\left.\begin{array}{l} v_x(x, y) = f_x(x, y, v_{xi}, v_{yi}, v_{xj}, v_{yj}, v_{xm}, v_{ym}) \\ v_y(x, y) = f_y(x, y, v_{xi}, v_{yi}, v_{xj}, v_{yj}, v_{xm}, v_{ym}) \end{array}\right\} \quad (26\text{-}2)$$

といったように内挿関数 f で近似する．

第 16 章の式 (16.10) のひずみ速度の定義を用いて，これらの速度式を x, y で偏微分することにより，$\dot{\varepsilon}_x = \partial v_x/\partial x$ のようにひずみ速度成分が計算されるが，それらも節点速度 $v_{xi}, v_{yi}, v_{xj}, v_{yj}, v_{xm}, v_{ym}$ を含んでいる．図 26-2 の三角形要素の場合には，ひずみ速度は座標によらず要素内部で一定であるので，ここでは要素内のひずみ速度は一定とする．ここで，可容速度場に必要な体積一定の条件を要素毎に満足すると，

$$\eta_e = \dot{\varepsilon}_{xe} + \dot{\varepsilon}_{ye} = \dot{V}_e(v_{xi}, v_{yi}, v_{xj}, v_{yj}, v_{xm}, v_{ym}) = 0 \quad (26\text{-}3)$$

といった式が要素の個数だけできることになる（三角形要素ではこの拘束が過大になるため，実際には四角形要素が用いられる）．

式 (16.11) により相当塑性ひずみ速度 $\dot{\bar{\varepsilon}}_e(v_{xi}, v_{yi}, v_{xj}, v_{yj}, v_{xm}, v_{ym})$ がひずみ速度成分を用いて求められる．要素の変形抵抗 $\bar{\sigma}_e$，要素の体積 V_e を用いて，要素の塑性変形エネルギー消費率が $\dot{W}_{de}(v_{xi}, v_{yi}, v_{xj}, v_{yj}, v_{xm}, v_{ym})$ のように節点速度の関数として求められる．素材全体の変形エネルギーは，各要素の塑性変形エネルギー消費率を加え合わせた値であり，全節点速度の非線形関数になる．

$$\dot{W}_d = \sum_{\text{全要素}} \dot{W}_{de} = \dot{W}_d(v_{x1}, v_{y1}, v_{x2}, v_{y2}, \cdots, v_{xn_p}, v_{yn_p}) \quad (26\text{-}4)$$

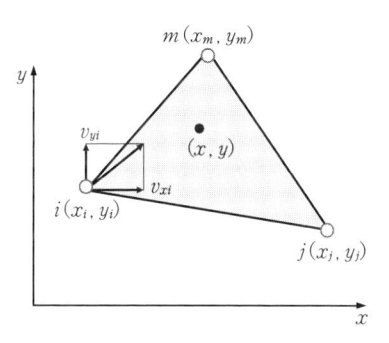

図 26-2 要素と節点速度

摩擦エネルギー $\dot{W}_f$ も節点速度の関数として与えられるので，全エネルギー消散率は節点速度の関数として与えられる．

$$\phi = \dot{W}(v_{x1}, v_{y1}, v_{x2}, v_{y2}, \cdots, v_{xn_p}, v_{yn_p}) \quad (26\text{-}5)$$

境界条件により値が与えられている節点速度は変数から外すことができ，また，境界において速度比が与えられている場合は一方の変数を他方の変数で表すことにより変数個数を減らすことができる．これより，要素数と同数の式 (26-3) の η_e を付帯条件として式 (26-5) の ϕ を最小にする節点速度 $v_{x1}, v_{y1}, v_{x2}, v_{y2}, \cdots, v_{xn_p}, v_{yn_p}$

の組を探す問題になる．

以下では，付帯条件付きの最適化の手法として **ペナルティ法** を紹介する．
「$h = x_1 + x_1 - 4 = 0$ の制約条件もとで，$\phi = x_1^2 + 2x_2^2$ を最小化する」という例を考える．大きな値 α を制約条件を η^2 に掛けて，新しい関数

$$\Phi = \phi + \alpha \eta^2 = (x_1^2 + 2x_2^2) + \alpha(x_1 + x_1 - 4)^2 \tag{26-6}$$

を定義し，Φ を最小化する問題に変換する．右辺第 2 項で η が 0 からずれると大きなペナルティになるので Φ が大きくなる．Φ を最小化する x_1, x_2 は制約条件 $\eta = 0$ を近似的に満足し，ϕ をほぼ最小化する．

付録 27　剛塑性有限要素法

剛塑性有限要素法 は，素材の弾性変形を無視して素材を剛塑性体として取り扱う方法である．剛塑性有限要素法は 1970 年代に定式化がなされ，上界法を汎用化させるものとして，塑性加工の研究者によって開発された．圧延や鍛造のように大きな塑性変形を伴う塑性加工の解析において，塑性変形の影響のみを考慮し，残留応力やスプリングバックなどの弾性変形を考慮しない場合には，素材のわずかな弾性変形を無視してよい場合も多い．剛塑性有限要素法では，変形段階毎に応力が直接計算されるため，1 回の変形量を比較的大きくすることができ，大きな変形後の要素の再分割も容易であるため，弾塑性有限要素法に比べて計算時間が短い．また，一般に微小変形理論に基づいて定式化されるため，プログラミングも簡単である．このように，剛塑性有限要素法は実用的な方法であり，塑性加工の数値シミュレーションによく用いられている．

剛塑性有限要素法では，体積一定条件の取扱法として，三つの方法がある．**ラグランジュ乗数法** では，ラグランジュ乗数を用いて体積一定条件を取り扱い，次の汎関数を停留させる解を求める．

$$\Phi_1 = \int_V \left\{ \int_0^{\dot{\bar{\varepsilon}}} \bar{\sigma} \, d\dot{\bar{\varepsilon}} \right\} dV + \int_V \lambda \, \dot{\varepsilon}_v \, dV - \int_{S_f} \tau_f \Delta v \, dS - \int_{S_t} T_i v_i \, dS \tag{27-1}$$

ここで，$\bar{\sigma}$ は相当応力，$\dot{\bar{\varepsilon}}$ は相当ひずみ速度，$\dot{\varepsilon}_v$ は体積ひずみ速度，λ は要素毎の変数になるラグランジュ乗数，τ_f は摩擦せん断応力，Δv は相対滑り速度，T_i は単位面積当たりの表面力である．式 (27-1) の第 1 項目は塑性変形，第 2 項目は体積一定の拘束条件，第 3 項目は摩擦，第 4 項目は外力に関するものである．汎関数の停留化条件は，汎関数を変数によって偏微分した式をそれぞれ 0 にすることであり，ラグランジュ乗数で偏微分すると体積一定条件になり，体積一定条件が満足される．

汎関数の最小化において，体積一定の条件を近似的に満足する方法として **ペナ**

ルティ法 があり，次の関数を最小にする．

$$\varPhi_2 = \int_V \left\{ \int_0^{\dot{\bar{\varepsilon}}} \bar{\sigma}\,\mathrm{d}\dot{\bar{\varepsilon}} \right\} \mathrm{d}V + \int_V \alpha\,\dot{\varepsilon}_v{}^2\,\mathrm{d}V - \int_{S_f} \tau_f\,\Delta v\,\mathrm{d}S - \int_{S_t} T_i v_i\,\mathrm{d}S \qquad (27\text{-}2)$$

ここで，α は大きな正の定数である．α が大きな値をもつため，汎関数が最小になるには，体積ひずみ速度の値は 0 に近づき，体積一定の条件がほぼ満足される．この方法では，仮想仕事の原理から近似的な応力も得られる．

圧縮性材料では，体積一定の条件が満足する必要がないため，近似的にわずかの圧縮性を導入した方法が **圧縮特性法** であり，次の汎関数を最小にする．

$$\varPhi_3 = \int_V \left\{ \int_0^{\dot{\bar{\varepsilon}}} \bar{\sigma}\,\mathrm{d}\dot{\bar{\varepsilon}} \right\} \mathrm{d}V - \int_{S_f} \tau_f\,\Delta v\,\mathrm{d}S - \int_{S_t} T_i v_i\,\mathrm{d}S \qquad (27\text{-}3)$$

圧縮特性法では，体積変化があると相当ひずみ速度が大きくなるため，式 (27-3) を最小にすることによって体積一定条件をほぼ満足する解が得られる．この方法はペナルティ法と似たものであり，変数が節点速度だけであり，ラグランジュ乗数法のように変数の数が増加しない．

演習問題の解答

第 1 章

1. 日本国内の金属生産量の 90% 以上を鉄鋼製品が占めており，2012 年の日本の粗鋼生産量は 1 億 900 万 ton である．その他の金属の国内での生産量は，銅 142 万 ton，亜鉛 77 万 ton，などである．アルミニウムは，電力の安い海外から地金のほとんど（193 万 ton）を輸入している．
2. 以前は，小型のクランクシャフトは鋳造で製作されていたが，自動車の出力が大きくなるに従い，材質に信頼性のある鍛造品になっていった．鋳造は中空化により軽量のクランクシャフトが製造可能であるため，信頼性のある鋳造材が開発されると，鋳造クランクシャフトになる可能性もある．
3. 二次元 CAD は「専用 CAD」，「汎用 CAD」に，三次元 CAD は「ハイエンド CAD」，「ミッドレンジ CAD」，「ローエンド CAD」とおおまかに分類され，広い分野で使用されている．CAD で作成された形状データをもとに，NC 工作機械のデータ作成（CAM），加工や製品の強度，運動特性などのシミュレーション（CAE），加工された製品の精度や品質検査（CAT）などがなされている．
4. 高さ方向の対数ひずみは，$\varepsilon_h = \ln(h_1/h_0) = \ln(20/50) = -0.915$ となる．変形後の円柱素材の半径を求めると，体積一定の法則より半径は $r = 23.7$ mm となる．同様にして半径方向のひずみは $\varepsilon_r = \ln(23.7/15) = 0.457$ となる．
5. 1/2 まで圧縮したときの円柱試験片の半径は，体積一定の法則より $r = 10\sqrt{2} = 14.1$ となる．これを用いて圧縮荷重を求める．$P = CA\bar{\sigma} = 3.0 \times 14.1^2 \times 10^{-6} \times \pi \times 500 \times 10^6 = 936$ kN
6. 棒材を切断して作製した素材を圧縮加工（据込み）で高さを減じるとき，棒材の状態で引抜きによりいったん伸ばしておいて切断した素材を使用すると，加工力を低下させることができる．

第 2 章

1. 金属粉末は，製造法によって形状や寸法が異なる．
   アトマイズ法…溶融金属に空気，水，不活性ガスを吹きつけ液滴にして固める（球状）
   粉砕法…線材や切削くずをボールミルによって破砕する方法（薄片状）
   電解法…対象金属を電極にして電解を行う方法（樹枝状）
   化学還元法…鉄鋼生産で出るスケールなど酸化金属の粉末を還元する方法（不

規則形状)
2. 熱間圧延は，高温で加工するため大きな変形が一度に可能であり，板圧延のほか各種断面形状の形材の加工に用いられる．製品表面には酸化膜が生じ，一般に寸法精度も高くない．冷間圧延は加工硬化を利用した材料強化や酸化膜のほとんどない良好な表面が得られるが，加工圧力が高いため精度の求められる自動車用の薄板などに限られる．
3. 式 (2.1) において，丸型ロールの断面二次モーメントは $I = \pi d^4/64$ で表される．単位を SI 単位に統一して計算すると，中央部のたわみ量は次のようになる．
$$\delta_{max} = \frac{5wl^4}{384EI} = \frac{5wl^4}{384E\pi d^4/64} = 7.9\,\mathrm{mm}$$
4. 中立点はロール入口と出口の間にあるため，先進率の最大値は中立点がロール入口と一致するとき，最小値は中立点がロール出口にあるときである．圧下率 30% では出口断面積は入口断面積の 0.7 倍であり，体積一定を考えると出口速度は入口速度の $1.0/0.7 = 1.42$ 倍である．中立点がロール入口の時には出口速度 v_1 はロール速度 v_r の 1.4 倍であり，先進率は $(v_1 - v_r)/v_r = 0.4$ である．中立点がロール出口と一致すると，$v_1 = v_r$ であるので先進率は 0 である．すなわち，先進率は 0 と 0.4 の間の範囲にある．
5. 圧延中の棒材の断面形状を円に保って細くするには，棒材を周囲から均等に圧縮しなければならないが，圧延では上下からのみ圧縮できる．このため，縦長の楕円形を上下から圧縮して横長にしながら長さを伸ばし，断面積を小さくしている．

第 3 章

1. 圧延は，大量の製品を高速に加工するのに適しており，主に鉄鋼材料の棒材の生産に用いられる．押出しは，圧延に比べて小さい設備で加工ができるため，少量で大きな製品を製造する場合に使用されている．非鉄金属の棒材製造で利用されることが多く，アルミニウムサッシのように複雑な形状をもった製品等の製造に有効である．
2. アルミニウムサッシは，直接押出しによって成形される．円柱ビレットを約 500℃ に加熱して押出し機に入れ，ビレット後部から高い圧力をかけ，サッシの断面形状の穴が開いた金型から押し出す．一つのビレットからは数十 m の押出し品が得られる．
3. 衝撃押出しはインパクト成形とも呼ばれ，1 ショットでカップ形状の部品を成形する方法であり，アルミニウム缶や薬などのチューブの製造に用いられる．素材材質には軟らかいアルミニウムが多く，潤滑には粉末状のステアリン酸亜

鉛などの固体潤滑剤が用いられる．
4. ダイス角を最適にして流れをスムーズにすることや，ダイス面に潤滑剤を塗布し摩擦を低減する方法などがある．ダイス出口から引張力を加える方法もある．
5. 張力をかけることによりダイス面にかかる圧力を下げて，ダイス摩耗を低減させる．
6. 変形抵抗を σ_Y 一定，ダイス半角を α とすると，引抜き力は次式で表される．

$$P = A_1\sigma_{r1}A_1\sigma_Y\left(1+\frac{1}{\mu\cot\alpha}\right)\left\{1-\left(\frac{A_r}{A_0}\right)^{\mu\cot\alpha}\right\}$$

α を小さくすると引抜き力も小さくなり，逆に α を大きくすると引抜き力は大きくなる．α が0に近づくと $\cot\alpha$ が ∞ に近づくため，摩擦による力の増加が顕著になる．

第4章

1. 体積一定から，

$$\frac{\pi}{4}(30\times10^{-2})^2\times40\times10^{-2}=\frac{\pi}{4}d^2\times10\times10^{-2},\ d=0.6\,\mathrm{m}$$

となり，

$$C=\left(1+0.3\times\frac{0.6}{3\times0.1}\right)=1.6$$

$$P=1.6\times500\times10^6\times\frac{\pi}{4}\times0.6^2=226\times10^6\,\mathrm{N}=226\,\mathrm{MN}=23\,000\,\mathrm{ton}$$

2. ①棒材の切断，②六角部を鍛造で成形，③転造でねじ部加工，④熱処理
3. バリ部が材料流動の抵抗になり，金型内部の圧力が高まる．これにより，型細部の未充てん部へ材料が押し込まれる．
4. 圧延により棒材を製造するときにパーライト組織が長さ方向に並んだり，介在物が伸ばされたりするため，棒材の断面を腐食して観察すると，長さ方向に伸びた線の集まりが観察される．棒材を切断して作成した素材を鍛造すると，棒材の長さ方向であったことを表す線が観察され，これを鍛流線という．鍛流線は元の棒材表面に並行であるため，鍛造品には表面に介在物などの欠陥が少ない．鍛流線を横切るように切削をすると，製品表面に介在物の断面が現れ，疲労破壊の発生起点となる．鍛造品の疲労強度が高い原因として，鍛流線が表面に並行であるため，表面に出ている破壊の起点が少ないと考えられる．
5. 2方向から圧縮すると，周囲全体で均一な加工が難しく，成形品が真円にならず精度が悪い．また，回転しながら繰り返し圧縮するスエージングでは中心部だけで繰り返し変形を受けるが，2方向から圧縮する場合には中心部で引張応

力を生じて破壊発生が促進される（図12.11参照）．3方向または4方向からの圧縮では，引張応力は発生せず，破壊が生じにくい．

第5章

1.
$$P_{\max} = ltk_s = 100\pi \times 10^{-3} \times 0.8 \times 10^{-3} \times 350 \times 10^6 \times 0.7 = 61.5 \text{kN}$$

2.
- 精密打抜き法（ファインブランキング）：ポンチの外側に配した突起付きの板押えとダイスとで板を加圧したのち，逆押えで背圧をかけながらせん断する．
- 対向ダイスせん断法：切削的な加工と精密打抜きを組み合わせた方法で，初期には平ダイスと突起付きダイスで板を加圧することにより切削と同様の機構で抜きかすを出しつつせん断を行い，最終的に抜きかすを圧縮応力が作用している状態でせん断する．
- 上下抜き法：せん断の途中で工具の進行方向を変えることによって板の両面にだれをつくり，かえりの発生を防ぐ．

3. せん断時の音の発生原因は，材料分離に伴う荷重の急減により金型やプレスフレームが振動することである．分離直前の荷重は，クリアランスや打抜き速度によって異なり，プレスや金型の剛性が大きく弾性変形が小さいと騒音も小さくなる．サーボプレスによる打抜きでは分離直前に速度を落とし，騒音を大幅に低減できる場合がある．

4. 最小曲げ半径は材料の破壊によって支配されるため，材料の延性を大きくすることが最も効果がある．このためには，延性の大きくなるような材質（細かい結晶粒径など）を選び，軟化熱処理などを行うのがよい．圧延された板材は幅方向より圧延方向に引っ張られると延性が大きいため，曲げ線が圧延方向と直角になるようにするとよい．

5. 曲げモーメント M を加えると，はり断面の応力とひずみは図1(a)に示すようになる．次に，曲げモーメント M を除去すると図(b)のような弾性応力を生じる．したがって，図(a)と図(b)を重ね合わせることにより，残留応力は図

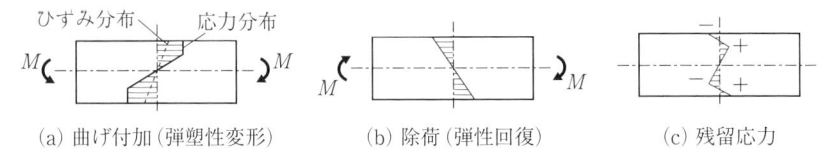

(a) 曲げ付加（弾塑性変形）　　(b) 除荷（弾性回復）　　(c) 残留応力

図1

(c)に示すようになる.
6.

V 曲げ

(1) パンチ降下の初期の板の変形は，パンチ先端とダイの左右肩の3点に接触する自由曲げ状態であり，曲げの外側に引張応力が生じる.
(2) 最初の間は，板はダイスの斜面で支えられる．パンチの下降が進むと，板の端がパンチ斜面に触れて曲げ返され，曲げの外側だけでなく内側にも引張応力が生じる.
(3) 最後に，板はポンチとダイスの間で圧縮される．このとき，引張応力は曲げの外側に生じるため，正方向のスプリングバックが発生する.

U 曲げ

(1) 最初，ポンチ底部の板はたわんだ状態でダイスの中に曲げ込まれていく.
(2) ポンチがダイスの底部に到達したとき，たわみが逆方向へ曲げ戻されて，最終的に平らになる．このとき，またパンチ肩部にあった材料は側壁部へ押し出される.
(3) この状態からポンチを引き上げて除荷すると，パンチ底部と側壁部へ押し出された部分では成形品を閉じさせるような負のスプリングバックが，ポンチ肩部では成形品を開かせるようとする正のスプリングバックが生じる.

第 6 章

1. 直径 D の円板を直径 d に絞るとき，絞り比は D/d である．加工よる板厚変化がなく，素板の直径 d の内部は容器の底に，d から D までは容器側面になるとする．容器の高さを h とすると，$\pi(D^2-d^2)/4 = \pi d h$ より，$h = (D^2-d^2)/4d = 0.75d$ となる.
2. 大きな絞り比で加工力が大きくなって破断する場合にも，2回に分けて絞るとおのおのの過程での加工力が小さくなり，破壊しにくくなる．また，板厚分布について考えると，肉厚はパンチコーナーで最も薄くなり，ここで割れが発生するが，再絞りでは最初に薄くなったコーナーより内側がコーナーになり，薄くなる箇所が分散されるため，深い容器ができる.
3. 図2のように角筒絞りのコーナー部の変形は，角部の材料流入量が少ないため，引張応力がかかり，板厚が減少する．板厚の減少により強度が低下し，割れなどの欠陥が生じやすい．直辺部においては材料流入量が大きく，一様の変形をする．また，直辺部上部は材料流入により板厚が増加する.
4. $\bar{r}$ が大きいことは平均的に板厚が薄くなりにくいことを意味し，Δr が小さいことは r 値の不均一が小さく方向による差がないことを意味する．したがって，

Δr が小さく $\bar{r}$ が大きいものは全体として均一に伸びやすく薄くなりにくく，また特定の方向に伸びにくいといったことがないため，深絞りに適している．

5. $t_0=0.8\,\mathrm{mm}$, $D_o=150\,\mathrm{mm}$, $d_p=100\,\mathrm{mm}$, $\beta=D_0/d_p=1.5$, $\delta=100/0.8=125$, $\mu=0.1$, $\sigma_B=300\,\mathrm{MPa}$ を代入する．しわ押さえ力 Q および加工力 P は，式 (6.1)，式 (6.2) より次のようになる．

$$p_{\mathrm{cr}}=0.0025\{(\beta-1)^2+0.005\delta\}\sigma_B$$
$$=0.65\,\mathrm{MPa},$$
$$Q=\frac{\pi}{4}(D_o{}^2-d_p{}^2)p_{\mathrm{cr}}$$
$$=\left(\frac{\pi}{4}\right)\times 12\,500/10^6\,\mathrm{m}^2\times 0.65$$
$$\times 10^6\,\mathrm{N/m}^2=6.44\,\mathrm{kN}$$
$$P=\pi\times 100/10^3\,\mathrm{m}\times 0.8/10^3\,\mathrm{m}\times 300\times\frac{10^6\,\mathrm{N}}{\mathrm{m}^2}\times 0.40+2\times 0.67\times 0.1$$
$$\times 6.44\times 10^3\,\mathrm{N}=31\,\mathrm{kN}$$

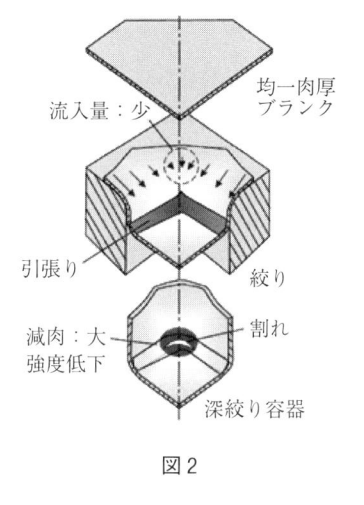

図 2

第 7 章

1.
   - 利点：歩留りが良く，複雑な形状の製品を加工できる．また，高融点金属や複合材料の成形も可能である．
   - 欠点：圧粉体は，主に粉末粒子のからみ合いで結合しているため，焼結を行わないと強度が得られない．この焼結工程によって生産工程が多くなる．
2. 両端を固定したパイプに内圧を加えると，パイプ肉厚は薄くなり，破壊する．パイプを軸方向に圧縮しながら加圧すると，加圧部に材料が供給されて肉厚減少が緩和され，引張応力も小さくなる．このため，パイプが破壊せずに変形する限界が大きくなる．
3. 水中で放電や爆発を発生させると，高温，高圧のガスが発生し急膨張する．このガスの膨張が周囲の水を高速で圧縮し衝撃波が発生する．この衝撃波が素材に衝突すると，素材が加速され，金型衝突して成形される．
4. クラッド材が圧延できる条件は，両方の金属が同じように変形できるときである．変形抵抗の値が極端に異なると，軟らかいほうの金属だけが変形されて均

一に変形されない．一般に，硬さの差が大きい材料や融点が違いすぎる場合には接合できない．また，新生面どうしが接合しやすい親和性があることも求められる．
5. セルフピアシングリベットとは，2枚以上の板材を冷間接合する方法である．駆動リベットが上部板材を通過し，リベットを据え込み，ダイの影響を受けて，穴あけなしに下部板材に達することで接合される．この方法の利点には，次のようなことがある．
   - 加工時間が短い
   - 異種金属の接合が可能
   - エネルギー損傷が低い
   - 潤滑剤や接着剤も使用できる

第8章

1. 炭素鋼は含有されている炭素量により引張強さ・硬さが増す半面，伸び・絞りが低下する．熱処理を施すことにより，大きく性質を変えることもできる．炭素鋼は，大量に生産されて低価格になっていることも重要な要因である．
2. アルミニウム合金は，合金成分により1000番単位の番号が与えられている．
   - 1000系は純アルミニウムで，加工性・耐食性・溶接性などに優れるが，強度は低い．
   - 2000系はAl-Cu系合金で，高強度でジュラルミン，超ジュラルミンの名称で知られる．
   - 3000系は，Al-Mn系合金で純アルミニウムと同等の加工のしやすさと耐食性がある．
   - 4000系は，Al-Si系合金で熱膨張率が小さく耐摩耗性が優れるので，エンジンのピストンなどに用いられる．
   - 5000系は，Al-Mg系合金で最も耐食性の高い合金で，溶接が可能である．
   - 6000系は，Al-Mg-Si系合金で中程度の強度と強い耐食性を兼ね備え，構造用材料として広く使用される．
   - 7000系は，Al-Zn-Mg合金でアルミニウム合金中最も強度があり，航空機の構造材に用いられる．
3. 自動車の外板，アルミ缶などの板成形品は，塑性加工で生じた加工硬化による強度上昇を利用している．また，ねじは常温で転造加工によって生じる加工硬化により，ねじ部の強度を高めている．
4. 圧延で製造される代表的なクラッド材に，低コストの鋼板を母材としてこれにステンレス鋼，チタン，銅など耐食性や熱伝導性の高い金属を合せ材として接

合したクラッド鋼板，軽量なアルミニウム合金板を母材としてステンレス薄板を合せ材としたステンレスクラッドアルミニウム板などがある．軽量のチタン表面に金や白金をクラッドした眼鏡枠・装身具用鎖や多数の超電導フィラメントを無酸素銅の中に埋め込んだ複合線材は押出しで製造される．

5. 熱間圧延条件を制御することによって金属組織を変え，高強度や高じん性などの特性をもつ鋼材を製造する技術を制御圧延という．結晶粒径を微細化すると，高強度やじん性が向上できる．圧延後の熱処理を省くことができ，熱処理の代替技術としても使用される．

6. たとえば，エンジンにマグネシウム合金，マフラにチタン合金などが軽量化のために使われている．マグネシウム合金は，アルミニウムより軽量である反面，耐食性が劣るといった欠点があるため，耐食性を向上させるために何らかの表面処理を行ったうえで使用されている．チタン合金は，耐食性・耐熱性の高さ，高強度および軽量さが特徴であるが，精製プロセスに非常に手間がかかるため，コストが高く，自動車用途の拡大には大幅なコストダウンが必要である．そのほか，自動車ボディーに高張力鋼板やアルミニウム合金板を用いることで軽量化が進んでいる．

第9章

1. 力の釣合いより

$$p\sin\theta = \mu p\cos\theta, \quad \mu = \frac{\sin\theta}{\cos\theta} = \tan\theta \quad 〔答〕\tan\theta = \mu.$$

2. アルミニウム板は光沢が求められ，平滑なロールで圧延してロール表面を板に転写して鏡面を得る．厚い潤滑膜を生じると接触率が低くなるため，薄い潤滑膜になるように低粘度の油を用いる．

3.
$$h^* = \frac{3\eta(U_0 + U_1)}{(P_0 - P_1)\tan\alpha} = \frac{3 \times 1 \times (10 + 0)}{(200 \times 10^6 - 0)\tan 5°} = 1.7 \times 10^{-6}\,\text{m} = 1.7\,\mu\text{m}$$

4. 熱間鍛造では，潤滑剤は摩擦低減とともに工具を冷却して工具の軟化を防ぐ冷却機能も必要である．また，鍛造品が工具に焼き付かないように，また製品が金型に焼き付かないようにするはく離型の機能ももっている．

5. 圧延や鍛造などでは，摩擦により素材を駆動して加工を行っており，摩擦が0では加工ができない．また，摩擦圧接では摩擦熱で加熱して接合を促進している．

第 10 章

1.
   - エネルギーによって規定：ハンマ
   - 変位によって規定：クランクプレス
   - 力によって規定：液圧プレス

2.
$$1\,\mathrm{kJ} = 102\,\mathrm{kg\cdot m}, \quad 10\,\mathrm{tonf} \times x = 10^4\,\mathrm{kgf} \times x = 102, \quad x = 0.001\,\mathrm{m} = 1\,\mathrm{cm}.$$

3. 図 10.10 を参照すると，
$$r\sin\theta = l\sin\phi, \quad r + l - r\cos\theta - l\cos\phi = s$$
より，
$$r\left(1 - \sqrt{1 - \frac{l^2\sin^2\phi}{r^2}}\right) + l(1 - \cos\phi) = s$$
両辺を 2 乗して，展開すると，
$$2rs - 2l^2 - s^2 = (2rl - 2ls)(1 - \cos\phi) - 2l^2\cos\phi, \quad r = 55, \quad l = 300,$$
$$s = 4.8$$
を代入して，
$$\phi = 3.973°, \quad \theta = 22.205°, \quad Q = \frac{P}{\cos\phi} = 300.72\,\mathrm{kN},$$
$$F = Q\cos(90 - \theta - \phi) = 132.67\,\mathrm{kN}$$
トルクは，$T = Fr = 7.3\,\mathrm{kN\cdot m}$ となる．

4.
$$Q = \frac{10}{20} = \frac{1}{2}, \quad \sigma_\theta = p_i \frac{1/4}{1 - (1/4)}\left\{\left(\frac{20}{r}\right)^2 + 1\right\}$$
$r = 10\,\mathrm{mm}$ のとき応力は最大となるので，$\sigma_\theta = (5/3)p_i$ となる．トレスカの降伏条件より
$$|\sigma_{\max} - \sigma_{\min}| \leq \bar{\sigma}, \quad \left|\frac{5}{3}p_i - (-p)\right| \leq 2\,\mathrm{GPa}, \quad p_i \leq 0.75\,\mathrm{GPa}$$
したがって，0.75 GPa の内圧まで耐える．

5. ダイヤモンド皮膜の塑性加工分野への適用の最大のメリットは，無潤滑，すなわちドライ環境下でプレス加工が可能な点であり，また連続深絞りのような厳しい環境下でも十分な耐久性・耐摩耗性・耐焼付き性があることが確認されている．
   DLC コーティングは，金型・治工具表面へのアルミニウムの凝着を防ぎ，工具寿命を 5～50 倍延ばすとともに保守サイクルの大幅な延長を達成し，生産性

の向上に画期的な効果をあげている．

　TiN にアルミニウムを添加することにより耐酸化性・耐熱性を向上させたものが TiAlN である．高温下で優れた耐酸化性を有することから，熱負荷を受ける工具に適する．

第 11 章

1. 両対数グラフにプロットする．$\bar{\sigma} = 244\bar{\varepsilon}^{0.21}$ MPa．
2. 公称ひずみは 10% であるから，$l_1 = 1.1 l_0$．圧縮における公称ひずみは，$\varepsilon = (l_0 - 1.1 l_0)/1.1 l_0 = -0.09$．変形後の変形抵抗は，$\bar{\sigma} = 200 \times (0.1 + 0.09) + 500 = 538$ MPa．
3. 問 2 と同様に，$\bar{\sigma} = 200 \times (0.2 + 0.2) + 500 = 580$ MPa．
4. 引張試験においてくびれが発生すると，くびれ部に変形が集中するため，その部分のひずみ速度が高くなる．m 値が大きいと，ひずみ速度が上がると変形抵抗が高くなり，変形の集中が抑止され，くびれが拡散して大きな伸びを示す．
5. 軟鋼 $\bar{\sigma} = 80.4\bar{\varepsilon}^{0.24}$ MPa，65/35 黄銅 $\bar{\sigma} = 73.9\bar{\varepsilon}^{0.32}$ MPa，アルミニウム $\bar{\sigma} = 18.2\bar{\varepsilon}^{0.31}$ MPa．

第 12 章

1.
$$\bar{\sigma} = a(\bar{\varepsilon} + \bar{\varepsilon}_0)^n, \quad \frac{d\bar{\sigma}}{d\bar{\varepsilon}} = na(\bar{\varepsilon} + \bar{\varepsilon}_0)^n(\bar{\varepsilon} + \bar{\varepsilon}_0)^{-1} = \frac{n\bar{\sigma}}{(\bar{\varepsilon} + \bar{\varepsilon}_0)} = 0$$
$$n = \bar{\varepsilon} + \bar{\varepsilon}_0$$

すなわち，$\bar{\varepsilon} = n - \bar{\varepsilon}_0$ でくびれが始まる．

2. 初期外径 t_0，初期肉厚 D_0 の球殻が内圧により膨張し，図 3 のように外径 D，厚さ t で内圧 p が加わっている状態を考える．表面上に直交軸 1，2 を，表面に垂直に軸 3 をとる．円周の長さの変化から $\varepsilon_1 = \varepsilon_2 = \ln(D/D_0)$，体積一定から $\varepsilon_3 = \ln(t/t_0) = -2\varepsilon_1$ である．変形状態が均一圧縮と同じであるので，$-\varepsilon_3$ を相当ひずみ $\bar{\varepsilon}$ とする．

$$\bar{\varepsilon} = -\varepsilon_3 = -\ln\left(\frac{t}{t_0}\right) = 2\ln(D/D_0)$$

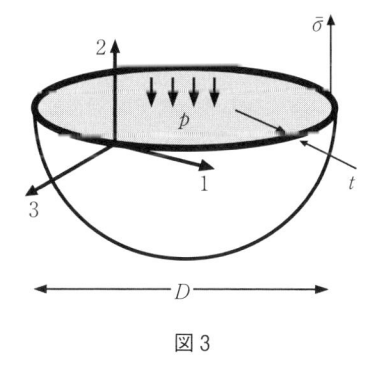

図 3

とする．
$$t = t_0 e^{-\bar{\varepsilon}}, \quad D = D_0 e^{-\bar{\varepsilon}/2},$$
応力：$\sigma_1 = \sigma_2 = \bar{\sigma}, \quad \sigma_3 = 0$

内圧と応力の関係：
$$\frac{p\pi D^2}{4} = \sigma_2 t D = \bar{\sigma} t D \rightarrow p = 4\bar{\sigma} t / D$$

内圧が極大になる条件：
$$\frac{dp}{d\bar{\varepsilon}} = 4 \frac{d\bar{\sigma}}{d\bar{\varepsilon}} \frac{t}{D} + 4\bar{\sigma} \frac{dt}{d\bar{\varepsilon}} \frac{1}{D} + 4\bar{\sigma} t \left(\frac{-1}{D^2}\right) \frac{dD}{d\bar{\varepsilon}}$$
$$= 4\frac{t_0}{D_0} \left\{ \frac{d\bar{\sigma}}{d\bar{\varepsilon}} e^{-3\bar{\varepsilon}/2} - \bar{\sigma} \frac{1}{\bar{\varepsilon}} e^{-\bar{\varepsilon}/2} + \bar{\sigma} e^{-\bar{\varepsilon}} \left(\frac{-1}{e^{\bar{\varepsilon}}}\right) \frac{1}{\bar{\varepsilon}} \right\}$$
$$= 4\frac{t_0}{D_0} e^{-3\bar{\varepsilon}/2} \left\{ \frac{d\bar{\sigma}}{d\bar{\varepsilon}} + \frac{\bar{\sigma}}{\bar{\varepsilon}} e^{\bar{\varepsilon}} - \frac{\bar{\sigma}}{\bar{\varepsilon}} e^{-\bar{\varepsilon}/2} \right\} = 0$$

$e^{\bar{\varepsilon}} \cong 1 + \bar{\varepsilon}, e^{-\bar{\varepsilon}/2} \cong 1 - \bar{\varepsilon}/2$，より $d\bar{\sigma}/d\bar{\varepsilon} \cong (3/2)/(\bar{\sigma}/\bar{\varepsilon})\bar{\varepsilon}$ が得られる．$\bar{\sigma} = a\bar{\varepsilon}^n$ の場合には，$\bar{\varepsilon} = 2n/3$ で圧力低下が始まる．

3. 拡散くびれは広い領域で塑性変形が進行するため，くびれ発生から破壊までには長いプレスストロークが可能である．一方，局部くびれでは板厚程度の狭い領域で塑性変形が進行し，くびれ発生から板厚程度の非常に小さいストロークで破壊を生じる．このため，局部くびれ発生を加工限界とする．
4. 座屈は据込みにおいて拘束されない部分の素材長さが直径の約2倍以上の場合に引き起こされる．図12.10のように，予備据込みでは材料の外形が膨らんでダイスに接触して外周が拘束される．変形が進むほど座屈を生じやすくなるが，このダイスでは圧縮が進むほど拘束部が大きくなり，直径が大きくなるので座屈が生じにくくなる．
5. シェブロン割れは，中心部に引張応力が生じるときに起こりやすい．中心部の引張応力は断面減少率が小さく，ダイス角が大きく，摩擦が高いほど大きい．このため，多段押出しではできるだけ大きな断面減少率で少ない回数で行うと割れが発生しにくい．ダイス角を小さくしたり，潤滑を良くして摩擦を下げたりするのも割れ防止に効果がある．

第13章

1. 高さを l，ひずみを ε，ひずみ速度を $\dot{\varepsilon}$ とすると，
$$\dot{\varepsilon} = \frac{d\varepsilon}{dt} = \frac{1}{dt} \int \frac{dl}{l}, \quad l = 50 - 10t, \quad dl = -10 dt,$$

$$\dot{\varepsilon} = \frac{d\varepsilon}{dt} = \frac{1}{dt}\int \frac{-10 dt}{50-10t} = -\frac{1}{5-t}$$

0.2/s から 0.5/s まで高さに反比例して変化する.

$$\varepsilon = \ln\left(\frac{l}{l_0}\right)$$
$$= \ln\left(\frac{20}{50}\right)$$
$$= -0.92$$

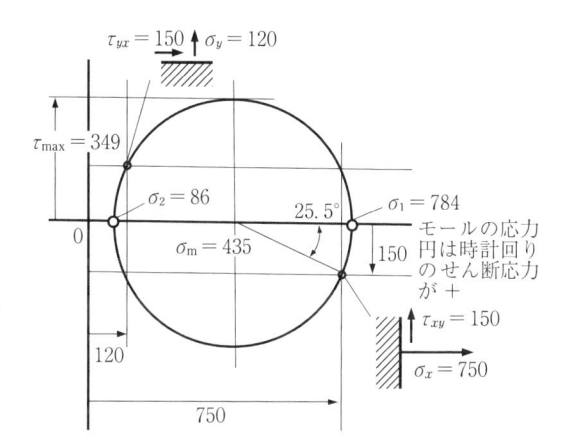

2. 主応力：781MPa, 86MPa, 最大主応力(781MPa)の方向は, x の方向から反時計方向に 25.5° 回転した方向(図4).

図4

3. 平均応力は $\sigma_m = (\sigma_x + \sigma_y)/2$ であり, モールの応力円の中心になる. 最大せん断応力の作用する面はモールの応力円の上下の最大点, 最小点で, 中心の直上また直下になり, ここの垂直応力は σ_m である(図5).

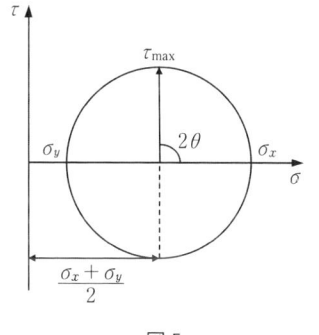

4. 平面応力状態を考える. ポアソン比を ν とすると主応力方向のひずみは

$$\varepsilon_1 = \frac{\sigma_1 - \nu\sigma_2}{E}, \quad \varepsilon_2 = \frac{\sigma_2 - \nu\sigma_1}{E}$$

で与えられる.

図5

$$\varepsilon_2 - \varepsilon_1 = \frac{\sigma_2 - \nu\sigma_1}{E} - \frac{\sigma_1 - \nu\sigma_2}{E} = \frac{(\sigma_2 - \sigma_1) - \nu(\sigma_2 - \sigma_1)}{E} = \frac{(\sigma_2 - \sigma_1)(1+\nu)}{E}$$

と変形すると, 主応力と主ひずみの比は,

$$\frac{\sigma_2 - \sigma_1}{\varepsilon_2 - \varepsilon_1} = \frac{E}{1+\nu}$$

である. 一方, せん断応力とせん断ひずみの比は,

$$\frac{\sigma_2 - \sigma_1}{\varepsilon_2 - \varepsilon_1} = \frac{2\tau}{\gamma}$$

で与えられ,

を代入すると
$$E = 2G(1+\nu)$$

5.

円周方向：$2\int_0^{\frac{\pi}{2}} \frac{Dp}{2} d\theta \sin\theta = 2\sigma_\theta t$, $\quad \frac{Dp}{2} = \sigma_\theta t$, $\quad \sigma_\theta = \frac{Dp}{2t}$

長さ方向の垂直応力：$\frac{\pi D^2 p}{4} = \pi D t \sigma_z$, $\quad \sigma_z = \frac{Dp}{4t}$

6.

最大せん断応力：$\tau_{\max} = \frac{16}{\pi d^3} T$

最大せん断ひずみ：$\gamma = \frac{\tau}{G} = \frac{2\tau(1+\nu)}{E} = \frac{32T(1+\nu)}{\pi E d^3}$

7. 奥行き方向に同じ断面形状で変形することは $\gamma_{yz} = \gamma_{zx} = 0$ であり，一般的なレビー・ミーゼスの式から $\tau_{yz} = \gamma_{zx} = 0$ が得られる．また，奥行き方向に伸縮がないのは $\varepsilon_z = 0$ であるが，これを $\varepsilon_z = (1/E)\{\sigma_z - \nu(\sigma_x + \sigma_y)\}$ に代入すると，$\sigma_z = \nu(\sigma_x + \sigma_y)$ となる．この σ_z を式 (13.19) に代入すると，次の平面ひずみ変形におけるフックの式が得られる．

$$\varepsilon_x = \frac{1}{E}\{\sigma_x - \nu(\sigma_y + \sigma_z)\} = \frac{1}{E}\{\sigma_x - \nu\sigma_y - \nu^2(\sigma_x + \sigma_y)\}$$
$$= \frac{1}{E}\{\sigma_x(1-\nu^2) - \sigma_y(1+\nu)\}$$
$$\varepsilon_y = \frac{1}{E}\{\sigma_y - \nu(\sigma_z + \sigma_x)\} = \frac{1}{E}\{-\sigma_y(1+\nu) + \sigma_x(1-\nu^2)\}$$
$$\gamma_{xy} = \frac{1}{G}\tau_{xy} = \frac{2(1+\nu)}{E}\tau_{xy}$$

第14章

1.

$$\sigma_1 = \frac{\sigma_x + \sigma_y}{2} + \sqrt{\left(\frac{\sigma_x - \sigma_y}{2}\right)^2 + \tau_{xy}^2} = \frac{200+(-400)}{2}$$
$$+ \sqrt{\left(\frac{200-(-400)}{2}\right)^2 + 50^2} = 204\,\mathrm{MPa}$$
$$\sigma_2 = \frac{\sigma_x + \sigma_y}{2} - \sqrt{\left(\frac{\sigma_x - \sigma_y}{2}\right)^2 + \tau_{xy}^2} = \frac{200+(-400)}{2}$$

$$-\sqrt{\left(\frac{200-(-400)}{2}\right)^2+50^2}=-404\,\mathrm{MPa}$$

$$\bar{\sigma}=\left[\frac{1}{2}\{(\sigma_1-\sigma_2)^2+(\sigma_2-\sigma_3)^2+(\sigma_3-\sigma_1)^2\}\right]^{1/2}$$

$$=\left[\frac{1}{2}\{(204-(-404))^2+((-404)-0)^2+(0-204)^2\}\right]^{1/2}=536\,\mathrm{MPa}$$

2.

半径方向の力の釣合い：$Pr\,\mathrm{d}\theta-2\sigma_\theta t\sin\left(\frac{\mathrm{d}\theta}{2}\right)=0,\quad\therefore\ \sigma_\theta=\dfrac{Pr}{t}$

軸方向応力の釣合い：$2\pi r+\sigma_z t=P\pi r^2,\quad\therefore\ \sigma_z=\dfrac{1}{2}\dfrac{Pr}{t}$

ミーゼスの降伏条件を用いる場合 $(\sigma_r=0)$ は

$$\bar{\sigma}^2=\sigma_\theta^2-\sigma_\theta\sigma_z+\sigma_z^2=\frac{P^2r^2}{t^2}\left(1-\frac{1}{2}+\frac{1}{4}\right),\quad r=\frac{D}{2}$$

とすると

$$\bar{\sigma}^2=\frac{P^2D^2}{4t^2}\left(\frac{3}{4}\right),\quad\therefore\ P=\frac{2.3\bar{\sigma}\,t}{D}$$

トレスカの降伏条件を用いる場合は

$$\bar{\sigma}=\sigma_{\max}-\sigma_{\min}=2k\ \rightarrow\ \bar{\sigma}=\frac{PD}{2t}-0,\quad\therefore\ P=\frac{2\bar{\sigma}\,t}{D}$$

3. $\sigma_2=(1/3)\sigma_1,\ \sigma_3=-\sigma_1$ をミーゼスの降伏条

$$\bar{\sigma}=\left[\frac{1}{2}\left\{\left(\frac{2}{3}\sigma_1\right)^2+\left(\frac{4}{3}\sigma_1\right)^2+(-2\sigma_1)^2\right\}\right]^{1/2}=\frac{2\sqrt{7}}{3}\sigma_1=1.76\sigma_1$$

に入れると，

$$\sigma_1=170\,\mathrm{MPa},\quad\sigma_2=57\,\mathrm{MPa},\quad\sigma_3=-170\,\mathrm{MPa}$$

となる．これを

$$\varepsilon_1=\frac{\bar{\varepsilon}}{\bar{\sigma}}\left\{\sigma_1-\frac{1}{2}(\sigma_2+\sigma_3)\right\},\quad\varepsilon_2=\frac{\bar{\varepsilon}}{\bar{\sigma}}\left\{\sigma_2-\frac{1}{2}(\sigma_3+\sigma_1)\right\},$$

$$\varepsilon_3=\frac{\bar{\varepsilon}}{\bar{\sigma}}\left\{\upsilon_3-\frac{1}{2}(\sigma_1+\sigma_2)\right\}$$

に代入すると，

$$\varepsilon_1=0.3755,\quad\varepsilon_2=0.095,\quad\varepsilon_3=-0.4725$$

$l_1=e^{\varepsilon_1}l_0$ に $l_0=10\,\mathrm{mm},\ \varepsilon_1=0.3755$ を代入して $l_1=14.6\,\mathrm{mm}$ を得る．

$$l_2=11.0\,\mathrm{mm},\quad l_3=6.2\,\mathrm{mm}$$

4.

実線：最終応力：$\sigma_1=300\,\mathrm{MPa},\quad\sigma_2=0\,\mathrm{MPa},\quad\sigma_3=-300\,\mathrm{MPa}$

$$\bar{\sigma} = \left[\frac{1}{2}\{(\sigma_1-\sigma_2)^2+(\sigma_2-\sigma_3)^2+(\sigma_3-\sigma_1)^2\}\right]^{1/2}$$
$$= \left[\frac{1}{2}\{(300-0)^2+(0-(-200))^2+(-200-300)^2\}\right]^{1/2} = 436\,\mathrm{MPa}$$

図 14.11 の変形抵抗曲線より直線式を求めると $\bar{\sigma}=200\bar{\varepsilon}+200$ である．ここで，$\bar{\sigma}=436$ を代入すると $\bar{\varepsilon}=1.18$ である．

$$\varepsilon_1 = \frac{\bar{\varepsilon}}{\bar{\sigma}}\left\{\sigma_1-\frac{1}{2}(\sigma_2+\sigma_3)\right\}=1.08, \quad \varepsilon_2=\frac{\bar{\varepsilon}}{\bar{\sigma}}\left\{\sigma_2-\frac{1}{2}(\sigma_3+\sigma_1)\right\}=-0.14,$$
$$\varepsilon_3=\frac{\bar{\varepsilon}}{\bar{\sigma}}\left\{\sigma_3-\frac{1}{2}(\sigma_1+\sigma_2)\right\}=-0.95$$

破線 $\bar{\sigma}=218\,\mathrm{MPa}$ を代入すると，$\bar{\varepsilon}=0.09$ である．

$$\bar{\varepsilon}_1 = \int_0^{0.09}\frac{1}{218}\left\{-150-\frac{1}{2}(0+100)\right\}\mathrm{d}\bar{\varepsilon}$$
$$+\int_{0.09}^{1.18}\frac{1}{436}\left\{300-\frac{1}{2}(0+(-200))\right\}\mathrm{d}\bar{\varepsilon}=0.92$$
$$\bar{\varepsilon}_2 = \int_0^{0.09}\frac{1}{218}\left\{0-\frac{1}{2}(100+(-150))\right\}\mathrm{d}\bar{\varepsilon}$$
$$+\int_{0.09}^{1.18}\frac{1}{436}\left\{0-\frac{1}{2}(-200+300)\right\}\mathrm{d}\bar{\varepsilon}=-0.12$$
$$\bar{\varepsilon}_3 = \int_0^{0.09}\frac{1}{218}\left\{100-\frac{1}{2}(-150+0)\right\}\mathrm{d}\bar{\varepsilon}$$
$$+\int_{0.09}^{1.18}\frac{1}{436}\left\{-200-\frac{1}{2}(0+(-150))\right\}\mathrm{d}\bar{\varepsilon}=-0.80$$

5.

仕事：$mgh = 200\times 9.8\times 2 = 3920\,\mathrm{J}\,(=\mathrm{N\cdot m})$

体積：$\pi r^2 h = \pi\times 5^2\times 15 = 1178\,\mathrm{mm}^3$

単位体積当たりの仕事：$\dfrac{3920\times 10^3}{1178}=3328\,\mathrm{N/mm^2}\,(=\mathrm{MPa})$

相当ひずみ：$\dfrac{3328}{200}=16.64$

第 15 章

1.
$$p = -\frac{2k}{h}x + \frac{2k}{h}\left(x_f+\frac{h}{2\mu}\right) = \frac{2k}{h}\left(\frac{h}{2\mu}+x_f-x\right)$$

演習問題の解答　243

$$P = 2b\left[\frac{2k}{h}\int_0^{x_f}\left(\frac{h}{2\mu}+x_f-x\right)\mathrm{d}x + 2k\int_{x_f}^{w_2/2}\exp\left\{\frac{2\mu}{h}\left(\frac{w_2}{2}-x\right)\right\}\mathrm{d}x\right]$$

$$= 2k\frac{bh}{\mu}\left\{\left(\frac{1}{2\mu}-1\right)+\frac{x_f}{h}+\mu\left(\frac{x_f}{h}\right)^2\right\}$$

$$x_f = w_1/2: \quad P = 2k\frac{bh}{\mu}\left\{\left(\frac{1}{2\mu}-1\right)+\frac{w_1}{2h}+\mu\left(\frac{w_1}{2h}\right)^2\right\}$$

2.

$$p = 2k\left(1+\frac{1}{4}\frac{h}{l}+\frac{l}{2h}-\frac{x}{h}\right)$$

$$P = 2b\left[2k\int_0^{l/2}\left(1+\frac{1}{4}\frac{h}{l}+\frac{l}{2h}-\frac{x}{h}\right)\mathrm{d}x\right]$$

$$= 2b\cdot 2k\left[x+\frac{1}{4}\frac{h}{l}x+\frac{l}{2h}x-\frac{x^2}{2h}\right]_0^{l/2}$$

$$= 2b\cdot 2k\left(\frac{l}{2}+\frac{h}{8}+\frac{l^2}{4h}-\frac{1}{2}\cdot\frac{l^2}{4h}\right) = 2k\cdot lb\left(1+\frac{1}{4}\frac{h}{l}+\frac{l}{4h}\right)$$

$$\bar{p} = \frac{P}{lb} = 2k\left(1+\frac{1}{4}\frac{h}{l}+\frac{l}{4h}\right) \quad \frac{\bar{p}}{2k} = \left(1+\frac{1}{4}\frac{h}{l}+\frac{l}{4h}\right)$$

3.

$$-\frac{1}{\sigma_Y}\sigma_x = \ln h + c_0$$

境界条件は $h = h_0$ において $\sigma_x = 0$ である．したがって，$c_0 = \ln h_0$ となる．これを代入すると

$$-\frac{1}{\sigma_Y}\sigma_x = \ln h + \ln h_0 = \ln\left(\frac{h}{h_0}\right), \quad \sigma_x = \sigma_Y\ln\left(\frac{h_0}{h}\right)$$

したがって，ダイス出口の引抜き応力 σ_{x1} は

$$\sigma_{x1} = \sigma_Y\ln\left(\frac{h_0}{h_1}\right)$$

4. 図 15.15 のように傾斜角 α のダイスを通して帯板を引き抜くとき，単位幅当たりの引抜き力を求めよ．ただし，摩擦はクーロン摩擦で摩擦係数 $\mu =$ 一定とし，材料のせん断変形抵抗を k とする．

$$\sigma_x = \frac{1}{\mu\cot\alpha}\left\{-\left(\frac{h}{h_0}\right)^{\mu\cot\alpha}(1+\mu\cot\alpha)2h + (1+\mu\cot\alpha)2k\right\}$$

$$= 2k\left(1+\frac{1}{\mu\cot\alpha}\right)\left\{1-\left(\frac{h}{h_0}\right)^{\mu\cot\alpha}\right\}$$

$$P = h_1\sigma_x = 2kh_1\left(1+\frac{1}{\mu\cot\alpha}\right)\left\{1-\left(\frac{h_1}{h_0}\right)^{\mu\cot\alpha}\right\}$$

第16章

1. 図6に示す.

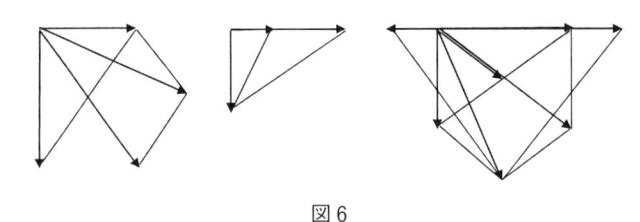

図6

2. 式(16.16)の $\dot{W}_a = \dot{W}_s + \dot{W}_d + \dot{W}_g + \dot{W}_t$ における $-\dot{W}_t$ の正負を検討する．押出し出口に張力 T_n が加わる場合，T_n の方向（出口外方向）と出口速度 v_n の方向は同じであるので，座標の取り方によらず符号は同じであるので $T_n v_n$ は常に $+$ である．このため，$-\dot{W}_t = -T_n v_n$ は負の値になり，加工力の仕事率 $\dot{W}_a$ および加工力は，張力が加わらない場合より低くなる．

3. 押出し比 R が 3 であるので，理想変形ひずみは $\varepsilon_0 = \ln 3 = 1.1$ である．変形抵抗を σ_Y とすると $p = \varepsilon_0 \sigma_Y = 120$ であるので，$\sigma_Y = 120/1.1 = 109 \, \text{MPa}$ と推定される．

4. 図7より，エネルギー消費率は

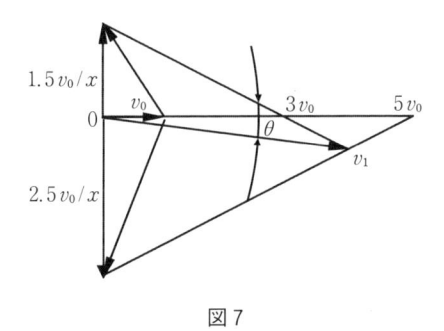

図7

$$\dot{W} = k\left\{\left(\sqrt{\left(\frac{2.5}{x}\right)^2 + 1}\,\sqrt{2.5^2 + x^2}\right)v_0 + \left(\sqrt{\left(\frac{2}{x}\right)^2 + \left(\frac{2}{x}\frac{4x}{2}\right)^2}\,\sqrt{0.5^2 + x^2}\right)v_0 \right.$$
$$\left. + \left(\sqrt{\left(\frac{1.5}{x}\right)^2 + 1}\,\sqrt{1.5^2 + x^2}\right)v_0 + \left(\sqrt{\left(\frac{2}{x}\right)^2 + \left(\frac{2}{x}\frac{4x}{2}\right)^2}\,\sqrt{0.5^2 + x^2}\right)v_0\right\}$$
$$= k\frac{20x^2 + 21}{2x}v_0$$

入口側のエネルギー消費率と釣り合わせると，

$$4pu_0 = k\frac{20x^2+21}{2x}, \quad \frac{p}{2k} = \frac{20x^2+21}{16x} = \frac{5x}{4} + \frac{21}{16x}$$

全エネルギー消費率を最小：$\dfrac{d\left(\frac{p}{2k}\right)}{dx} = \dfrac{5}{4} - \dfrac{21}{16}x^{-2} = 0, \quad x = \sqrt{\dfrac{21}{20}}$

∴ $\dfrac{p}{2k} = \dfrac{20x^2+21}{16x} = \dfrac{\sqrt{105}}{4} = 2.56$

傾き角 θ : $\tan^{-1}\theta = \dfrac{0.5xv_0}{4v_0} = \sqrt{\dfrac{21}{64\times 20}}, \quad \therefore \theta = 7.3°$

5. 速度不連続面に垂直な速度成分は等しくなるので，
$$v_0\cos\theta_0 = v_1\cos\theta_1$$
せん断ひずみは，図より
$$\gamma = \frac{|v_0\sin\theta_0 - v_1\sin\theta_1|}{v_0\cos\theta_0}, \quad v_0\sin\theta_0 = v_{0p}, \quad v_1\sin\theta_0 = v_{1p}, \quad v_0\cos\theta_0 = v_{0n}$$
なので
$$\gamma = \frac{|v_{0p} - v_{1p}|}{v_{0n}}$$

第17章

1.
(1) CAD (Computer Aided Design) コンピュータ支援設計：図面作製，図形処理
(2) CAE (Computer Aided Engineering) 計算機支援工学：CAD データを利用し，製品や工程設計の事前検討，シミュレーションを行う
(3) CAM (Computer Aided Manufacturing) コンピュータ支援製造：CAD で作成された形状データを入力データとして，加工用の NC プログラム作成などの生産準備全般をコンピュータ上で行うためのシステム

2.
(1) 差分法
① 物体を有限なものにおき換える，② 直交メッシュ分割，③ 式が簡単，④ 熱流体の分野でよく使われる，⑤ 形状を正確に表現していない問題がある．差分法は直交メッシュであるため，境界上にメッシュがなく，正確な物体を表現することができない．

(2) 有限要素法
① 多角形近似，② 境界条件を精度良く表現，③ 物体を要素におき換える，④ 工具・材料の形状および材料特性を変化させるのが容易である，⑤ 材料内部の材料流動，応力-ひずみ分布が求められる，⑥ 自由度が大きく，精度の良い解

が得られる，⑦計算に時間がかかる．
(3) 塑性加工で有限要素法が用いられている理由
要素数を変えることで計算速度や解の精度を換えることができ，多様な使用が可能である．有限要素法は物体を要素に分割し，多角形に近似するため正確に形状を表現できる．また，素材の変形状態が要素形状の変化として表わされるため，理解しやすいことも，塑性加工で用いられている理である．
3. 厚板圧延の例
(1) 目的：厚板圧延における板先端部近傍に発生する表面傷の原因特定
(2) 成果：実機と対応した箇所に初期スラブコーナーから発生した折込みきずが発生している．このシミュレーションより，スラブ端の局所温度分布（過冷部）が最終製品の表面品質に影響を及ぼすことが確認されている．
(3) 問題点：塑性変形では材料の変形挙動が非線形を示し，また加工工具との接触・非接触による非線形性や温度分布などの変形の不均一性など非常に複雑な解析となるため，解析に時間を要する．また，実際の加工条件と同じパラメータで解析するには実際に実験を行い，比較する必要がある．
4. 要素 ① について

$$b_i = y_j - y_m = 0 - 10 = -10$$
$$b_j = y_m - y_i = 10 - 0 = 10$$
$$b_m = y_i - y_j = 0 - 0 = 0$$
$$c_i = x_m - x_j = 0 - 10 = -10$$
$$c_j = x_i - x_m = 0 - 10 = 0$$
$$c_m = x_j - x_i = 10 - 0 = 10$$

$$[B] = \frac{1}{100}\begin{bmatrix} -10 & 0 & 10 & 0 & 0 & 0 \\ 0 & -10 & 0 & 0 & 0 & 10 \\ -10 & -10 & 0 & 10 & 10 & 0 \end{bmatrix}$$

5.
(1) 弾塑性有限要素
長所：① スプリングバックが予想できる，② 小さな塑性変形が精度良く計算できる，③ 残留応力が予測できる
短所：計算に時間がかかる
(2) 剛塑性有限要素法
長所：① 計算時間が速い，② プログラミングが簡単
短所：弾性変形を考慮した塑性加工では適用できない（製品のプレス加工など）

索　引

ア　行

r 値 (r - value) ……………………62
相打ちハンマ (counter blow hammer)
　……………………………………103
圧延 (rolling) ………………………14
圧延方程式 (rolling equation) ………174
圧縮特性法 (slightly compressible property method) ……………226
圧粉成形 (powder compaction) ……70
孔型圧延 (groove rolling, caliber rolling) …………………………21
穴抜き (punching) …………………47
穴広げ (expand forging) ……………37
アブレシブ摩耗 (abrasive wear) ……99
粗圧延機 (roughing mill) ……………16
荒打ち (preforming, blocking) ………39
ECAP (equal channel angular pressing) …………………………86
板クラウン (plate crowning) …………16
板鍛造 (plate forging) ………………203
一様伸び (uniform elongation) ………127
移動硬化説 (kinematic hardening rule)
　……………………………………162
異方性 (anisotropy) …………………87
打抜き (blanking) ……………………47
上吹き転炉 (LD converter) …………13
運動学的可容速度場 (kinematically admissible velocity field) ………181
液圧成形法 (hydroforming) …………73
液圧プレス (hydraulic press) ………104

n 乗硬化則 (n-value work-hardening law) ……………………………116
n 値 (n-value) ……………………116
エネルギー法 (energy method) ……178
エリクセン試験 (Erichsen cupping test) …………………………64, 206
エリクセン値 (Erichsen cupping test value) ……………………………130
延性 (ductility) ………………………1
延性破壊 (ductile fracture) …………133
延性破壊条件式 (ductile fracture criterion) …………………………212
円柱座標 (cylindrical coordinates)
　………………………………169, 213
エンボス加工 (embossing) ……………73
オイラーの座屈応力 (Euler's buckling stress) ……………………132, 204
応力 (stress) …………………………5
応力円 (stress circle) ………………217
応力の不変量 (stress invariant) ……215
応力-ひずみ線図 (stress-strain curve) ・8
オースフォーミング (ausforming) ……89
押出し (extrusion) ……………………23
押出し比 (extrusion ratio) …………180
帯板圧延 (strip rolling) ………………16
温間加工 (warm working) ……………4
温間鍛造 (warm forging) …………36, 43
温度補償ひずみ速度 (temperature modified strain rate) ……………120

カ 行

加圧能力(load capacity) ……………107
回転鍛造(rotary forging) ……………44
回復(recovery) ………………………88
開放型(open die) ……………………38
かえり(burr) …………………………49
化学蒸着法(chemical vapor deposition)
　………………………………………113
可逆圧延(reverse rolling) ……………15
拡散くびれ(diffused necking) ……126
加工硬化(work-hardening) …4, 86, 116
加工硬化指数(work-hardening
　exponent) ………………………116
加工集合組織(deformation texture) …87
加工熱処理(thermo-mechanical
　treatment) …………………………3
加工発熱(heat generation due to
　plastic deformation) …120, 163, 222
かしめ加工(caulking) ………………77
化成皮膜(conversion coating film) …94
型圧延(shape rolling) ………………14
型鍛造(die forging) …………………35
可容速度場(admissible velocity field)
　………………………………………181
ガラス潤滑剤(glass lubricant) ………94
間接押出し(indirect extrusion) ……25
完全塑性(perfectly plastic) …………123
機械プレス(mechanical press) ……105
球状化焼なまし(spheroidizing
　annealing) ………………………208
境界潤滑(boundary lubrication) ……96
境界潤滑膜(boundary lubrication
　layer) ………………………………92
矯正(straitening) ……………………57

凝着(adhesion) ………………………98
凝着摩耗(adhesive wear) ……………99
極圧添加剤(extreme pressure additive)
　………………………………………93
極座標(spherical coordinates) ……213
局部くびれ(localized necking) ……126
局部伸び(local elongation) …………127
金属石けん(metal soap) ……………94
空気ドロップハンマ(air drop hammer)
　………………………………………103
クーロン摩擦則(Coulomb friction) …97
くさび効果(wedge effect) ……………95
くびれ(necking) ……………………126
クラッド圧延(roll cladding) …………76
クランクプレス(crank press) ………105
クリアランス(clearance) ……………48
クロスローリング(cross rolling) ……44
限界絞り比(limiting drawing ratio)
　………………………………62, 205
高エネルギー速度加工(high energy
　rate forming) ……………………74
恒温鍛造(isothermal forging) ………41
工具鋼(tool steel) …………………109
工具設計(tool design) ……………200
高周波加熱曲げ(bending with
　induction heating) ………………205
公称応力(nominal stress) ……………5
公称ひずみ(nominal strain) …………6
拘束係数(constraining factor) ………10
高速度鋼(high speed steel) ………109
高速ハンマ(high speed hammer) …103
剛塑性有限要素法(rigid-plastic finite
　element method) …………190, 226
高張力鋼板(high strength steel sheet)66

索　引　249

工程設計(process design) …………200
降伏(yielding) ………………………8
降伏応力(yield stress) ………………8
降伏条件式(yield criterion) ………153
降伏点(yield point) …………………8
降伏ひずみ(yield strain) ……………8
後方押出し(backward extrusion) ……29
後方張力(back tension) ………19, 175
高炉(blast furnace) ………………12
コーシー応力(Cauchy stress) ……142
コールドストリップ(cold strip) ……18
固相接合(solid phase bonding) ………75
固体潤滑剤(solid lubricant) …………93
コニカルカップ試験(conical cup test)
 ……………………………64, 206
混合潤滑(mixed lubrication) …………96
コンフォーム押出し(conform
 extrusion) ………………………202

サ　行

サーボプレス(servo press)・68, 105, 210
再結晶(recrystallization) …………4, 88
再結晶集合組織(recrystallization
 texture) …………………………87
再絞り加工(redrawing) ………………63
最小曲げ半径(minimum bending
 radius) …………………………54
最大せん断応力(maximum shear
 stress) …………………………141
最大せん断応力説(maximum shear
 stress theory) …………………154
座屈(buckling) ……………………131
三次元直交座標(three-dimensional
 orthogonal coordinates) ………213

残留応力(residual stress) ……………87
仕上げ圧延機(finishing mill) …………16
仕上げ打ち(finish forging) …………39
CNC 押通し曲げ(CNC extrusion
 bending) ………………………205
シェブロン割れ(chevron cracking)
 ……………………………32, 133
しわ押え(blank holder) ……………60
軸対称変形(axi-symmetric
 deformation) ……………………214
しごき加工(ironing) ………………64
しごきスピニング(shear spinning) …66
仕事能力(energy capacity) …………107
指数硬化則(power-law hardening law
 ……………………………………116
絞りスピニング(conventional spinning)
 ……………………………………66
絞り比(drawing ratio) ……………61
絞り膜効果(squeeze film effect) ……95
シヤー角(shear angle) ……………48
自由押出し(free extrusion) …………23
自由鍛造(free forging) ……………35
自由表面(free surface) ……………100
ジュラルミン(duralumin) …………83
主応力(principal stress) …………140
上界接近法(upper bound approach
 method) ………………………186
上界定理(upper bound theorem) …181
上界法(upper bound method) ……181
焼結(sintering) ……………………71
焼結鍛造(sinter forging) ……………71
初期摩耗(initial wear) ……………100
しわ(wrinkling) ………………60, 131
しわ押え(blank holder) ……………60

250　索　引

真応力 (true stress) ……………… 5
心金 (mandrel) ……………… 51, 56
真実接触 (real contact) …………… 91
伸線機 (wiredrawing machine) ……… 31
垂直応力 (normal stress) ……… 9, 138
垂直ひずみ (normal strain) ……… 9, 144
水溶性潤滑剤 (water soluble lubricant)
　……………………………………… 92
据込み ……………………………… 37
ストレッチャ (stretcher) …………… 57
ストレッチャストレイン (stretcher strain) ……………………………… 82
スパイラル管 (spiral pipe) ………… 56
スピニング加工 (spinning) ………… 65
スプリングバック (spring back) …… 54
滑り線 (slip line) ………………… 221
スラブ法 (slab method) …………… 166
制御圧延 (controlled rolling) …… 15, 89
成形 (forming) …………………… 35
製鋼 (steel making) ……………… 13
生産システム (manufacturing system)
　…………………………………… 200
静水圧押出し (hydrostatic extrusion) 25
静水圧応力 (hydrostatic stress) …… 143
脆性 (brittleness) ………………… 1
製銑 (iron making) ……………… 12
青熱ぜい性 (blue brittleness) … 81, 135
青熱ぜい性温度 (blue brittleness temperature) ……………………… 118
製品設計 (product design) ……… 200
精密打抜き法 (fine blanking) ……… 50
精密せん断法 (precision shearing) … 50
赤熱ぜい性 (hot brittleness) ……… 135
節点 (node point) ………………… 188

セメンタイト (cementite) …… 80, 207
穿孔圧延機 (piercing mill) ……… 201
ゼンジミア圧延機 (Sendzimir mill) … 20
先進率 (forward slip ratio) …… 19, 173
せん断加工 (shearing) …………… 47
せん断応力 (shearing stress) … 10, 138
せん断弾性係数 (shear modulus of elasticity) …………………… 149, 215
せん断ひずみ (shearing strain) … 10, 144
せん断ひずみエネルギー (shear strain energy) ………………………… 216
せん断ひずみエネルギー説 (shear strain energy theory) ……………… 154
せん断面 (burnished surface) ……… 49
銑鉄 (pig iron) …………………… 12
全ひずみ (total strain) …………… 159
前方押出し (forward extrusion) …… 29
前方張力 (front tension) ……… 19, 175
造塊 (ingot casting) ……………… 13
相当応力 (equivalent stress) …… 155
相当ひずみ (equivalent strain) 116, 161
相当ひずみ増分 (equivalent strain increment) ………………………… 160
速度不連続面 (velocity discontinuity plane) …………………………… 181
側方押出し (lateral extrusion) … 29, 43
塑性 (plasticity) ………………… 1
塑性加工 (metal forming) ………… 2
加工発熱 (heat generation due to plastic deformation) ……………… 163
塑性異方性 (plastic anisotropy) …… 87
塑性ひずみ (plastic strain) …… 8, 116
塑性変形 (plastic deformation) …… 1

索　引　251

塑性変形仕事(plastic deformation work) ……162
反り(warp) ……54

タ　行

体心立方格子(body centered cubic lattice) ……84
対数ひずみ(logarithmic strain) ……7
体積弾性係数(bulk modulus of elasticity) ……149, 215
体積ひずみ(volumetric strain) ……147
体積ひずみエネルギー(volumetric elastic strain energy) ……216
耐力(proof stress) ……9
ダイレス逐次成形(single point incremental forming) ……206
ダイレス逐次板成形法(single point incremental forming) ……66
多結晶体(poly crystalline) ……85
縦弾性係数(Young's modulus) ……148
だれ(rollover) ……49
鍛伸(cogging) ……37
弾性(elasticity) ……1
弾性ひずみエネルギー(elastic strain energy) ……150, 215
弾性有限要素法(elastic finite element method) ……223
鍛造(forging) ……35
鍛造焼入れ(direct quenching from forging temperature) ……89
炭素鋼(carbon steel) ……79
弾塑性有限要素法(elastic-plastic finite element method) ……189, 223
断面減少率(reduction in area) ……24

端面拘束圧縮試験(compression test with end constraint) ……211
鍛錬(stithy) ……3, 35
縮みフランジ(shrink flange) ……53
チタン合金(titanium alloy) ……69
窒化処理(nitriding) ……112
稠密六方格子(close-packed hexagonal lattice) ……85
中立点(neutral point) ……18, 173
超硬合金(cemented carbide) ……111
調質圧延(temper rolling) ……82
超塑性(super plasticity) ……119
直接押出し(direct extrusion) ……25
継目なし管(seamless pipe, tube) 56, 201
釣合い式(equilibrium) ……144, 213
定常摩耗(steady state wear) ……100
デッドメタル(dead metal) ……27
デュアルフェイズ鋼(dual phase steel) ……130
転位(dislocation) ……85, 152
電磁成形(magnetic pulse forming, electromagnetic forming) ……74
転写(transcription) ……102
転造(form rolling) ……44
電縫管(electro-resistance-welded tube) ……56
動的回復(dynamic recovery) ……121
動的再結晶(dynamic recrystallization) ……121
動的陽解法(dynamic explicit method) ……189, 223
等二軸引張り(equibiaxial tension) ……128
等方硬化説(isotropic hardening) ……162
特殊鋼(special steel) ……80

トルク能力 (torque capacity) ………107
トレスカの降伏条件 (Tresca yield criterion) ……………………154
ドローベンチ (drawing bench) ………31
ドロップハンマ (drop hammer) ……103

ナ 行

内力 (internal force) ………………138
中伸び (center buckle) ………………16
流れ則 (flow rule) …………………159
ナックルプレス (knuckle joint press) ……………………………105
二次硬化 (secondary hardening) ……111
ねじプレス (screw press) ……………106
熱間圧延 (hot rolling) ………………14
熱間圧延帯鋼 (hot-rolled strip) ………15
熱間押出し (hot extrusion) …………25
熱間加工 (hot working) ………………4
熱間工具鋼 (hot working tool steel) …110
熱間静水圧成形 (hot isostatic pressing) ……………………………72
熱間鍛造 (hot forging) ………………36
熱間プレス成形 (hot stamping) ………67
伸びフランジ (stretch flanging) ·53, 127

ハ 行

パーライト (pearlite) …………81, 207
背圧鍛造 (forging with back pressure) ……………………………203
ハイドロフォーミング (hydroforming) 72
バウシンガー効果 (Bauschinger effect) ……………………………10
鋼 (steel) ……………………………12
白色潤滑剤 (non-graphite lubricant) ·40

爆発成形 (explosive forming) …………74
破断面 (fractured surface) ……………49
バックアップロール (backup roll) ……14
パテンティング (patenting) …………208
バリ (burr) ……………………………38
張出し加工 (bulging) …………………64
バルジ成形 (bulge forming, bulging) ·64
バンド行列 (band matrix) ……………197
ハンマ (hammer) ……………………103
ハンマ鍛造 (hammer forging) ………36
半密閉型 (semi-closed die) ……………38
半密閉型鍛造 (semi-closed die forging) ……………………………38
ビード (bead) ………………………64
引抜き (wire drawing) ………………23
引き曲げ (draw bending) ……………57
微細結晶粒超塑性 (fine grained superplasticity) ……………………119
ひずみ (strain) ………………………6
ひずみ硬化 (strain hardening) ………116
ひずみ時効 (strain ageing) …………81
ひずみ増分 (strain increment) ·147, 159
ひずみ速度 (strain rate) ………118, 147
ひずみ速度依存性指数 (strain rate sensitivity exponent) ………………119
ひずみ速度修正温度 (strain rate modified temperature) ……………120
ひずみの適合条件 (compatibility condition of strain) ………………147
非調質鋼 (micro alloyed steel) ………82
非鉄金属 (non-ferrous metal) …………80
表面粗さ (surface roughness) ………100
表面改質 (surface modification) ……112
平圧延 (flat rolling) …………………14

索　引　253

フェライト (ferrite) ……………80, 207
フォーマ (parts former) ……………107
深絞り加工 (deep drawing) …………59
深絞り性試験 (deep drawability test) 205
複動鍛造法 (multi-axis forging) ……43
ふち切り (cut off) ……………………47
フックの法則 (Hooke's law) ……6, 149
物理蒸着法 (physical vapor deposition)
　………………………………………112
プラントル・ロイスの式 (Prandtl-Reuss
　equation) …………………… 161, 220
プレス鍛造 (press forging) ……………36
ブロー成形 (blow molding) …………119
ブロック伸線機 (bull block wire
　drawing machine) …………………31
分塊圧延 (ingot rolling) ………………13
粉末高速度鋼 (powder high speed tool
　steel) ………………………………111
粉末鍛造 (powder forging) ……………71
分流鍛造 (forging with divided flow) 203
平均垂直応力 (mean normal stress) ・143
閉塞鍛造 (enclosed die forging) ……29, 43
平面応力 (plane stress) ……………140
平面ひずみ (plane strain) …………140
平面ひずみ変形 (plane strain
　deformation) ………………………166
ペナルティ法 (penalty function
　method) ……………………………226
ヘミング加工 (hemming) ……………77
へら絞り (spinning) …………………65
変形抵抗 (flow stress) ………………10
変形抵抗曲線 (flow stress curve) ……116
偏差応力 (deviatoric stress) …………143
変分原理 (variational principle) ……188

ポアソン比 (Poisson's ratio) ………148
放電成形 (electrohydraulic forming) ・74
ホール・ペッチの式 (Hall-Petch
　equation) ……………………………86
補強リング (stress ring) ……………204
ホットストリップ (hot strip) ………16
ホドグラフ (hodograph) ……………182
ホルムの式 (Holm's equation) ………100

マ　行

マーフォーム法 (marform process) ……73
マグネシウム合金 (magnesium alloy) 67
曲げ加工 (bending) ……………………52
摩擦かく拌溶接 (friction stir welding) 76
摩擦丘 (friction hill) …………………168
摩擦係数 (friction coefficient) …………97
摩擦せん断係数 (friction shear factor) 97
摩擦プレス (friction press) …………106
摩耗係数 (wear coefficient) …………100
マルテンサイト (martensite) ………208
丸棒切断 (bar cropping) ……………51
マンネスマン効果 (Mannesmann effect)
　………………………………………202
マンネスマン割れ (fracture due to
　Mannesmann effect) ………………133
ミーゼス応力 (von Mises stress) ……155
ミーゼスの降伏条件 (von Mises yield
　criterion) …………………………154
密閉型 (closed die) ……………………38
ミニミル (mini-mill) …………………17
耳波 (edge wave) ………………………16
無滑り角 (no-slip angle) ……………173
無滑り点 (no-slip point) ……………173
メカニカルクリンチング (mechanical

clinching) …………………………………78
面心立方格子（face centered cubic lattice）………………………………84
モールの応力円（Mohr's stress circle）
　………………………………………139

ヤ 行

焼入れ（quenching）………………………208
焼付き（galling, seizure, pick-up）……98
焼なまし（annealing）……………………207
焼ならし（normalizing）…………………208
焼戻し（tempering）………………………208
UO 管（UO pipe）…………………………56
有限要素法（finite element method）…188
有効応力（effective stress）………………155
有効ひずみ（effective strain）……………161
ユジーン・セジュルネ法（Ugine-Sejournet extrusion process）………27
油性潤滑剤（oil-based lubricant）………92
ユニバーサル圧延機（universal rolling mill）……………………………………21
溶接管（welded pipe, tube）………………56
要素（element）……………………………188
揺動鍛造（rocking die forging）…………46
余剰変形（redundant deformation）……180

ラ 行

ラグランジュ乗数法（Lagrange multiplier method）………………226

ランクフォード値（Lankford value）…63
理想変形ひずみ（ideal deformation strain）………………………………180
リベット加工（riveting）…………………77
流体潤滑（hydrodynamic lubrication）…96
臨界せん断応力（critical resolved shear stress）………………………………153
リンクプレス（link motion press）……106
リングローリング（ring rolling）………45
リン酸塩皮膜（phosphate treatment）…41
冷間圧延（cold rolling）……………………15
冷間加工（cold working）……………………4
冷間工具鋼（cold working tool steel）…110
冷間静水圧成形（cold isostatic pressing）
　…………………………………………72
冷間鍛造（cold forging）……………………36
レビー・ミーゼスの式（Lévy-Mises equation）………………………159, 219
連続圧延（tandem rolling）………………15
連続鋳造法（continuous casting）………13
ロータリスエージング（rotary swaging）………………………………45
ローラレベリング（roller leveling）……57
ロール角（roll angle）……………………172
ロール成形法（roll forming）……………55
ロール鍛造（roll forging）…………………44

ワ 行

ワークロール（work roll）…………………14

付　表

国際単位系（Le Système International d'Unités, 略称SI）

本書で使用したSI単位，および一般に機械工作や材料力学の分野で用いられる主要な単位について，その記号と名称，10の整数乗倍として望ましいもの，工学単位との換算係数などを表にまとめて示す．

量	SI 単位	SI単位の10の整数乗倍の選択で望ましいもの	備考
長　さ	m（メートル）	km, cm, mm, µm, nm, pm	
質　量	kg（キログラム）	Gg, g, mg, µg	t（トン）も使用してよい（$1t = 10^3$ kg），$1 \text{ kgf} \cdot s^2/m \fallingdotseq 9.8*$ kg ＊換算係数は厳密には9.80665
時　間	s（秒）	ks, ms, µs, ns	d（日），h（時），min（分）も使ってよい
熱力学温度	K（ケルビン）		
セルシウス温度	℃（セルシウス度）		$K = (℃ + 273.5)$
密　度	kg/m^3	g/cm^3	t/m^3 も使用してよい
力	N（ニュートン）	MN, kN, mN, µN	$1 \text{ N} = 1 \text{ kg} \cdot m/s^2$, $1 \text{ kgf} \fallingdotseq 9.8 \text{ N}$
力のモーメント	N·m	MN·m, kN·m, mN·m, µN·m	$1 \text{ kgf} \cdot m \fallingdotseq 9.8 \text{ N} \cdot m$
圧　力	Pa（パスカル）	GPa, MPa, kPa, mPa, µPa	$1 \text{ Pa} = 1 \text{ N}/m^2$, $1 \text{ kgf}/cm^2 \fallingdotseq 9.8 \times 10^4 \text{ Pa}$
応　力	Pa	GPa, MPa, kPa	$1 \text{ Pa} = 1 \text{ N}/m^2$, $1 \text{ kgf}/mm^2 \fallingdotseq 19.8 \text{ MPa}$
エネルギー仕事	J（ジュール）	TJ, GJ, MJ, kJ, mJ	$1 \text{ J} = 1 \text{ N} \cdot m$, $1 \text{ cal} \fallingdotseq 4.2 \text{ J}$, $1 \text{ kgf} \cdot m \fallingdotseq 9.8 \text{ J}$
仕事率	W（ワット）	GW, MW, kW, mW, µW	$1 \text{ W} = 1 \text{ J}/s$, $1 \text{kgf} \cdot m/s \fallingdotseq 9.8 \text{ W}$
粘　度	Pa·s	mPa·s	$1 \text{ cP} = 1 \text{ mPa} \cdot s$, P（ポアズ）
動粘度	m^2/s	mm^2/s	$1 \text{ cSt} = 1 \text{ mm}^2/s$, St（ストークス）

SI接頭語

倍　数	接頭語	記　号	倍　数	接頭語	記　号
10^{18}	エクサ	E	10^{-1}	デシ	d
10^{15}	ペタ	P	10^{-2}	センチ	c
10^{12}	テラ	T	10^{-3}	ミリ	m
10^{9}	ギガ	G	10^{-6}	マイクロ	µ
10^{6}	メガ	M	10^{-9}	ナノ	n
10^{3}	キロ	k	10^{-12}	ピコ	p
10^{2}	ヘクト	h	10^{-15}	フェムト	f
10^{1}	デカ	da	10^{-18}	アト	a

ギリシア文字

A	α	アルファ	I	ι	イオタ	P	ρ	ロー
B	β	ベータ	K	κ	カッパ	Σ	σ	シグマ
Γ	γ	ガンマ	Λ	λ	ラムダ	T	τ	タウ
Δ	δ	デルタ	M	μ	ミュー	Υ	υ	ウプシロン
E	ε	イプシロン	N	ν	ニュー	Φ	φ, ϕ	ファイ
Z	ζ	ジータ	Ξ	ξ	クサイ	X	χ	カイ
H	η	イータ	O	o	オミクロン	Ψ	ψ	プサイ
Θ	θ	シータ	Π	π	パイ	Ω	ω	オメガ

塑性学年表

西暦	著者	内容
1831	F. J. Gerstner	応力-ひずみ曲線の測定
1864	H. Tresca	最大せん断応力降伏条件
1870	M. Lévy	ひずみ増分理論
1886	J. Bauschinger	バウシンガー効果
1900	O. Mohr	応力円
1913	R. von Mises	ミーゼスの降伏条件式
1920	L. Prandtl	くさび押込みすべり線場
1922	E. Siebel	圧縮のスラブ法解析
1923	G. I. Taylor, C. F. Elam	降伏条件の検証
1924	L. Prandtl	弾塑性構成式
1924	H. Hencky	弾性せん断ひずみエネルギー説
1925	Th. von Kármán	圧延方程式
1934	G. I. Taylor など	転位論
1946	P. W. Bridgman	高圧下物性でノーベル賞
1948	R. Hill	異方性塑性理論
1950	R. Hill	上下界法の理論（変分原理）
1967	P. V. Marcal, I. P. King	弾塑性有限要素法
1973	C. H. Lee, S. Kobayashi	剛塑性有限要素法

― 著者略歴 ―

小坂田 宏造 (おさかだ こうぞう)

生年月日	1942年6月13日生まれ
主要学歴	1965年 京都大学 工学部機械工学科 卒業
	1970年 京都大学 大学院 工学研究科 博士課程 修了
主要経歴	1970年 神戸大学 工学部 助手
	1971年 神戸大学 工学部 助教授
	1971年 英国 バーミンガム大学 リサーチフェロー(～72年)
	1984年 広島大学 工学部 第一類 教授
	1988年 大阪大学 基礎工学部 教授
	2003年 日本塑性加工学会 会長
	2004年 国際生産加工アカデミー(CIRP)塑性加工部門委員長
	2006年 大阪大学 名誉教授
	2006年 (株)ダイジェット 技術顧問 など
賞　罰	2002年 日本塑性加工学会フェロー
	2004年 日本機械学会フェロー
	2005年 JSTP精密鍛造研究開発国際賞 (ベローナ)
	2008年 CIRP名誉会員
	塑性加工学会論文賞, 塑性加工学会会田技術賞 など

森　謙一郎 (もりけんいちろう)

生年月日	1953年8月4日生まれ
主要学歴	1978年 神戸大学 大学院 工学研究科 修士課程 修了
	1979年 京都大学 大学院 工学研究科 博士課程 中途退学
	1983年 京都大学 工学博士
主要経歴	1979年 京都工芸繊維大学 生産機械工学科 助手
	1990年 大阪大学 基礎工学部 機械工学科 助教授
	1997年 豊橋技術科学大学 工学部 生産システム工学系 教授
賞　罰	日本塑性加工学会新進賞・論文賞・会田技術奨励賞・会田技術賞・技術開発賞・天田賞, 日本鉄鋼協会学術記念賞（西山記念賞), イギリス機械学会生産部門 A M Strickland 論文賞, 粉体粉末冶金協会技術進歩賞受賞, 日本塑性加工学会フェロー, CIRP Fellow など

塑性加工学 改訂版　　　　　　　　　　　© 小坂田宏造　　2014

2014 年 3 月 4 日　　　第 1 版第 1 刷発行
2021 年 10 月 15 日　　第 1 版第 5 刷発行

著作代表者　小 坂 田 宏 造
　　　　　　（お さか だ こう ぞう）

発　行　者　及 川 雅 司

発　行　所　株式会社 養 賢 堂　〒113-0033
　　　　　　　　　　　　　　　東京都文京区本郷 5 丁目 30 番 15 号
　　　　　　　　　　　　　　　電話 03-3814-0911／FAX 03-3812-2615
　　　　　　　　　　　　　　　https://www.yokendo.com/

印刷・製本：株式会社 三 秀 舎　　用紙：竹尾
　　　　　　　　　　　　　　　　　本文：メヌエットライト C・35 kg
　　　　　　　　　　　　　　　　　表紙：ベルグラウス-T・19.5 kg

PRINTED IN JAPAN　　　　　ISBN 978-4-8425-0522-0　C3053

[JCOPY]＜出版者著作権管理機構 委託出版物＞
本書の無断複製は著作権法上での例外を除き禁じられています。複製される場合は、そのつど事前に、出版者著作権管理機構の許諾を得てください。
（電話 03-5244-5088、FAX 03-5244-5089／e-mail: info@jcopy.or.jp）